全国特殊师范教育专业课规划教材
全国特殊师范教育专业课规划教材编委会 编

特殊儿童心理咨询概论

毛颖梅 著

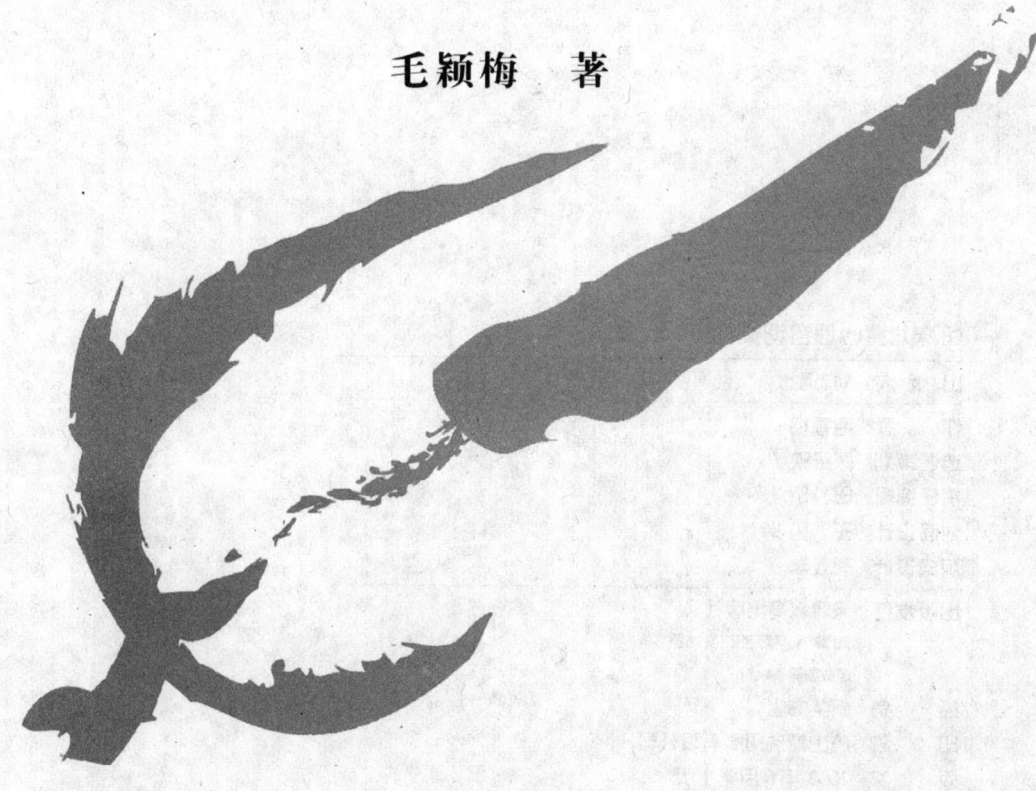

天津教育出版社
TIANJIN EDUCATION PRESS

图书在版编目(CIP)数据

特殊儿童心理咨询概论/毛颖梅著.
—天津:天津教育出版社,2007.6(2018年8月重印)
(特殊教育系列)
ISBN 978-7-5309-4924-5

Ⅰ.特... Ⅱ.毛... Ⅲ.特殊教育:儿童教育—咨询心理学   Ⅳ.B844.1

中国版本图书馆CIP数据核字(2007)第075364号

特殊儿童心理咨询概论

出 版 人	刘志刚
作　　者	毛颖梅
选题策划	张纪欣
责任编辑	田　昕
封面设计	王　楠
版式设计	郭亚非
出版发行	天津教育出版社
	天津市和平区西康路35号
	邮政编码 300051
经　　销	新华书店
印　　刷	唐山鼎瑞印刷有限公司
版　　次	2007年6月第1版
印　　次	2018年8月第4次印刷
规　　格	16开(787毫米×1092毫米)
字　　数	288千字
印　　张	16.75
插　　页	1
定　　价	20.00元

特殊教育师资培训工作需要大家关注
（代序言）

刘全礼

我国特殊教育的师资培训是伴随着我国特殊教育的发展而发展的。19世纪末叶,我国开始了现代意义上的特殊教育。但是,由于那时特殊教育的规模相对较小,还不可能出现大规模的专门的特殊教育的师资培训机构,自然也就谈不上大规模的师资培训工作了。

清末、民初以来,尽管国家开始关注、举办特殊教育学校,也进行了一些局部的或小规模的专门的特殊教育教师的培养工作,但由于灾难深重的中华民族一直处于战争和动乱的境地,特殊教育的师资培训也没机会大规模地发展。

1949年,中华人民共和国成立后,伴随着共和国各项事业轰轰烈烈的开展,特殊教育工作也呈现了前所未有的繁荣局面,特殊教育的师资培训工作开始提上政府相关部门的工作日程,并于当时举办了全国性质的特殊教育教师的培训班。在20世纪50年代后期,国家还派遣留学生到前苏联学习特殊教育,表现出国家对特殊教育工作的重视。

1978年以后,随着拨乱反正和对外开放政策的实施,特殊教育的各项工作才真正迎来了发展的春天。

1981年,黑龙江肇东师范学校开始招收专门的特殊教育的师资班,开了新时期特殊教育师资培训的先河;1983年,山东泰安师范学校也开始招收特殊教育师资班,并促成了1985年山东省昌乐特殊教育师范学校的建立;1984年,国家教育委员会在南京建立了我国第一所特殊教育师范学校——南京特殊教育师范学校;1986年,北京师范大学建立了我国第一个本科层次的特殊教育专业;之后,包括辽宁营口特殊教育师范学校在内的特殊教育师范学校或师范学校的特殊教育师资培训部相继建立,我国的特殊教育师资培训工作出现了第一个高潮。到20世纪80年代末、90年代初,我国仅中专层次的特殊教育的师资机构就达到了28所。

正是在这种好的局面下,当时国家教委颁布了特殊教育师范学校的教学计划,国家教育委员会师范司中师处还组织有关学校编写了特殊教育师范学校或特殊教育专业的21科专业课的教学大纲,并在20世纪90年代初、中期陆续编写了有关学科的教材。

我作为这些工作的参与者之一,见证了这一过程。同时,还有幸成为由北京师范大学教育系(现在的教育学院)朴永馨教授组织编写的、华夏出版社1991年出版的我国第一本特殊教育师范学校的专业基础课教材——《特殊教育概论》的作者，承担了其中的特殊教育教师章节的编写任务。

毫无疑问，从教育部到各个学校以及有关人员的这些工作，对我国特殊教育的师资培训做出了巨大的贡献。

然而，1999年以来，随着我国中专层次的师资培训机构纷纷升格为本科或专科机构，原先为中专学生编写的教材已经不能适应新的要求了。正是在这种需求下，我曾不揣冒昧，在总结自己十几年讲授特殊教育概论和思考特殊教育问题的基础上于2002年编写出了特殊教育专业本科生使用的专业基础课教材《特殊教育导论》（教育科学出版社2003年出版）。

但是，全国各地仍旧缺少各种相关的专业课教材。

几年前乂方木铎公司的蒋丰祥先生了解到这个情况时，就曾建议我牵头全国的相关同志编写一套专业课教材。当时因为感觉自己没有能力完成这一工作，就没有动这个心思。

2006年春天，在与辽宁省特殊教育师范学校的潘校长会面时，她也提到同样的问题，我也是感觉自己没有这个能力，就没有敢应承这一事情。

2006年4月底，在山东潍坊见到山东潍坊幼教特教师范学校的梁纪恒校长时，他与他的一些同事也谈到类似的问题，当时，感觉事态有些"严重"，就没有贸然做是否承担这个任务的决定。

回到北京之后，在与有关同志交换意见尤其是在蒋丰祥先生、张行涛博士的鼓励、支持下，决定6月或7月在北京召开一个教材的编写会议。这时我还只是抱着为大家提供一个说话的场所的朴素想法，没有想到其他。

然而，会议一开，情况就发生了很大的变化。在与会的新老朋友们的厚爱下，我不得不牵头做这个编写教材的重大工作。

也就是在这次会议上，大家决定成立编委会，成立教材编写的秘书处，并且制定了编写的计划和进程。

在秘书处的勤奋工作下，编写工作进展得非常顺利。8月15号前各位主编就拿出了编写大纲。①

我在对所有大纲粗略地阅读之后，在8月底全国特殊教育的一个会议上，参加会议的部分编委，包括河北唐健、南京王辉、潍坊李淑英、北京毛荣健、张行涛、蒋丰祥等人和我就收到的大纲进行了讨论，会后，由我集中大家的看法，提出了对大纲的意见和进一步的工作要求。

为了提高工作效率，编委会决定成熟一本（大纲）、编写一本，随之出版一本。

---

① 需要说明的是，在这之前，南京特殊教育职业技术学院、辽宁营口特殊教育师范学校（营口职业技术学院）以及北京联合大学特殊教育学院特殊教育系就有人牵头做有关工作，并且已经有了相当的成果。

值得说明的是,我虽为编委会主任,但工作是大家做的,成果是集体智慧的结晶,我只起了一个协调的作用,也只是对大纲和教材初稿提出了一些参考意见——例如2007年元月的教材初稿审定会上,对各教材提出了修改意见,但并没有时间仔细阅读各本教材,教材仍旧是由编委会和各书主编负责。

从时间上看,本套教材的编写是及时的。

按照规划,我们将陆续编完20余种专业课的教科书,同时,还将把一些与特殊教育师资培训有关的特殊教育的专著也纳入本系列,作为教学参考书。

应该说,这是我国新时期,乃至中国历史上高等特殊教育师资培训的第一套系统的专业课教材,是我国培养一线师资的老师们多年培养一线教师的实践经验的一次较大规模的、初步的经验总结。

从功能上说,我希望本套教材不仅能满足各特殊教育师资培训机构培养新师资——即职前培养的需要,也能满足特殊教育教师的继续教育的需要,还能满足普通师资培养机构新师资培养以及广大的中小学,乃至幼儿园教师的继续教育的需要。

实际上,在普通教育界开始注重并追求人的价值、开发人的价值的今天,我国特殊教育界率先开始的注重个别差异的想法与做法为普通教育实施上述理念提供了最为简洁的参照系。

例如,本人的《学业不良儿童教育学》《随班就读教育学》,即将出版的《因材施教教育学》和要修订的《个别教育计划的理论与实践》等著作就可能是一个解决普通教育问题的参照系,不仅是特殊教育师资培养所需要的,也可能是广大的普通教育工作者、科研、教研人员乃至所有的家长所需要的。

在历史上,特殊教育为普通教育的发展做出过巨大的贡献,蒙台梭利的幼儿教育方法、马卡连柯的思想教育体系都是源于特殊教育的实践。

因此,我们有理由相信,特殊教育能够影响,也应该影响乃至改造普通教育,尽管这种影响需要大家广泛的关注才能有效。

因为,今天的特殊教育已经不仅仅是盲、聋、弱智儿童的特殊教育了,而是所有有特殊教育需要的儿童的教育。在这种大特殊教育观下,任何一个人——包括智力超常儿童——在人生的某个阶段,都有可能有特殊教育的需要。

这样,也就有理由相信,本套丛书也能够在这个特殊教育影响普通教育的过程中发挥作用。

需要说明的是,由于时间仓促,加之编者的水平所限,丛书中不足甚至错误在所难免,渴望读者能够及时提出修改意见,以便修改,使之发挥更好的作用。

最后,要感谢各位同仁、尤其是教育部基础教育司谢敬仁先生,中国教育学会特殊教育分会、中国高等教育学会特殊教育分会的曲学利同志以及本书的编委会副主任陈志平先生、蒋丰祥先生、编委肖非先生、天津教育出版社的诸位编辑,是各位的努力才使得本套丛书得以顺利出版。

2006年9月16日初稿于北京马驹桥
2006年9月28日修改于北京师范大学塔四
2007年2月14日定稿于北京芍药居

前　言

　　1998年12月2日颁布实施的《特殊教育学校暂行规程》中提出"特殊教育学校要重视学生的身心健康教育，培养学生良好的心理素质和卫生习惯，提高学生保护和合理使用自身残存功能的能力；适时适度地进行青春期教育。"其中的身心健康教育就包含了身体健康和心理健康两个方面，青春期教育也由身、心健康教育两个方面组成。心理健康已成为特殊儿童教育的一项重要工作。但在特殊教育的实践中，特殊儿童的心理健康维护还是一个薄弱环节，没有得到应有的重视。

　　儿童心理咨询的理论和实践研究较多集中在情绪障碍和行为障碍儿童问题的解决方面，对其他特殊儿童心理咨询或心理健康教育的研究和实践较少。近年来在盲校和聋校开始着手视觉障碍儿童和听觉障碍儿童的心理健康教育工作，但在对智力障碍儿童和孤独症儿童的康复和教育实践中，心理健康的问题仍然较少受到重视，这对促进特殊儿童的心理发展是非常不利的。

　　撰写本书，目的在于帮助特殊教育专业的学生或对特殊儿童心理咨询及心理健康维护有兴趣的特殊教育工作者提供理论和实践的帮助。因此本书既涉及心理咨询的基本概念、理论及过程的介绍，也介绍了对特殊儿童心理咨询有较大指导意义的儿童心理咨询理论，学习者可根据自己的实际情况选用相应的理论作为实践指导。本书还详细介绍了目前对视觉障碍儿童、听觉障碍儿童、智力障碍儿童、情绪行为障碍儿童和孤独症儿童的心理健康维护状况，并提出了相应的建议。

　　本书具有以下特点：

　　针对性强。分别针对特殊儿童的几种主要类型，论述了影响特殊儿童心理健康的主要因素、现存的主要心理问题和心理健康维护对策。

　　内容新。选编的资料都来自近年的专业期刊、书籍，反映了儿童心理咨询的最新动态和研究成果，特别是特殊儿童心理咨询的理论和实践研究成果。

　　对实践的指导具体。在几类特殊儿童心理咨询的章节中，都详细介绍了心理健康维护对策，并附心理健康教育或心理咨询的案例，可帮助学习者在学习中将理论和实践联系起来，有助于较快地将书本知识融入实践操作环节。

　　由于特殊儿童心理咨询还是一个研究和实践时间较短的领域，在写作本书的过程中有不足之处，还请读者不吝赐教。

毛颖梅
2007年5月

全国特殊教育师范院校专业课教材编委会

编委会主任：刘全礼
常务副主任：梁纪恒　潘　一　谢　明　唐　健
　　　　　　王　辉　陈志平　毛荣建　要守文

编委会秘书：张行涛　蒋丰祥

编委会成员（按姓氏笔画为序）：
毛荣建（北京联合大学特殊教育学院特殊教育系）
王　辉（江苏南京特殊教育职业技术学院）
刘全礼（北京联合大学特殊教育学院特殊教育系）
孙中国（山东潍坊幼教特教师范学校）
张行涛（教育部北京师范大学基础教育课程研究中心）
李玉向（河南郑州师范专科学校特殊教育系）
李镇峰（贵州安顺师范学校）
肖　非（北京师范大学特殊教育系）
陈志平（北京乂方木铎教育科技公司、洛阳市政协委员）
要守文（山西阳泉职业技术学院师范分院山西特师）
唐　健（河北邯郸学院教育系）
贾　君（吉林省教育学院综合部特殊教育研究室）
梁纪恒（山东潍坊幼教特教师范学校）
盛永进（江苏南京特殊教育职业技术学院）
曾凡林（华东师范大学特殊教育系）
谢　明（江苏南京特殊教育职业技术学院）
潘　一（辽宁营口职业技术学院）

特殊教育师资培训工作需要大家关注(代序言)/ 刘全礼
前言 / 毛颖梅

第一章　心理咨询基本知识　　　　　　　　　　□ 001
　　第一节　心理咨询的基本概念　　　　　　　　□ 001
　　第二节　心理咨询的主要理论　　　　　　　　□ 006
　　思考题　　　　　　　　　　　　　　　　　　□ 033

第二章　心理咨询的基本过程与技术　　　　　　□ 034
　　第一节　心理诊断　　　　　　　　　　　　　□ 034
　　第二节　心理咨询方案的制定　　　　　　　　□ 047
　　第三节　心理咨询方案的实施　　　　　　　　□ 053
　　第四节　心理咨询过程的评估与结束　　　　　□ 073
　　思考题　　　　　　　　　　　　　　　　　　□ 075

第三章　心理咨询中的其他问题　　　　　　　　□ 076
　　第一节　心理咨询者的素质　　　　　　　　　□ 076
　　第二节　心理咨询中的咨访关系　　　　　　　□ 083
　　第三节　心理咨询者的自我成长　　　　　　　□ 092
　　思考题　　　　　　　　　　　　　　　　　　□ 099

第四章　特殊儿童心理咨询的理论基础　　　　　□ 100
　　第一节　儿童辅导理论　　　　　　　　　　　□ 100
　　第二节　逻辑结果理论　　　　　　　　　　　□ 104
　　第三节　游戏治疗理论　　　　　　　　　　　□ 109
　　第四节　家庭治疗理论　　　　　　　　　　　□ 117
　　第五节　团体咨询理论　　　　　　　　　　　□ 127
　　第六节　生活分析理论　　　　　　　　　　　□ 132
　　思考题　　　　　　　　　　　　　　　　　　□ 138

第五章　视觉障碍儿童的心理咨询　　　　　　　□ 139
　　第一节　影响视觉障碍儿童心理健康的主要因素　□ 139
　　第二节　视觉障碍儿童心理健康现状分析　　　□ 143
　　第三节　视觉障碍儿童心理健康维护的对策　　□ 149
　　思考题　　　　　　　　　　　　　　　　　　□ 156

第六章　听觉障碍儿童心理健康现状分析　　　　□ 157
　　第一节　影响听觉障碍儿童心理健康的主要因素　□ 157

	第二节	听觉障碍儿童心理健康现状分析	□ 159
	第三节	聋校维护听觉障碍儿童心理健康的对策	□ 163
	第四节	随班就读的听觉障碍儿童的心理健康状况及维护	□ 170
	思考题		□ 173

第七章　智力障碍儿童心理咨询　□ 174

	第一节	影响智力障碍儿童心理健康的主要因素	□ 174
	第二节	智力障碍儿童心理健康现状分析	□ 176
	第三节	培智学校维护智力障碍儿童心理健康的对策	□ 182
	第四节	随班就读的智力障碍儿童的心理健康教育	□ 188
	思考题		□ 198

第八章　情绪与行为障碍儿童的心理咨询　□ 199

	第一节	情绪障碍儿童的主要类型及咨询	□ 199
	第二节	行为障碍儿童的主要类型及咨询	□ 213
	思考题		□ 228

第九章　孤独症儿童的心理咨询　□ 230

	第一节	影响孤独症儿童心理健康的主要因素	□ 230
	第二节	孤独症儿童心理健康现状分析	□ 232
	第三节	孤独症儿童心理健康维护的对策	□ 234
	思考题		□ 237

第十章　特殊学校教师心理健康的维护　□ 238

	第一节	教师心理健康及其影响因素	□ 238
	第二节	特殊学校教师心理健康现状与对策	□ 247
	思考题		□ 255

主要参考文献　□ 256

第一章 心理咨询基本知识

本章介绍了心理咨询的内涵以及心理咨询的分类；6种主要的心理咨询理论及其咨询技术；根据当前心理咨询理论与实践的发展情况，分析心理咨询的发展趋势。

第一节 心理咨询的基本概念

随着社会生活节奏的加快，生活压力增大，人们对生活质量的追求不断提高，对心理咨询的需求也越来越大。心理咨询与其他咨询不同，对身体健康有疑问的人，可以通过健康咨询了解到身体保健、医疗等方面的知识；对理财投资有疑问的人，通过理财咨询了解如何使自己的资产投向收益较大而风险较小的领域。有心理问题的人通过心理咨询得到的不是如何处理生活中困难的具体指导，不是心理学的知识，而是使自己解决问题的能力得到提高，从而更好地处理今后面临的困难。

一、什么是心理咨询

（一）心理咨询的定义

心理咨询是咨询人员运用心理学的理论和技术，借助语言、文字等媒介，与咨询对象进行信息交流并建立某种人际关系，帮助来访者消除心理障碍，正确认识自我及社会，充分发挥自身潜能，有效地适应社会环境的过程。

心理咨询的定义可以这样解读：心理咨询的对象是有心理问题并具有求助意愿的来访者，咨询人员是具备心理学修养的专业人员，解决的问题是心理障碍，心理咨询能够顺利进行的中介是良好的人际关系。

（二）心理咨询的特征

由心理咨询的定义，可总结出心理咨询的基本特征是：

心理咨询是一种人际帮助活动，是心理咨询师帮助来访者的活动；

心理咨询是一个人际互动过程，通过言语、文字等媒介来相互传递信息、相互影响的过程；

心理咨询具有"心理性"，通过心理学的方法解决心理问题，也就是非医疗的方式来解决来访者认知、情绪、行为方面的问题。

二、心理咨询与心理治疗

在心理咨询的一些文献中,心理咨询和心理治疗被作为意义相同的词汇使用,给读者的印象往往是心理咨询等同于心理治疗,那么二者究竟有何异同呢?

在英文文献中,心理咨询用"counseling"一词,心理治疗用"psychotherapy"一词,心理学工作者普遍认为二者有差别,但区分的界限并不明确。二者的差异并不是本质性的差异,而是程度和范围以及工作侧重点的差别。其相同点和不同点表现在以下方面。

(一)心理咨询和心理治疗的相同点

目标基本相同,都指向来访者的个人探讨、自我认识、行为改变、性格发展和个人成长等,同时尽量消除来访者的不适应行为。

使用的基本理论相通,例如精神分析理论、行为主义心理学理论、人本主义心理学理论等都被广泛应用于心理咨询和心理治疗过程中。

(二)心理咨询与心理治疗的不同点[①]

服务对象上的区别,心理咨询对象主要是正常人,他们的困难主要是现实生活中的适应和发展问题;心理治疗的对象主要是有较重心理障碍的人,如出现变态、神经症等异常行为的人。

助人者的区别,从事心理咨询的人通常称做咨询者或咨询心理学家;从事心理治疗的人主要是临床心理学家,通常称为心理医生。

从帮助的侧重点看,心理咨询主要是教育性的,以帮助来访者澄清认识、做出决策为主,侧重帮助来访者获得信息,学习新的适应技能,解决所面临的生活问题;心理治疗主要是"医治",以克服、消除各种精神症状、身心症状为主,常涉及较深入的心理品质、行为方式的改造,重视改善来访者的人格,有时会配合药物进行治疗。

由于心理咨询和心理治疗并没有本质的区别,因此在本书中,也就不严格地区分使用这两个概念了。

三、心理咨询的分类

心理咨询从不同的角度可分为不同种类。根据咨询的性质,可分为发展咨询和健康咨询;根据咨询的规模,可分为个体咨询与团体咨询;根据治疗时程分类,可分为短程、中程和长期的心理咨询;根据咨询的心理学理论依据,可分为精神分析的、行为主义心理学的、认知心理学的和人本的心理咨

---

① 江光荣:《心理咨询与治疗》,第32~34页,合肥:安徽人民出版社,1995年。

询;根据咨询的方式,可分为门诊面询、电话咨询和互联网咨询。具体介绍如下。

(一)按性质分类

1. 发展心理咨询

在个人成长的各个阶段上,都可能产生困惑和障碍。为适应新的生存环境,为选择合适的职业,为个人事业的成功突破个人弱点等等,所以要进行的就是发展性心理咨询。目前在学校的心理咨询工作中,应把发展心理咨询作为工作重点。发展心理咨询包括:家庭教育心理咨询、学校心理咨询、职业发展心理咨询、恋爱婚姻心理咨询。

2. 健康心理咨询

当一个精神正常的人,因各类刺激引起焦虑、紧张、恐惧、抑郁等情绪问题,或者因各种挫折引起行为问题时,也就是说,发现自己的心理健康遭到破坏时,这时进行的心理咨询就是健康心理咨询。其内容包括:精神病(心理咨询或心理治疗是精神病人康复的辅助手段之一,需要配合其他治疗手段)、神经症、性心理障碍、人格障碍、情绪障碍、人际关系障碍。

人际关系中的挫折是咨询的主要内容之一。我们这里所提到的人际关系障碍,是指影响人际交往正常进行的不良心理因素。有时,人际关系障碍可引起学习、工作、情绪等一系列的不适应,乃至引起诸如神经衰弱、抑郁症、恐惧症、偏头痛等生理心理疾病。人际交往障碍常包括恐惧心理、自卑心理、孤僻心理、害羞心理、封闭心理、自傲心理、嫉妒心理、逆反心理、猜疑心理、敌意心理、干涉心理等。造成上述障碍的原因通常是多方面的,有的是因为以往生活中的挫折或受错误思想观念的影响,还有个性缺陷(严重的表现为人格障碍),等等。

(二)按咨询的规模分类

1. 个体心理咨询

个体心理咨询是咨询师与来访者建立一对一的咨询关系。咨询活动与来访者所处的那个社会、集体及家庭无直接关系。在内容上,着重帮助来访者解决个人的心理问题。个体心理咨询是心理咨询的主要形式,一般意义上的心理咨询就是指个体心理咨询。面谈咨询是最常见、最主要的方式。

因为它是个别进行的,不允许第三者在场旁听,因此,来访者易于消除顾虑,容易谈出自己内心深处的想法。同时,由于咨访双方是面对面的,咨询者可以通过对来访者的观察,接受比较多的信息,利于咨询的有效进行。

2. 团体心理咨询

团体心理咨询是在团体情境中,向来访者们提供心理帮助和指导。它是通过团体内人际交互作用,促进个体在交往中观察、学习、体验,认识自我、探讨自我、接纳自我、调整和改善与他人的交往、学习新的态度与行为模式,以促进个人的、发展良好的、生活适应的助人过程。

在实际生活中,人类的很多适应或不适应、心理健康或障碍往往起源于人际关系中,发展于人际关系中,转变于人际关系中。团体心理咨询的出现与发展正是基于这样一种背景,即人的心理发展乃至一切发展都与社会环境有关,人的许多心理问题根源于如上所述的人际关系之中。为此,通过团体人际交互作用的方式,模拟社会生活的情境,来促进个体的自我意识、自我调整、自我发展,是一种有针对性的咨询理论和方法。

团体心理咨询并不是个体心理咨询的简单拓展,他有自己的独到之处,其作用表现为:

团体为个体提供了一面镜子;

成员可从其他参加者和指导者的反馈中获得裨益;

成员接受其他参加者的协助,也给予协助;

团体提供考验实际行为和尝试新行为的机会;

团体情景鼓励成员做出承诺并用实际行动来改善生活;

团体中的互助行为帮助成员了解他们在工作上、家庭上的功能,并显示出如何追求在社会上的地位;

团体的结构方式可以使成员的归属需要得到满足。

团体心理咨询有很多种类。根据团体的形式可以分为发展性团体咨询、训练性团体咨询、治疗性团体咨询;根据团体咨询所依据的理论和方法,可以分为精神分析团体咨询、行为主义的团体咨询、认知—行为团体咨询、交朋友小组;根据咨询中的侧重点不同,可以分为重点放在个体的团体心理咨询和重点放在团体成员的交互作用上的团体心理咨询,等等。

3.家庭心理咨询

在家庭心理咨询家们来看,家庭是一个动力结构,每个成员之间相互作用,形成相对稳定的互动方式,以此维持着家庭的存在。家庭某一成员出现问题,往往不是孤立的,而是与其他成员有关的,是家庭成员相互作用的结果。因此,对个体心理障碍的诊断和治疗,必须放在家庭系统中进行。咨询应针对家庭结构和成员相互关系的重新调整,个人的问题才能最终得到解决。这来源于心理咨询所依据的理论,即系统理论、交往理论和社会角色理论。

正是基于这样的看法,提出了进行家庭治疗的前提:所处理的问题是在家庭中产生的,问题可以表现为个人的,也可以是家庭成员共同面临的。总之,必须在家庭结构与成员的相互关系中推断问题的性质。其治疗措施着眼于调整家庭成员的相互关系,改变问题产生的家庭动力机制。

家庭心理治疗是一类治疗的总称，它包括众多的治疗形式。这些治疗形式包括：结构性家庭治疗、策略性家庭治疗、认知家庭治疗、行为家庭治疗、精神分析取向的家庭治疗、跨代家庭治疗、婚姻咨询等。

（三）按咨询时程分类

1. 短程心理咨询

在相对短的时间内（1~3周以内），完成咨询。资料收集和分析集中在心理问题的关键点上，就事论事地解决来访者的一般心理问题。追求近期疗效，对中、远期疗效不做严格规定。做好这类咨询，要求咨询者的思维要敏捷、果断，语言要准确、明快，有较丰富的实践经验。

2. 中程心理咨询

在1~3个月内完成咨询。可涉及到较严重的心理问题，要求有完整的咨询计划，咨询预后追求中期以上疗效。

3. 长期心理咨询

在遇到严重心理问题或精神症性的心理问题时，可采用长期心理咨询，一般用时在3个月以上，应使用标准化咨询方法——心理治疗，要求制定详细咨询计划，追求中期以上疗效，并要求疗效巩固措施。对资历较浅的心理咨询师，除要求有详细咨询计划外，还要求写出案例分析报告。

（四）按咨询形式分类

1. 门诊心理咨询

门诊心理咨询现在已经不限定在医院门诊进行，也可在专业心理咨询中心进行。

门诊心理咨询是面对面咨询，这类咨询的特点是能及时对来访者进行各类检查、诊断，及时发现问题，及时做出妥善处理（如转诊、会诊等）。因此它是心理咨询中最主要而且最有效的方法。

2. 电话心理咨询

电话心理咨询是利用电话给来访者进行支持性咨询。早期多用于心理危机干预，防止心理危机所导致的恶性事件，如自杀、暴力行为等。咨询中心有专用的电话，心理咨询工作人员24小时轮流值班，并设有流动的应急小组。

现在的电话咨询，涵盖面很广，是一种较为方便而又迅速的心理咨询方式。但它也有某些局限性。

3. 互联网心理咨询

互联网心理咨询是心理咨询师通过互联网来帮助来访者。

互联网咨询除了可以突破地域限制以外，通过互联网进行心理咨询，可以凭借行之有效的软件程序，进行心理问题的评估与测量；可以将咨询过程全程记录，便于深入分析来访者的问题以及进行案例讨论。

第二节 心理咨询的主要理论

心理咨询通过严谨的科学研究获得的理论还十分有限，现有理论多建立在临床实践的基础之上，以经验性的研究为多。虽然一些心理学家力图通过科学实证研究的方法来解决心理咨询理论的科学化问题，但是目前仍未得到心理学界的广泛承认。德国心理学家艾宾浩斯有一句名言："心理学有一个长期的过去，但只有一个短暂的历史。"在心理学产生发展的一百多年间，心理咨询学作为一个分支也得到了发展，有代表性的理论有：精神分析理论、行为主义理论、人本主义理论。这三种心理咨询理论对探讨心理咨询理论与技术的问题发挥了重要的作用，其他学派的理论多受这三大理论的影响。

一、精神分析理论

（一）代表人物

西蒙·弗洛伊德（S.Freud）创立了精神分析理论。其著作《精神分析引论》充分表达了他的基本思想。在心理学的历史上，没有哪位人物会像西蒙·弗洛伊德这样备受吹捧而又惨遭诋毁，既被尊为伟大的科学家、学派领袖，又被斥责为搞假科学的骗子。但不管是哪一方，都承认他对心理学的影响，他对心理治疗的影响比科学史上的任何人都要大得多。

卡尔·荣格（Carl. Jung）是当代最有影响力的心理学家之一，他通过分析心理学的理论和实践，影响了当代科学和整个人文学科。弗洛伊德曾期望把整个精神分析的未来交付给他，但荣格选择了思想的独立，发展了自己的分析心理学体系。他的分析心理学与精神分析理论有密切的联系。

（二）主要理论

精神分析学派经过多年的发展，形成了不同的理论，如荣格的分析心理学、阿德勒的个性心理学、安娜·弗洛伊德的新精神分析理论等等。精神分析学派也称为心理动力学派、心理分析学派等。以下主要介绍弗洛伊德的精神分析理论的主要内容。

1. 意识—无意识理论

发现无意识心理现象是弗洛伊德的一个主要贡献。弗洛伊德在研究和临床观察中发现人的心理活动有些是能够自己察觉到的，他把这些能被自己意识到的心理活动称做意识。有些是在个人清醒状态下无法被察觉的思想或观点以及这些观念、欲望的动态活动，这就是无意识。在无意识中有一部分内容可以进入意识，被人们所察觉，这部分无意识被称做前意识。后来专门把不能进入意识的那部分无意识称做无意识。无意识的内容往往包括大量与人的本能欲望、社会道德不相符的冲动,因而受到压制,不被允许自由进入意识。无意识虽然不能被人所察觉,却对人的行为有极重要的影响。

弗洛伊德认为意识的入口有一道检查机制,不符合道德规范或不为社会所接受的本能和欲望及相关的观念或经验不能进入意识,只能压抑在无意识中。无意识中的各种本能冲动或欲望一直都在积极活动,有时还很迫切地在意识的行为中得到表现,当其出现时,就会在意识中唤起焦虑、羞耻感和罪恶感,因而加以抵抗,进行压抑。压抑的功能是把主体的经历和回忆、各种欲望和冲动保存和隐藏起来,不让它们在意识中出现。但压抑不可能把被压抑的东西消除掉,这些东西会以笔误、口误、梦等形式表现出来。

2.人格结构理论

(1)本我、自我与超我。

弗洛伊德的人格理论是一种结构、内容、运作三位一体的人格理论。他把人格分为本我、自我和超我三个部分,每个部分都有相应的心理反映内容和功能,三部分始终处于冲突—协调的矛盾之中。

本我(Id)是由人格中一切与生俱来的本能冲动所组成的部分。它包含了个体的一切原始的冲动和本能欲望,其中最重要的是性欲望和攻击欲望。本我是一切心理能量之源,从生物本能中吸取能量,推动机体活动。本我按"快乐原则"行事,它不知道道德、行为规范等等,它要求的是获得快乐、避免痛苦。弗洛伊德认为婴儿的人格结构以本我为主。当婴儿感到饥饿时,本我要求须及时得到满足,如果得不到满足就会产生挫折感,婴儿克服挫折的努力可能是学习、成长的最初契机。自我和超我是随着孩子的成长和学习逐渐在以后发展出来的。本我在性质上是无意识的。

自我(Ego)产生于个体与外界现实的相互作用,是现实化了的本能,是在现实的反复教训之下从本我分化出来的一部分。它的一部分是无意识的,主要部分是意识的。它的一个基本作用就是感知外部世界的存在,反映外部世界的事件、特点、要求。它还感受心灵内部的刺激,反映本我和超我的要求,集多重任务于一身。自我同时周旋在超我、本我和现实之间,它遵循"现实原则",力争既避免痛苦,又能获得满足。自我在人格结构中代表着理性和审慎。

超我(Superego)是从自我发展起来的一部分,是道德化的自我。是人格中最后形成的部分,也是最文明的部分,遵循"道德原则"行事,其主要作用是监督自我。超我是个体成长过程中通过内化道德规范、社会要求而形成的。超我的形成较大程度上依赖于父母的影响。超我的突出特点是追求完美,所以它与本我是非现实的,大部分也是无意识的。任何与自我理想和良心相背离的经验都不被超我接受。

弗洛伊德认为人格的这三种构成之间不是静止的，而是不断地交互作用。自我在超我的监督下，按现实可能的情况允许本我的冲动有有限的表现。在健康的人格中，这三种结构的作用是均衡协调的。人的一切心理活动都可以在这种人格动力学的关系中得到阐明。当三种力量不能保持动态平衡时，将导致心理失常。

（2）自我的防御机制。

在人格发展中，本我和外界现实之间，本我和超我之间经常会出现冲突，自我要使他们相互协调，如果它难以忍受来自外界现实、本我和超我的压力，就会产生焦虑，促使自我发展一种机能，用一定的方式调解冲突，缓和三方面的压力。这种机能就是心理防御机制。防御机制是在无意识当中进行的一种儿童式的反应，这可能会阻碍现实行为的发展。个体通常会有选择地应用几种防御机制，并在其自我中固定下来。综合弗洛伊德和其他心理分析家的看法，心理防御机制主要有以下几种。

压抑。压抑是最基本的心理防御机制，是把那些不为超我所接受的冲动、欲望禁锢在无意识中，使个体不能够觉察到它的存在。通过压抑，自我暂时避免了面对本我和超我、本我和外界现实之间的冲突。但被压抑的冲动与欲望并未消失，仍在无意识中积极活动，寻求满足，从而不知不觉地影响个体的行为。

投射。投射是把自己的愿望与动机归于他人，断言他人有此动机、愿望，这些往往都是超我不能接受的。投射会造成个体对客观现实的知觉、判断错误，而这种错误很难通过现实检验加以纠正。

否认。是指有意识或无意识地拒绝承认那些使人感到焦虑痛苦的事件，似乎从未发生过。如不愿承认亲人去世的现实。

置换。是一种运用得相当频繁的防御机制，是指某事物引起的强烈情绪和冲动不能直接发泄到这个对象上去，因而找一个不致引起焦虑的对象或行为替代。如学生甲被另一位身强力壮的同学欺负，不敢还手，转而去欺负低年级同学。

退行。是指当遇到挫折和应激时心理活动退回到较早年龄阶段的水平，以幼稚行为方式来求得他人的支持和安慰。如一些小学新生刚入学时出现咬手指、尿床的现象；父母闹离婚时孩子会变得事事需要父母帮助才能完成，以获得父母的关注，并使他们一起做事来帮助他。

固着。是指心理未完全成熟，停止在某一性心理发展水平。如成年人不愿成家承担责任，希望像青少年那样过无忧无虑的生活。

升华。把为社会、超我不能接受的冲动的能量转化为建设性的活动能量。如从事一些文艺创作或体育运动，使性冲动和攻击的冲动得到一定的满足，是无害的。如具有强烈攻击冲动的人到拳击馆练习拳击，以合乎社会要求的途径满足攻击欲望。

反向形成。指个体内心有一种欲望或观念要求表现，但表现出来可能会引起不良后果，因此表达相反的欲望或观念，借此达到抑制原来欲望的目的。如希望亲近异性反而会表现为惧怕异性。再如，某儿童想和某个同伴玩，但又怕遭到拒绝，会说"我讨厌他，不想和他玩儿"。

抵消。是指以从事某种象征性的活动来抵消、抵制个人的真情实感。如儿童摔倒后责怪地面不好把自己绊倒。

3.性心理的发展

弗洛伊德认为，个体的发展就是性心理的发展，这一发展从婴儿期就开始了。心理发展的原动力是性驱力，即力必多。从婴儿期到青春期的性心理发展可以分为5个阶段。每一阶段的性活动都可能影响个体的人格特征，甚至成为日后发生心理疾病的根源。儿童早期的经历对个体今后的心理发展尤其有重要影响。

口欲期（0~1岁）。婴儿主要的活动为口腔活动，快感来源为唇、舌、牙床、牙齿和腭部，来自咬、吞咽和咀嚼活动。

肛门期（1~3岁）。此时期儿童开始接受大小便的训练，能控制肛门括约肌的活动，生理上的主要快感区转移到肛门，忍受和排便都能带来快感。

性器期（3~6岁）。儿童开始能够分辨两性，产生对异性双亲的爱恋和对同性双亲的嫉妒。此外，生殖器部位的刺激也是快感来源之一。

潜伏期（6~12岁左右）。此时期儿童的性欲倾向受到压抑，快感来源主要是对外部世界的兴趣。是一个相对平静的心理性欲发展阶段，但前生殖器期的经验记忆仍保持在内部并对将来的人格发展发生影响。

生殖器期（12~18岁左右）。这是发展的最后阶段，发生在青春期，可以持续很长时间。个体的兴趣转向异性，幼年的性冲动复活，性生活继续着早期发展的途径进行着。

弗洛伊德认为性心理的发展过程如不能顺利地进行，停止在某一发展阶段，即发生固着；或者个体受到挫折后从高级的发展阶段倒退到某一低级的发展阶段即产生了退行，就可能导致心理异常。

（三）心理咨询技术

由于精神分析理论认为症状是神经症性冲突的结果，必有无意识的症结。因此精神分析的心理咨询着重在寻找症状背后的无意识动机，使来访者自己意识到无意识中的症结所在，产生意识层次的领悟，将无意识的心理过程转变为意识的。当来访者真正了解症状的真实意义，便可使症状消失。具体运用的方法有如下几种。

1. 自由联想

1859年弗洛伊德创造了自由联想的方法，并称之为"到达无意识的康庄大道"。具体做法是让来访者集中注意于头脑中产生的任何念头、意象或思想，不用意识指导思维，不对出现的东西进行任何评论，即时说出这些思想。精神分析学家对所报告的内容加以分析和解释，直到从中找出来访者无意识之中的矛盾冲突及心理异常的起因为止。

2. 释梦

对梦的解释和分析是精神分析了解无意识内容或内在冲突的途径。弗洛伊德认为睡眠时自我的控制减弱，无意识中的欲望乘机向外表露。但由于个体的精神仍处于一定的自我防御状态，所以这些欲望必须通过化妆变形才可进入意识成为梦相。因此，梦有显相和隐意之分。释梦工作就是通过显相揭示隐意。

不同年龄的梦有其不同特点。儿童的梦大多较为简单。许多孩子梦见吃糖，吃冰淇淋。白天想去公园玩没有去成，晚上就梦见去公园等等。

儿童的梦表达敌意也很坦率，一个男孩梦见妹妹死了，然后父母买了一条小狗。

儿童梦中的动物大多是代表身边的人。儿童的噩梦和紧张焦虑的梦比成人多，梦中常有的恐惧情节是妖怪、鬼和强盗等追他或抓住他。这些可怕的生灵当然也是身边的人的象征。弗洛伊德指出强盗和鬼往往代表半夜把孩子叫醒让他去小便的父亲和母亲。

也许这些解释令人难以置信，孩子怎么会把父母想得那样可怕。精神分析理论认为事实上，孩子会区别对待父母温和的一面和可怕的一面，把可怕的父母比做强盗妖怪等。

某些心理学研究指出：儿童所以更容易做焦虑梦，是因为世界对他们来说，比成年人要陌生，他们还担心一旦离开了父母自己能否生存下去，能否独立对付这世界。孩子比成人更容易做噩梦，是因为他们更无助，他们的父母一旦抛弃他们，他们就会毫无办法。而父母又往往不能注意到孩子的需要，为了制服倔强的孩子，还会用抛弃或叫警察等方式来威胁孩子。偏偏孩子又缺乏知识，不知道父母只是威胁而已。他们会把这些话当真，从而格外害怕。

如果对儿童的梦进行分析后，发现了对心理健康不利的问题。不必对孩子解释梦，而应对孩子的父母做工作，纠正他们的一些不恰当的教育方式。

儿童的梦的主题除了简单的愿望满足外，大多和父母有关，这是了解儿童梦的要点。

青年人梦的主要主题是：反对父母的控制，争取自主权；恋爱与异性交往；关于自我的评价和认识；学习和择业；人际交往与竞争等等。这些主题也正是青年人生活中面临的问题。根据梦者现状，可以判断是属于哪个主题。例如，临高考前的梦十有八九和学习紧张焦虑，学习困难有关，或和选择志愿时与父母的冲突有关。

3. 移情

在做精神分析的过程中，经过较长时间的接触，来访者会把自己对父母、亲人等人的感情转移到分析师身上，即把早期对别人的感情转移到了治疗者身上，这种移情有的是正性的，有的是负性的。移情是来访者无意识阻抗的一种特殊形式。移情表示来访者的力必多离开原来的症状而向外投射给分析师，此时移情成了治疗的障碍，亦变成了治疗的对象。

4. 解析

解析是精神分析中最常用的技术，要揭示症状背后的无意识动机，消除阻抗和移情的干扰，使来访者对其症状的真正含义达到领悟。解析的目的是让来访者正视他所回避的东西或尚未意识到的东西，使无意识之中的内容变成意识的。

二、行为主义理论

（一）代表人物

华生（J.B. Watson）受俄国巴甫洛夫经典条件反射学说的影响，继承了美国桑代克的方法论，建立了刺激—反应模式，即 $R=f(S)$ 模式。他否定了所有有关隐形精神过程的猜想，开始形成一种新的、完全可以观察到的以行为为基础的心理学。

斯金纳（B. Skinner）是新行为主义心理学家。他建立了操作性条件反射，并给了如下公式：$R=f(S,A)$，即反应与刺激（S）、控制变量（A）之间是一种函数关系。

班杜拉（A. Bandura）是新行为主义学派的另一个杰出代表。他提出"社会学习理论"，强调学习过程中人自身的能动作用，强调人与社会环境的相互作用。

（二）主要理论

行为主义学派的理论来源有4个方面：经典条件作用理论、操作性条件作用理论、社会学习理论和认知理论。认知理论与认知行为治疗有关。行为主义学派的实验研究是将心理学向科学研究的方向推动的尝试。其主要观点包括如下几个方面。

1. 以行为为中心，指根据一个人的外显行为决定心理是否正常。不考虑人格、自我、动机这些内在的、不能直接观察的变量,而以能够以某种方式进行观测的行为为中心。一切心理障碍都以"不适应行为"来描述,不假设这些行为背后还存在什么更根本的、更深层的原因。在咨询的目标上,把行为本身改变作为目标,不解决症状背后的原因。

2.强调后天训练和学习。异常行为和正常行为都是习得性行为,区别在于异常行为是非适应性的,一般说来,当某一行为的结果已不再具有社会适应性时,该行为就会减弱、消退,而心理障碍的原因就在于行为丧失了适应性后仍不消退。

3.行为由环境因素等外在变量决定。行为主义认为,行为由个体的强化历史所决定,心理咨询师可以通过对个体的再训练,即学习对周围环境的刺激做新的适宜反应和改变周围部分环境的方法,把不正常的行为变为正常。

4.强调量化评估。对行为出现的频率、强度等指标进行量化评估,对咨询方法和效果也要进行明确的、定量的评估,以便于检验其有效性。

行为主义指导下的行为疗法以基础心理学的实验研究为依据,学习心理学是重要的理论支柱。早期的行为主义者只认为存在于人的行为学习中的环境强化作用是唯一决定的因素,片面强调人的被动反应,而忽视了认知因素和主动性。新行为主义者比较重视人的欲望、动机、情感和其他的内在心理因素对人的行为的影响,强调刺激与反应之间的中介变量的意义。由此产生了班杜拉的社会学习理论和以艾利斯(Ellis)、贝克(Beck)为代表的认知行为治疗。

(三)咨询技术

1.放松训练

放松训练是行为疗法中最广泛使用的技术之一,用于克服一般的身心紧张和焦虑。也可以合并到其他技术中使用。放松训练有多种形式,其中常用的有渐进紧张—松弛放松法。通过循序渐进地放松一组一组肌肉群最后达到全身放松的目的。

2.系统脱敏

系统脱敏主要用于解决各种恐惧症状,它通过使来访者在放松状态下接触实际的或想象的恐惧对象来克服焦虑。由于焦虑状态与放松状态之间不能共存,设法在原来有引发焦虑的刺激情境与放松反应之间建立联系,就可以取代和抵消原来的焦虑反应。系统脱敏的应用要经历三个步骤。

学习放松。来访者学会放松程序,达到能自如地进入身心放松状态的程度。

建构焦虑等级。来访者与咨询师一起探讨各种焦虑情境,根据焦虑程度的高低排成一个层级。由来访者给每个事件制定一个焦虑分数,最小焦虑是0,最大焦虑是100,各等级之间级差要均匀,每一级刺激因素引起的焦虑应小到能被全身松弛所拮抗的程度。

实施系统脱敏。一般使用想象脱敏的方法,让来访者想象最低等级的刺激事件或情境,当他感到有些焦虑紧张时,竖起食指示意,此时令其停止想象,并报告刚体验到的焦虑程度值,随后全身放松。每次放松后咨询师都要询问来访者有多少焦虑分值,如果分数超过25分,就需要继续放松,直到想象这一焦虑层级的刺激情境时来访者不再感到焦虑为止。如此逐级而上。

3.满灌技术

又称"冲击疗法",用于治疗恐惧和其他负性情绪反应的一类行为治疗方法。是让来访者持续一段时间暴露在现实的或想象的唤起强烈焦虑的刺激情境中。尽管来访者在暴露的过程中会产生恐惧,但是恐惧的结果并不会发生。

4.厌恶疗法

通过附加某种刺激的方法,使来访者在进行不适应行为时同时产生厌恶的心理或生理反应。如此反复实施,结果使不适应行为与厌恶反应建立了条件联系,尽管以后去掉了附加刺激,但只要来访者进行这种不适应行为,厌恶体验照旧产生,来访者不得不放弃原有不适应行为以避免厌恶体验。

5.自律训练法

自律训练法由德国心理学家休尔斯(Schultz,T.H.)于1936年发明并首先使用,其原理是当人处在心理放松的自律性状态时,交感神经系统中的一些过度活动就会受到抑制,同时促进血液循环。在心理治疗和咨询中采用自律训练法可取得一定的身心保健效果。

心理侧面。防止紧张,减少攻击性,减轻不安及矛盾心理;

生理侧面。对失眠、肠胃障碍、头痛和抽筋等问题比较有效,坚持训练2~3个月,还可以改善人的呼吸系统;

社会侧面。帮助促进人际交往,增强人的某些社会功能;

能力侧面。使人的注意力、集中力得到强化,改善记忆力,帮助提高体育成绩,开发青少年创造力等。

自律神经放松共分为"七式":

第一式:安静练习(每一式中都有暗示语,要求练习者感情沉着,心境安定);

第二式:四肢重感练习,先是两手腕,然后是两脚腕,先右后左(左手利者则反之)。练习时用缓慢而有力的声音自我暗示:"我的两个手腕沉重、沉重,越来越沉重……"

第三式:四肢温暖感,先是两手然后是两脚,也是通过掌握与上述第二式相同的暗示方法来进行;

第四式：心脏调整，自我暗示心脏安静而有规律地跳动；

第五式：呼吸调整，自我暗示悠长、轻松地呼吸；

第六式：腹部温暖练习，将温暖干燥的手置于腹上，通过自我暗示来进行，在练习时注意保暖（此式可针对食欲不振、恶心、腹痛和焦虑等症状）；

第七式：前额清凉感练习，可提高注意力水平，增强记忆力，自我暗示"前额有清凉的感觉"，这是七式中难度最大的意向。

操作自律训练技术要注意以下几点：

每天至少练习一次，不可中断；

练习前全身放松，可仰卧在床上或沙发上，如果坐在椅子上，要让背部舒适；

取闭目养神的姿势，调整呼吸，排除杂念，清心寡欲；

自我暗示："松、松、全身放松……""安定、安定、心情安定……"等词句。

顺序练习，一开始每次可进行一到二式，之后逐渐增加动作和时间，直到完全掌握为止；

开始时每练习一次用时3~5分钟，以后逐渐增加时间，心理患者每天2~3次，一个疗程2~3个月；

在平时工作时进行自律训练，要有苏醒感觉，在苏醒前要做准备工作；若在晚上睡觉时进行，则可直接进入睡眠状态或接着做音乐治疗（但音乐治疗时间不可超过自律训练的2倍）；

练习期间，白天不喝冷水、冷的饮料；在腹暖后也不能喝冰凉饮料；配合一些散步和体育活动。

三、人本主义理论

（一）代表人物

卡尔·罗杰斯（Carl Rogers）开创了以来访者为中心的理论（又称非指导性理论、以人为中心理论）。他早年接触了行为主义理论并接受了心理分析训练。1922年，罗杰斯到北京参加世界基督教徒学生联合会，异域见闻使他原有的一套信念受到很大冲击，使他能够思考"我自己"的思想，得出"我自己"的结论，并采取"我"所信任的立场。于是他相信，人最终必须信任、依靠自己的经验才能做真正的自己。他于1942年出版了《咨询与心理治疗》一书，提出了自己的新的心理治疗观。于1951年出版《来访者为中心疗法》，系统阐述了这一疗法的理论和实践。

（二）主要理论

1. 人性观

罗杰斯认为人是有主观性的，人所得到的感觉是它自身对真实世界感知、翻译的结果。每个人都有其对现实的独特的主观认识,来访者个人也有自己的主观目的和选择,应为每个来访者保留他们主观世界存在的余地。

人有实现的趋向。实现的趋向是一种存在于有机体的基本的动机性驱动力,是人和生物天生就具有的,体现生命本质的东西。实现趋向包括以下两种。

生物学方面的,一切生物共有的成长成熟趋势;

心理方面,表现为人独有的自我实现趋向,这种实现趋向赋予人强大的生存动力,顽强地追求发展。

因此他的以人为中心疗法的基本原理就是使来访者向着自我调整、自我成长和逐步摆脱外部力量控制的方向迈进。实现的趋向被看做是一种积极的趋向,它假定人具有引导、调整、控制自己的能力,所有心理问题都是由于这种实现趋向的阻滞导致的,心理咨询就是要排除这种障碍重新建立起良好的动机驱力。

人基本上是诚实、善良、可以信赖的。这些特性与生俱来,某些"恶"的特性是由于防御的结果而并非出自本性。若能有一个适宜的环境,个体将有能力指导自己达到良好的主观选择与适应。

2.关于自我概念

自我概念指个体对自己的知觉和认识,不同于个体的体验和真实的自我。自我实现就是指自我与自我概念完全一致的那种情况。

个体存在两种评价过程,一种是有机体的评价过程,可以真实地反映实现的倾向;另一种是价值的条件化的过程,这是建立在对他人评价的内化或对他人评价的内投射的基础上,这一过程并不能真实地反映个体的实现趋向,却在妨碍着这种趋向。不同个体在价值条件作用内化的程度上各不相同,这与他们所处的环境及他们对积极的评价需要的程度有关。个体对来自他人的积极关注的认识直接影响了他们的自我关注。当受到有条件的关注时,个体对自己和对世界就会形成不正确和僵化的认识。

(三)咨询技术

以人为中心的咨询不追求特殊的策略和技术,而是把重点放在创造一种良好的关系氛围,使来访者能够自由探索内在感受。

1.咨访关系

罗杰斯认为以人为中心疗法中使咨询成功的不是咨询师的咨询技巧,而是依赖于咨询师对来访者的态度。咨询师的主观态度影响着咨访关系的质量,而咨访关系对来访者人格的改变所产生的影响远远大于咨询师所采用的咨询技术的作用。

罗杰斯认为咨询师应以真诚、无条件积极关注和共情的态度对待来访者。可以说咨询师的最大策略就是把自己作为一种手段，把整个人投入到关系中去，通过表现自己的真诚、关注、尊重、理解来创造出所需要的那种关系。

2.会谈技巧

会谈是表达对来访者的关心、理解等态度的重要途径。

会谈中的言语方式。以人为中心疗法的主要技巧是倾听的技巧，如释意、情感反映、鼓励、自我揭示等等。较少应用影响性技巧。这些技巧会在下面的章节做介绍。

会谈中可以通过非言语的方式表达，如咨询师的姿势、身体活动和位置、面部表情、声音特点等等，咨询师要通过非言语信息表达对来访者的关注和理解，也要注意来访者表达的非言语信息，以促进对来访者的情感和认知信息的理解。

四、完形治疗理论

完形治疗是建立在 20 世纪的存在主义理论基础之上，发展出的一派心理咨询和治疗的疗法。存在主义鼓励人们思考自己当前的存在，探讨自己对个人存在具有绝对力量的可能性。

（一）代表人物

美国心理学家皮尔斯（Frederick S. Perls）是完形疗法的创始人，他曾接受精神分析训练，后来接触了完形心理学，尝试在完形心理学基础上，统合精神分析理论、语义学和哲学发展出完形治疗理论。他强调人应关注知觉自己当前的存在，最主要的理论假设是每个人都可以成功地处理自己人生的问题与困难，但由于人往往倾向于逃避面对自己，所以人生中会有许多未完成的事情，以致影响了当前的存在。

（二）主要理论

1.人性观

完形治疗理论对人的看法根源于存在主义哲学和现象学，主要的观念与取向包括扩张人的自觉，接纳个人的责任，致力于人的协调统一和探讨自觉受阻的缘由等。皮尔斯相信人类个体的运作是整体性的，因此他极力反对将人分割来看，他认为健康的人就是那些整个人的各部分都配合得很好，有适当的平衡和协调的人。

完形疗法是要协助来访者恢复自觉，改善其内在分裂的状况，达到统整合一。相信人有能力承担个人的责任，有能力过一个统合、丰富的人生。但由于在成长过程中出现了问题和困难，人们在生活中往往将自己分割得支离破碎，人格中的割裂常见的是皮尔斯形容为"胜利者"和"失败者"这两者的关系，前者很具有权威性，知道什么是最好的，后者表现得防卫性很强,并充满歉疚。人们在分裂自己、分割生活环境的情形下,形成了许多逃避的习惯,阻碍了个人成长的进程,在这样的情况下生活,就会出现很多矛盾、冲突和痛苦。因此在治疗过程中,咨询者要做出适当的干扰,同时向来访者挑战,要他面对自己的困难和挣扎,使其在咨询者的鼓励下进一步清楚自己当前的存在和要经历的挣扎。

皮尔斯认为,一般人在实际生活中只运用了个人的部分潜能,如果缺乏自信,认为自己无用,能力不足,就会依赖他人。因此在心理咨询过程中,要帮助来访者实现心理成长,学会自助。

2.咨询目标

完形疗法最基本的概念就是完形,是指任何一个人、一件事或物都要整体地看,如此才能明了事物的全部和真相。心理咨询的主要目标是要协助来访者重新成为一个统合的个体,也就是将他过去失落或否认的部分重新组合,最终可以心理平和、快乐地生活。治疗的重点不在分析,而在统合,逐步协助来访者改进,直到他可以有力量来促进自己的成长为止。使来访者由环境支持转变为自我支持,发现自己的潜能,认识到人是可以自我调整的,可以在人生中采取主动。

另一个目标是要协助来访者了解自己是在寻找个人与周围环境的协调与和谐,指导他们不要委屈自己来对社会做出适应。提高来访者的自我觉知,来访者要学习明了自己个人有所需要,而且尊重这些需要,不会为了达到适应环境而压抑、否认这些需要。完形疗法理论认为正确的处理方法是要设法满足这些需要,并觉知自己在需要受阻时的情绪体验,最终实现个人的成长。

(三)咨询技术

1.此时此地

完形疗法并不注重过去与将来,只重视现在。咨询过程中焦点放在来访者个人当前的情况和经验,过去只不过是一种记忆,除非与来访者当前的情况有关,否则就毫无意义,而将来不过是人的幻想。

2.解读身体语言

完形疗法的理论基础是把人看做一个整体,因此咨询者要注重将来访者整个人带进咨询过程中,包括人的理性、情绪和生理层面。来访者在咨询过程中的身体语言是极有意义、不容忽略的部分,能帮助咨询者获得更多有关来访者的资料,促进对来访者的了解。

3.呈现幻想与梦境

完形治疗理论相信人们有许多未能满足的需要,这些需要往往会在梦境和幻想中出现,在咨询过程中咨询者会细心设计幻想旅程,或对来访者的梦境加以阐释,去发掘来访者潜意识中的需要和问题。咨询者还会用角色扮演来促进来访者将幻想具体呈现,这样也可以帮助他较容易地表达自己。

4.个人化

在咨询过程中来访者往往用"人们""人人""他们"等代名词来陈述自己个人的感受和心态。咨询者会协助来访者做出矫正,要求他改用"我"来叙述,以达到个人化的功能。如:一个学生对咨询者说"每一个父母都望子成龙,如果你学习不好,他们就会骂你蠢,说你没用……"在完形治疗过程中,咨询者会提示学生将以上的话改为:"我的父母望子成龙,一旦我的学习成绩不理想,他们就会骂我蠢,说我没用……"

5.空椅子

空椅子是完形治疗用于统合个体分割的常用技术。他们让来访者坐在一张椅子上,扮演"胜利者"的角色,对假想坐在面前的空椅子上的"失败者"说话,说罢来访者移坐到"失败者"的椅子上,对刚才"胜利者"说的话做出回应。对于人们的一些"未完的事务"的处理,也可以采用这种方法。

五、认知治疗理论

(一)代表人物

认知治疗高度重视研究来访者的不良认知和思维方式,并且把自我挫败行为看成是病人不良认知的结果。所谓不良认知,是指歪曲的、不合理的以及消极的信念或思想,往往导致情绪障碍和非适应行为。治疗的目的就在于矫正这些不合理的认知,从而使来访者的情感和行为得到相应的改变。认知疗法不同于传统的行为疗法,因为它不仅重视适应不良性行为的矫正;而且更重视改变病人的认知方式和认知—情感—行为三者的和谐。同样,认知疗法也不同于传统的内省疗法或精神分析,因为它重视目前来访者的认知对其心身的影响,即重视意识中的事件而不是潜意识;内省疗法则重视既往经历特别是童年经历对目前问题的影响,重视潜意识而忽略意识中的事件。代表人物有:阿伦·贝克(A.T.Beck)、唐纳德·梅肯鲍姆(Donald Meichenbaum)、阿尔伯特·艾利斯(Albert Ellis)等。

认知治疗理论最有代表性的当属理性情绪理论,它酝酿于20世纪50年代,60年代后逐渐成形。代表人物是阿尔伯特·艾利斯。下面我们就着重介绍认知治疗理论中的理性情绪理论。

(二)主要理论

1.人性观

艾利斯的人性观带有浓厚的人本主义色彩,他认为人天生就有一种异常强大的倾向,要求并坚持他们生活中的一切都得尽善尽美。但人天生也具有发展出一种非理性的,不利于生存发展的生活态度的倾向,艾利斯更强调后一种倾向,正是这种先天的倾向,容易使人在后天的教育和环境影响下发展出非理性的生活态度,造成心理失调。

2.ABC 理论

理性情绪理论中关于情绪失调的原因分析集中体现在ABC理论中。ABC来自三个英文字的字首。A（Activating events）是指当前事件,B（Beliefs）是指对A的信念、认知、评价和看法,C（Consequences）是指个体出现的认知、情绪和行为。在生活中很少有人能够客观地知觉、经验A,人们总是带着大量已有的信念、价值观、意愿、欲求、偏好来经验A,因此不是A直接引起了C,而是B直接引起了C,A只是引起情绪及行为反应的间接原因。

在运用理性情绪疗法咨询的过程中,咨询者通过面质使来访者达成改变,参见下图,其中D（Disputing）指治疗,质疑问难,E（Effects）指一种新的情绪和行为后效以及一种新的有效的生活态度或生活哲学。它们之间的关系如图示：

$$A \leftarrow B \rightarrow C$$
$$\uparrow$$
$$D$$

3.非理性信念系统的特征

合理信念与不合理信念的区别在于：

合理的信念大都是基于一些已知的客观事实；而不合理的信念则包含更多的主观臆测成分；

合理的信念能使人们保护自己,努力使自己愉快地生活,不合理的信念则会产生情绪困扰；

合理的信念使人更快地达到自己的目标；不合理的信念则使人难于达到现实的目标而苦恼；

合理的信念可使人不介入他人的麻烦；不合理的信念则难于做到这一点；

合理的信念使人阻止或很快消除情绪冲突；不合理的信念则会使情绪困扰持续相当长的时间而造成不适当的反应。

理性情绪理论认为人们持有的不合理的信念具有以下三个特征。

（1）绝对化的要求。

绝对化的要求在各种不合理信念中是最常见到的,对事物的绝对化要求是指人们以自己的意愿为出发点对某一事物怀有认为其必定会发生或不会发生这样的信念。这种信念通常与"必须""应该"这类词联系在一起。

如"我必须考高分""我必须让每个人都喜欢我""我在报志愿时应该听妈妈的"等等。

具有这样信念的人极易陷入情绪困扰，因为事情的发展不可能完全按某个人的意愿进行，当他们屡屡失望的时候就会感到难以接受，难以适应，陷入情绪困扰。

（2）过分概括化。

过分概括化是一种以偏概全的不合理思维方式的表现。过分概括化一个方面的表现是人们对自身的不合理的评价，当自己面对失败或困境时，就认为自己一无是处，百无一用，以自己做过的某件事或某几件事的结果来评价自己整个人，判断自己的价值，常会导致自责、自卑的心理产生，情绪抑郁、焦虑。过分概括化的另一个方面就是对他人不合理的评价，当他人稍有差池就认为他很坏，一无可取，导致一味责备他人，产生敌意和愤怒的情绪。

（3）糟糕透顶。

糟糕透顶是一种认为如果遇见不好的事发生将非常可怕、非常糟糕，是一场灾难的想法。这种想法会导致个体陷入极端不良的情绪体验，如耻辱、自责、自罪、焦虑、悲观、压抑等不良情绪的恶性循环之中。当一个人认为自己遇到的事情糟糕透顶的时候，这意味着这是最坏的事情，是灭顶之灾。艾利斯指出这是一种不合理的信念，因为对任何一件事情来说，都可能有较之更坏的事情发生，没有一件事情是百分之百糟透了的。当一个人认为自己遇到了糟糕透顶的事情的时候，他同时把自己引向了极端的负性情绪状态之中。糟糕透顶的想法通常是与绝对化要求相联系而出现的，当人们的绝对化要求中"应该"和"必须"发生的事情没有实现的时候，他们就会感到无法接受这种现实，无法忍受这样的情景，他们的想法就会走向极端，就会认为事情糟糕透顶了。

（三）治疗过程和策略

1. 咨询目标

通过咨询，使来访者达到以下目标：自我关怀；自我指导；宽容；接受不确定性；变通性；参与；敢于尝试；自我接受。

理性情绪疗法的主要目标就是减低来访者各种不良的情绪体验，使他们在治疗结束后能带着最少的焦虑、抑郁（自责倾向）和敌意（责他倾向）去生活。

2. 治疗过程

（1）心理诊断阶段。

在这个阶段，咨询者应向来访者解说理性情绪疗法中关于情绪的ABC理论，这是治疗的基础。咨询者根据ABC理论对来访者的问题进行初步分析和诊断，找出他的情绪困扰和不适应行为。咨询者要注意来访者次级症状（即一个表现出来的问题套着其他几个问题）的存在，分清问题的主次。咨询者应注意把咨询重心放在来访者目前的问题上。

（2）领悟阶段。

首先咨询者要进一步明确来访者的不合理信念，它们常常和合理的信念混在一起而不易被察觉。咨询者应注意帮助来访者把不合理信念和对问题的表面看法区分开，把不合理信念与不适应的情绪和行为联系起来，使来访者进一步领悟自己的问题及其与自身的不合理信念的关系。

领悟即是让来访者认识到是信念引起了情绪及行为后果，而不是诱发事件本身；他们因此对自己的情绪和行为反应负有责任；只有改变了不合理的信念，才能减轻或消除他们目前存在的各种症状。

（3）修通阶段。

这一阶段的工作是理性情绪疗法中最主要的部分。

修通就是指工作透入的过程。这一术语与精神分析治疗中的名称相同，却有不同的含义。精神分析的修通是通过情绪宣泄以及对梦和躯体症状所做的工作、技术来实现的。理性情绪疗法不鼓励情绪宣泄，认为这会强化来访者的问题，使其陷入自己的情绪困扰中而不能正视自己的问题。而且理性情绪疗法也把和来访者过去经验的联系限制在一定范围，不去追究这些经验对他目前的影响。

咨询者的主要任务是运用多种技术，使来访者修正或放弃原有的非理性观念，并代之以合理的信念，从而使症状得以减轻或消除。

前两个阶段的工作重在解说和分析，这一阶段的工作则是强调技术和方法的运用。与不合理信念辩论的方法主要是质疑，即咨询者直接向来访者的不合理信念发问："你有什么证据证明大家都在看着你？""是不是别人都应该像你想得那样对待你？""别人可以失败，但你不可以，是吗？"等等。

在找到不合理信念并与之辩论后，咨询者还应帮助来访者树立理性信念，常用以下方法。

①语义精确法。

理性情绪理论认为思维规定着语言，反之，语言也塑造着思维。因此，咨询者帮助来访者首先以合理、现实的方式来界定自己面临的情景，防止按前述非理性思维的特征形式来认识、评价情境事件。例如"她不爱我了"，这一事件只能得出以下一些界定："她找到了一位在她看来比我更可爱的朋友，不一定意味着我就真的不如那一位可爱"；"她不爱我不意味着所有的人永远都不会爱我"；"我感到遗憾、伤心，但这个世界并不会变得糟糕可怕至极，并非绝对不能忍受"等等。然后要求来访者学会并经常练习用以下一些形式来思考和自语：

不用"必须……""应该……"这样的说法，而用"要是……就好了"这样的说法；

不用"我绝不能……"或"……是不可能的"的说法，而用"我能……但我觉得那样做有一定困难"或"我现在还没做到……但这并不代表那是不可能的"；

不再说"要是……就糟糕透了"，而说"要是……就麻烦了（就太令人失望了）"；

不再想"因为……所以我是个一无是处的没出息的人"，而学会对自己说"人不能以成败论英雄"。

②替代性选择。

由于非理性信念都有极端化的特点，所以常使来访者钻入了牛角尖，看不到其他可能性，看不到事实上还有很多别的选择。理性情绪理论常引导来访者思考、想象其他可能的解释，其他可能实现的行事方式或其他可能的解决问题的办法，并且通过让他们想象其他可行办法会产生的积极后果来激励来访者采取改变行动。

③去灾难化。

对于"糟糕可怕至极"的信念，咨询者常用一种可称之为"去灾难化"的办法，使其不合理之处暴露出来。做法是让来访者设想最坏的可能是什么，因为任何事情总是相对的，总有比"可怕"更可怕的东西，来访者认为、糟糕或可怕的事情事实上不可能是绝对糟糕或可怕至极的。示例：

来访者：要是我考不上大学，那真是糟糕可怕至极，我不敢想象……
治疗师：但你能想象！请告诉我，会发生的最坏的事情是什么？
来访者：我妈妈会非常伤心，我感到没脸见人，我将不会有好前途。
治疗师：很好！让我们先看你妈妈会怎样伤心？她会伤心地哭上一场？
来访者：可能。
治疗师：哭一天一夜，不歇气地哭？……她会哭上十天半月？她会不想活了？
来访者：（笑）
治疗师：你瞧，糟糕至极的意思是彻头彻尾的糟，可怕，百分之一百零一的可怕！事实上呢？
来访者：（笑）我把事情夸大了。

④理性—情绪想象。

这是理性情绪疗法中常用的方法之一，需要由咨询者进行指导，帮助来访者进行想象。步骤如下。

使来访者在想象中进入他产生过不适当的情绪反应或自己感到最受不了的情境中，体验在这种情境下的强烈的情绪反应；

帮助来访者改变这种不适当的情绪反应并体会适度的情绪；

停止想象，让来访者讲述他是怎么想的，怎么使自己的情绪发生变化的。此时咨询者要强化来访者的新的合理的信念，纠正某些不合理的信念，补充其他有关的合理信念。示例[①]：

某女大学生，对自己即将在一个会上发言感到恐惧，认为自己肯定会出丑，一切将会变得非常糟糕。咨询者可帮助她做以下练习。

治疗师：好，闭上你的眼睛，想办法使自己坐得很舒服。现在请你想象你到了会场，要想得像真的似的……

来访者：……嗯……

治疗师：现在你感觉怎么样，是不是真正达到像你所说的那样恐惧、困窘了？

来访者：嗯，我已经觉得要不行了，要讲不下去了……

治疗师：对，这正是你担心的情境，现在我要求你把这个场景保持在脑海中，同时，请你把那种觉得要不行了的感觉变成只是有点紧张……

来访者：……恐怕不行……

治疗师：要坚持这样做。

来访者：……嗯，差不多了。

治疗师：很好，说说你是怎么想的？

来访者：我要是逃走会更糟，反正我得在这儿坚持讲完。

治疗师：还想了些什么呢？

来访者：我已经站在这儿开始讲了，虽然讲得不好人家笑话我，但我要是中间停下来不讲跑掉了，人家会更看不起我。不管别人说我什么，我也得讲完该讲的话……

治疗师：说得对，你现在所做的事情正是用合理的信念代替那些不合理的东西。这会使你的情绪不再那么坏。不管别人怎么想你，你现在要做的最关键的事，是完成这次大会的发言。而且不管别人会怎样看你，你还是你，可能发言不如某些人讲得好，但并不是个一无是处的人，是吗？

来访者（点头）。

[①] 钱铭怡：《心理咨询与心理治疗》，第 247~248 页，北京大学出版社，1994 年。

（4）再教育阶段。

咨询师在这一阶段的主要任务是巩固前几个阶段治疗所取得的效果，在这一阶段，咨询师可采用的方法和技术仍可包括上一阶段的内容，此阶段治疗的主要目的是重建。

通过下面的例子，读者可以分析和体会一下RET治疗过程的某些步骤。[①]

来访者：和别人在一起，常常觉得挺没意思，玩得不好，不如自己看书、睡一会儿……

治疗师：什么样的情况你觉得没意思呢？

来访者：要是能和别人谈得挺好还可以。如果别人谈的是我不熟悉的事，我就觉得没意思了。

治疗师：在这种情况下，你是怎么想的呢？是不是觉得应该得到别人的承认。

来访者：有这样的想法。

治疗师：如果情况不是这样呢？

来访者：如果不是……嗯，我不在意别人怎么看我……

治疗师：如果你真是这样想的话，你的反应会是什么？

来访者：避开人群，就开始觉得对谈话没兴趣了。

治疗师：避开人群是因为你不在意别人的反应吗？如你确实不在意的话，你的反应会是什么？

来访者：……我是这么想的，如果别人评价不好，那么一个人在人群中就处于劣势；而如果得到别人的承认，对他来说，交往就是有价值的，对他肯定是有好处的。

治疗师：除此之外，还有别的什么想法吗？

来访者：要是别人瞧得起的话，我玩得就来劲儿；如果与别人谈得尴尬就没心思玩了……如果与某些人一次交往就失败了，以后就觉得还要失败，就不大理睬他们了，见面只打招呼，相互不理睬。

治疗师：但是，如果你确实不在意别人的反应的话，你会怎么做？

来访者：如果确实不在意，就应该在人群中很自然……我明白了，对别人怎么看，我应该不在意，要是老计较这些，心胸就会变得很狭窄。

治疗师：我的问题是如果你不在意——

来访者：我还是在意，不在意就会勇往直前……

治疗师：那么在意是因为什么？

---

① 钱铭怡：《心理咨询与心理治疗》，第244~246页，北京大学出版社，1994年。

来访者：心理上受不了，就不愿讲话了，如果别人讲的是我不熟悉的问题……还是怕过多暴露自己，怕给人形成某种印象……

治疗师：觉得我不行？

来访者：对，这样人家就会排斥我，我就先走一步。这样就形成了我排斥他，心理感觉好些。就像空城计那样，人家不知道你是怎么回事，反而会造成一种神秘感，反而会有一种吸引力……

治疗师：那么这样做的结果会怎样？

来访者：其实我也知道我自己的情况，有时也想学学别的人那么坦率……

治疗师：你对他们怎么看？他们有什么特点？

来访者：觉得他们挺奇怪的，他们可能特别憨厚，与他们交往就像与家里人交往一样，不觉得紧张。

治疗师：那就是说人群当中还有不少人你不排斥？

来访者：但这类人只是少数。另一些人，我在他们面前就有一种想证实自己的感觉，就紧张……

治疗师：为什么紧张？

来访者：还是怕人家看不起自己……

治疗师：怕人看出你的短处？

来访者：……嗯……

治疗师：那么你是否有短处？

来访者：有。

治疗师：有没有长处？

来访者：当然也有啦！

治疗师：好，每个人都有长处和短处，是吗？

来访者：是的。

治疗师：那么，别人看到了你的短处，你的长处是否就不存在了？

来访者：不，还在。

治疗师：别人即便否定了你，你仍有你的长处，而别人即便承认了你，你也仍然有你的短处，这些东西并不因为别人的承认或否定而消失，是吗？

（来访者点头。）

六、交互分析理论

（一）代表人物

20世纪50年代，埃瑞克·伯恩（Eric Berne）创造了交互作用分析疗法（transactional analysis，简称TA）。很快人们就发现它也能用于日常交往，于是交互作用分析疗法被一系列大众书籍广泛推广，在社会上引起较大反响。

交互作用分析的目的是帮助人们更好地理解人与人之间是如何交往的,以使人们能够改进沟通方式和开发健康的人际关系。

TA的重点在"沟通",沟通是指两个人之间的互动,而人们都是由彼此身上得到某种注意。TA的一个主要概念在于个体的发展是与他人互动时发生的。

(二)主要理论

1.人性观

每一个人均有与生俱来的能力,能了解自己和别人是"好的",TA提倡的生活态度是——"我好,你也好"。伯恩相信人有能力做选择,他强调"人"是自己的主人,他有能力控制自己的未来。但人们仍然难以摆脱社会力量的影响,完全由自己来做生活中的关键性决定,所以实际上很少可以有人实现独立自主的人生。在咨询者的帮助下人们有能力超越旧有的习惯模式,并选择新的目标与行为。

早年决定对人的生活有重要影响。伯恩认为人在后来采取的生活态度和获得的地位受其早年决定的影响。这些影响来自个体生活中的一些重要人物,如父母、老师、兄长等等,个体在孩提阶段由于要完全依靠他们的支持,所以这些影响深远而强烈,甚至延续一生。这些早年决定是人们后来生活脚本的基础。但是人们一旦发觉早期的决定不再适当时,就可以做出修改,重新做决定。沟通分析的目的即在使人类有选择的自由、随意改变的自由。

2.自我的结构

弗洛伊德将人格结构分为本我、自我、超我,伯恩承认他的自我结构的分析与弗洛伊德的理论有一定的关系,但也存在极大的差异。他指出弗洛伊德的分类是推论性的,太过抽象和不切实际,而他的自我心态的分析是社会性的现实,是经验性的。根据伯恩的理论,个体是由三个不同的自我状态组成,分别是父母式自我、儿童式自我、成人式自我。两人在相互交往时,会采取三种被称为自我心态的心理定位中的一种。这些自我心态包括家长、成人、孩童的心理状态,人们在沟通或行动中可以运用其中的任何一种。

家长式自我心态。家长式自我心态表现出保护、控制、呵护、批评或指导倾向。他们常常会说:"你必须收拾好房间再去玩""让你别动那个,现在知道疼了吧?!"

成人式自我心态。成人式自我心态表现出理性、精于计算、尊重事实和非感性的行为,试图通过寻找事实,处理数据,估计可能性和展开针对事实的讨论,来更新决策。

儿童式自我心态。儿童式自我心态反映了由于童年经历所形成的情感。它可能是本能的、依赖性的、创造性的或逆反性的。如同真正的孩童一样,具有孩童心态者做事希望得到他人的批准,更喜欢立即的回报。从易动感情的语调中就可以辨别出这种心态,欢呼雀跃、拍掌叫好、逃避困难等是儿童式自我的行为。

3. 生活定位

每个人往往会展现4种生活定位。在童年时代的早期,每个人都会形成一种与人交往的主要方式。这种人生观往往伴随一生,除非经历了重大的变故才会改变,因此它叫做生活定位。虽然一种生活定位往往会支配着一个人的交互作用方式,但是在特定的交互作用中,其他立场也会不时地展现出来。也就是说,一种生活定位居统治地位,但并非是所采取的唯一的生活定位。

生活定位产生于两种观点的结合。首先,人是如何看待自己的?其次,总的来说,他们是如何看待其他人的?对每一问题的肯定回答(好)或否定回答(不好)间的组合,导致了4种可能的生活定位。

我不好——你好;

我不好——你不好;

我好——你不好;

我好——你好。

理想的定位,同时也是在成人对成人的交互作用中最可能有的定位是"我好——你好"。它表现了有益的自我接受和对他人的尊重,最可能导致建设性的沟通,有益的冲突和彼此满意的正视结果。其他三种生活定位在心理上不够成熟,也不太有效。很重要的一点是,无论现在的生活定位是什么,"我好——你好"的定位是可以学会的,能由此改进人际交互作用。

4. 肯定的需要

人渴求别人的接触和爱护,同时也需要他人给予承认和重视。伯恩强调人类是社会性的,需要依赖与他人接触。

肯定可以是正面的、负面的或是正负面混合的。当正面的肯定被接受时,感觉很不错,有助于接受者产生良好的感觉。负面的肯定将产生身体上或感情上的伤害,使接受者降低对她或他自己的良好感觉。正负面混合的例子如:"作为一个新手,你干得算是不错了。"

肯定除了包括"正面"与"负面"的表现方式,还可分为"有条件"与"无条件"的肯定。其中,有条件的安抚主要是指"针对个人所做的事"予以回应;无条件的安抚则指"针对个人本身"予以回应。

实际上很多对子女期望很高的家庭中,子女往往首先被父母否定,只要成绩不理想,就责备训斥,即便考了好成绩也被父母轻描淡写地一带而过。一些小时候经常被父母斥责为"没出息"的孩子,成人后即便家庭幸福、事业成功,却还惶惶不安地期待父母的肯定和赏识。甚至有一些父母还不顾孩子的自尊,在客人面前训斥孩子。一些孩子进入青春期后,会萌生"活着没意思"的想法,认为自己不论怎么努力,都得不到父母的承认,始终是个失败者。

（三）咨询技术

1.结构分析

结构分析是帮助人们察觉其父母、成人及儿童的自我状态的内容与作用的工具。在健全的人格中,自我状态可以依环境的不同展现不同的自我状态,而达到有效的沟通。但是来到咨询室求助的来访者,他们的自我状态常是相互"污染""排斥",造成其生活的混乱。

2.沟通分析

是指分析两个人彼此接触、互相交谈、传递信息时,他们自我状态交互运作的情况。

互补沟通:刺激与反应相互平行的沟通,各种不同的自我互补沟通共有9种。这种沟通是适当、良好、用来抚慰的正向沟通。

交错沟通:刺激与反应相互交错,即发出刺激的人并没有得到预期的反应,使发出刺激者感到挫折、不受重视,因而可能中断沟通,造成彼此沟通的障碍或冲突。

暧昧沟通:除表面上传达的是社会可接收的沟通之外,还隐藏着心理层次上的沟通。这种模式常常带来不舒服的感觉。例如:

学生:"老师,请问我这次期末考试考了几分?"
老师A:"60分。"

学生:"老师,请问我这次期末考试考了几分?"
老师B:"不好好用功,还有脸问我?"

学生和老师A的沟通是成人——成人式的互补沟通,学生和老师B的沟通是成人——家长式的交错沟通,可想而知,交错沟通给接下来的师生沟通带来障碍。以PAC图表示为:

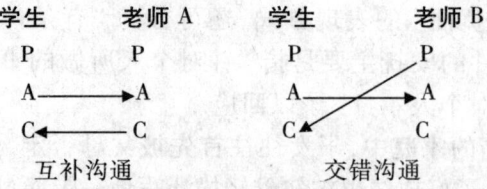

再看下面这种沟通的类型:

儿子:"爸爸,我这次考了70分。"
爸爸对儿子说:"你哥哥考了90分,姐姐考了100分。"

这对父子的沟通是暧昧沟通,表面上看父亲的回答是在陈述事实,但在心理层面上却在传递这样的信息——哥哥、姐姐都比你考得好,你真没用!

3. 生活脚本分析

生活脚本的定义是"潜意识里的人生计划",它的形成和早期价值观的认定及童年的心理地位有关,发自于"儿童"自我状态,透过儿童与父母的"互动沟通"编写而成。脚本的形成最初是在婴儿时期,由父母传达的非语言信息而产生。例如:在一个很强调男主外、女主内的家庭中,将会导致此家庭中的儿子产生"男人是一家之主"的生活脚本上演。

4. 强化松散的自我边缘

在沟通分析中,正常的自我状态是"父母""成人""儿童"三部分之界限要相当明确,亦即个人能够很直接、不拖泥带水地从一个自我转换到另一个自我,然而如果自我状态太松散、不够明确,则个人就会产生不适应的行为。此种强化松散的自我边缘的处理方法是,向来访者介绍自我状态的理论,了解"父母""成人""儿童"三种自我状态的含义,熟悉这三者彼此间交互的功能。来访者能够运用上述的知识来处理自己的行为时,则自然可以强化自我的边缘。

5. 去污染

所谓"污染"是指:自我状态间有互相重叠或干扰的现象,它是个人产生问题或不适当行为的重要原因之一;

例如"偏见"是父母自我状态污染成人自我状态的结果,"妄想"则是儿童自我状态污染成人自我状态。

因此,去污染的主要策略是,让来访者了解到自己受污染的状况,并指出何者在污染、如何污染,以达到去污染的效果。换言之,当来访者的反应、感觉或对事物的看法有偏差、曲解或混淆时,咨询者要及时指出他的成人受到何者的污染,并藉认知的剖析,修正来访者的现有状态,以重建来访者和谐流畅的自我状态。

6. 再倾泄

沟通分析理论中,"倾泄"是指个人的一个自我能很稳健且直接地转换到另一个自我。唯当自我状态发生"排斥"时,只剩一个或两个自我状态在做行为反应,来访者将无法随着环境的变异而去倾泄自我,那么产生不适应的行为是不可避免的。

再倾泄是指，将来访者所排斥的另一个或另两个自我状态激发出来，使来访者的行为反应，能因环境的状况与需要，随时倾泄或呈现更适宜的自我状态。

7.澄清

"澄清"是指，咨询者将来访者所说的或想说的相关信息串连起来，或把来访者内隐的，未能明白表达的想法与感觉说出来。

因此澄清的目的，在使来访者对于未来将发生的事情及发生事情的原因，能有深刻的洞察与了解，以便在咨询后，来访者可以很自主、自然地回到现实生活中，以适当的方法去处理日常事物并与人沟通。

8.重新定向

所谓"重新定向"是指，透过咨询者的指导及教导，使来访者舍弃不良的行为方式，将其行为反应或生活计划导向更合理、合乎现实的方向或目标。

七、心理咨询理论应用的发展趋势

（一）心理咨询者倾向于综合应用各流派的理论和技术

心理咨询者倾向于综合应用各流派的理论和技术，学派之间的对立和纷争转变为融合、相互借鉴。早在20世纪30年代，就有心理学家进行博采众长的折衷主义的心理咨询的理论和实践研究。如美国精神病学家费伦齐（French）、多拉德（Dollard）、米勒（Miller）、索恩（Thorne）等，但这一做法在20世纪70年代以前的影响并不大，没有被多数咨询者接受。从20世纪70年代以后，越来越多的咨询者倾向于在不同心理咨询理论的纷争中采取折衷的态度和做法。20世纪80年代初有一个面向心理学家的调查表明，41%的人倾向于折衷主义。20世纪90年代对100名咨询者和100名咨询教育工作者的调查中，发现采纳两种以上理论立场的占被调查者的75%。[①] 由此可见，折衷的、整合的或辐合的咨询理论取向将成为咨询和治疗理论发展的主导方向。

心理咨询作为应用心理学的一个重要分支，是咨询理论、咨询环境、咨询方法和咨询艺术的有机结合。心理学存在各种不同的流派，每个学派都有相对比较完善的理论体系、特色和技法，但是由于心理现象和心理问题的复杂性，特别是成人心理，更具有深刻性和复杂性。儿童，是家庭问题的影子，孩子的毛病反映的是整个家庭系统出了问题，当然不少问题还和社区环境、社会环境有关。正是由于心理现象和心理问题的复杂性，使得对理论的统整需要较长的探索阶段，而至今对理论的统整也还只是处于探索阶段，但作为从兼容到整合的过渡，即寻找各种理论与方法的共同要素，现在已取得一些共识，因此我们理解咨询理论的整合，不妨先从理解各种理论和咨询方法的

---

① 江光荣：《心理咨询与治疗》，第352页，安徽人民出版社，1995年。

共同性方面入手。

1. 重视来访者与咨询者之间的关系对咨询进程的影响

来访者与咨询者之间平等、合作、信任关系的建立、发展，是影响咨询效果最重要的因素。咨询者需要深厚的理论根基和丰富技巧，但如果没有良好的咨访关系作为基础，这一切都将失去作用。

2. 心理咨询中的一般因素在所有的咨询方法中都有体现

心理咨询中的一般因素如温暖、接纳、同情等，某种咨询方法的特殊因素即某种咨询方法的独有因素与一般因素共同发挥作用则有助于促进心理咨询的专业化，使咨询者能更有针对性地控制咨询中来访者出现的问题，如对咨询者产生阻抗甚至敌意或产生依赖和理想化时。遇有复杂问题的来访者时，受过某种专门训练、掌握特殊技巧的咨询者便会更有作为。不过，现在人们普遍认为，一般因素在治疗中起着很大的作用，治疗产生的效果都可归结为一般因素。

（二）短期心理咨询成为心理咨询的主要形式

心理咨询史的发展表明我国的心理咨询正由非正规化向正规化和专业化方向，由借鉴西方咨询理论向心理咨询本土化方向，由多种理论、方法林立向多元化、综合性方向发展。另外，由于经济或其他方面的原因影响，多数来访者只能来一两次或几次，短程心理咨询的理论和方法也呈现发展趋势，这些趋势是相互影响、相互联系的。

过去人们多以咨询的时间或次数来划分为长期和短期，有人以10次为界，有人以30次为界，也有人以更少的次数作为分界标准。但是目前多数学者认为："短期咨询不只是会谈次数较少或时间较短而已，最重要的是咨询师需要具备时间的敏感性，使咨询具有实效性。短期咨询的关键是更多地关注来访者面临的焦点问题和现有的资源治疗。在明确目标时就开始了，从开始双方就着意建立合作的、朝向同一目标的咨询关系，来访者在咨询中的主动性一方面来自强大而迫切的动机，另一方面则可归功于这种平等合作的关系，短期心理咨询的基本思想也正是在于充分应用综合性方法中最重要的因素。在短期心理咨询的全过程中，咨询师协助来访者向着实现咨询目标来选择方案，不断鼓励来访者做出小的改变。短期心理咨询强调咨询有清楚的焦点和目标，来访者和咨询师围绕焦点进行工作，这是它最明显的特点；短期心理咨询的第二个特点是强调找来访者本身的优点和资源，咨询师鼓励其做出向目标进步的改变，使有效的积极的行为得到强化，而较少地探讨不适行为及其成因；短期心理咨询的第三个特点是咨询的进程更有弹性，治疗从收集信息时就开始了，每一次治疗都可能是最后一次，治疗的效果常常发生在结束之后或者治疗的空档，只要来访者已经开始具备解决问题的能力，治疗就可以结束了。可见，短期心理咨询与咨询方法的综合性是相辅相成的：第一，它们都强调建立和发展平等、合作、有明确咨询目标的咨询关系；第二，它们都注重咨询的实效性，尊重来访者，帮助来访者，最终是使来访者自己解决焦点问题，而且得到成长；第三，它们都强调多种方法的灵活运用。因此，吸收短期心理咨询的基本思想和精神，是有利于提高咨询效果和效率的。

（三）后现代主义对心理咨询理论与实践的影响

后现代主义理论影响下的心理咨询活动特别强调来访者的个体世界、个体感受，注重语言表达的意义构建。

传统心理咨询的理论与方法其哲学基础为现实的可认识性；后现代心理学并不否认现实的存在，只是认为在认知和建构的过程中，人们往往受到环境、时间、地点、自身及他人因素的影响，所能了解到的"现实"只是部分的、不完整的，对"现实"的理解是相对的。在传统的心理咨询中，通过医疗模式、病态模式或欠缺模式而定性为"有问题的"人常常成为辅导的对象（即来访者），各种心理测验提供的心理特质（性格、倾向、防御机制等）评量的工具均拜师实证主义，从而形成大一统的、居高临下的评判模式。后现代的争论并不是要反对心理咨询的各个流派，只是反对它们秉持权威真理的姿态。因为每个人都有自己成长的社会脉络，对世界有不同的认知建构，后现代认可这种差异性，主张以合作介入的模式进入到相应的辅导过程。

后现代主义对语言的重视开启了心理咨询向后现代的转向。心理咨询通常以语言为交流媒介，在咨询者与来访者的互动中进行。如何看待和处理言语信息是心理咨询理论与实践需要面对的一个重要问题。在现代主义的世界观下，语言符号是表情达意的工具，人们可以借助语言去了解、描述外部世界，并能把内在的表征精确地反映出来。后现代主义观点则认为世界是存在的，但语言并不是世界存在的客观反映，而是带有强烈的个人主观的色彩，从这个意义上说，运用语言的个体不是在反映世界，而是在创造世界，创造具有浓厚个人色彩的世界。

在具体的心理咨询活动中，咨询过程可视为一种"语言活动"，让有关的人能联系在一起，去建构谈话的议题。任何意义都是在社交过程中产生的，咨询师的作用是与来访者共同构建新的意义。

在此背景下，叙事治疗成为后现代心理咨询流派中最具代表性的方式，其哲学基础可概括为4句话：现实是由社会建构出来的；现实是经由语言构成的；现实是藉以叙事组成和维持的；没有绝对的真理。这就在根本上颠覆了传统以问题解决为治疗目标的治疗方式，咨询者不再专注于来访者"问题"的成因，而是参与对话，对何谓问题、谁构成问题、谁要负责任、谁要做出改变等一连串相关的话题,用不同的语言去描述,协助来访者以说故事的方式,做出重新的探索、澄清、扩展、删除以及创造。叙事治疗所体现出的重新叙说和重新生活,在后现代主义者看来正是心理学得以勃发的生命根基。①

思考题

1. 什么是心理咨询?
2. 心理咨询是如何分类的?
3. 心理咨询的主要理论有哪些?代表人物分别是谁?
4. 各种心理咨询理论的基本理论和咨询技术是什么?
5. 心理咨询的发展趋势是什么?

---

① 赵梅:《后现代心理学与心理咨询流派》,《理论学刊》,第 62~63 页,2005 年 6 月。

第二章 心理咨询的基本过程与技术

本章介绍了关于心理咨询基本过程，心理诊断、心理咨询方案的制定、心理咨询方案的实施、心理咨询过程的评估及结束4个环节，并详细介绍各个环节应注意的问题、应用的技术或应完成的任务。

第一节 心理诊断

一、初次会谈

作为心理咨询人员或心理辅导教师，第一次与来访者接触时需要注意自己的言行和仪态，消除来访者的疑虑和紧张，了解一些基本的信息。对于学校心理咨询者，接待学生或学生家长时，也同样要注意做好初次会谈工作，争取学生及家长的配合。

（一）注意事项

1. 间接询问来访者的来意

咨询人员要注意通过初次交谈留给来访者良好的第一印象。直接询问来访者的心理问题和来访意图会影响来访者的求助心态，一部分来访者主动来咨询时进行了一番思想斗争，往往在初次来访时表现得犹豫、疑虑、紧张，直接询问会给来访者带来一些负面的影响，如压力、认为咨询者不可信任等等。咨询者间接、善意的询问对咨询或者说对咨询关系的建立会更有帮助。如"你希望我们在哪方面提供帮助？"

2. 向来访者说明保密原则

造成来访者心理问题的困扰有可能与一些不符合社会道德规范的、个人私生活的事件有关，担心说出来会对自己不利。而小学生则较多地顾虑自己的行为和想法不符合老师的要求，会影响与教师和同伴的关系。因此很有必要向来访者说明保密原则，打消来访者的顾虑，这是使来访者敞开心扉交流的第一步。来访者以开放的心态谈自己的问题，才有可能使咨询取得成效。

保密原则也是咨询工作人员必须遵守的职业道德之一，也是心理咨询的性质所决定的。心理咨询中的保密原则不仅涉及咨询内容，同样也涉及心理诊断。在心理诊断过程中咨询人员收集到的有关来访者的资料均在保密之列，未经来访者同意，咨询人员绝不可以将这些个人资料泄露给他人。

在咨询过程中一旦发现来访者有危害自身或他人的情况，必须立即采取必要措施,防止意外事件发生,在向有关部门或家属透露有关信息时应将暴露的程度限制在最小范围内。但咨询人员在接受卫生、司法或公安机关询问时不得做虚假的陈述或报告。

3.向来访者说明心理咨询的性质

根据对来访者存在问题的判断,咨询人员可以对适合接受心理咨询的来访者表示可以提供心理学帮助。随后应简要地向来访者说明心理咨询的性质,使来访者了解什么是心理咨询,心理咨询如何进行,心理咨询主要解决什么问题,不能解决什么问题等等。特别要向来访者说明心理咨询是咨询者协助来访者解决心理问题的过程,一来要说明来访者本人的参与态度和行为是决定咨询效果的主要因素,二来是要强调解决心理问题是一个过程,有可能会经历曲折反复,来访者要有一定的思想准备。

4.说明来访者的权利与义务

要将来访者与咨询者双方承担的义务和享有的权利向来访者做介绍,特别是要告知来访者他所要履行的义务,并进一步协商用何种方式进行咨询。

(二)收集资料的方法与内容

1.收集资料的方法——提问与倾听

心理咨询者根据实际情况提出问题来收集资料。提问主要根据以下方面。

来访者主动提出的求助内容,咨询者可以就事论事地围绕这些内容提出问题。注意澄清来访者求助内容的关系和主次。

根据心理测评结果反映的问题提出相关的问题。

根据来访者外部表现的异常提出问题。

一般情况下尽量多使用开放式提问,以了解更多反映来访者生活实际和个人体验的资料,并避免封闭式提问可能带来的暗示性。但在初次会谈中,根据需要收集资料的内容不同,可以在了解个人基本情况时采用封闭式提问的方式。提问本身是件比较复杂的事情,问题提得是否妥当会影响到咨询关系,信息交流的进程。以下是常见的不妥当的提问。

(1)"为什么……"的问题。如"你为什么要和别人打架?""你为什么迟到了?"这些问题具有很强烈的暗示性,它要求来访者说明理由,暗示来访者的行为或情绪是错误的。可以将提问改变为"你们之间发生什么事了?""你遇到什么事了?"等等。改变提问方式以后的问题不带指责性,来访者不必为自己辩解,反而能引导他自我探索。

(2)多重选择的问题。如"你有什么感觉,是沮丧还是生气?""你放学后是在外面玩还是在家里待着?"这类问题并不是开放式问题,暗示来访者在咨询者提供的选项中选择答案,限制了咨询者获得的信息。应去掉选择的部分作为开放式问题提出。

（3）多重问题。如"你认为他对这个问题的看法怎样呢？他的父亲是怎样看这个问题的？你本人又是怎样做这件事的？"这种连珠炮式的问题会令来访者不知所措，当然只能回答他认为重要的一个方面。对一件事从几个方面同时提出问题的做法，往往表现出咨询者急躁和没有耐心。

（4）修饰性反问。如"你只谈学生学习不好，可当今教师教学水平和学校纪律又是什么情况呢？""你知道，一个人怎么能发现真理呢？"这样的问题不需要来访者回答也不需要回答，会使会谈陷入僵局或是转向谈论空洞和抽象的评价，离开具体的问题，对来访者毫无益处。

（5）责备性问题。如"搞成现在这个样子，当初你干什么来着？""你凭什么把责任推到别人身上？"这类问题会对来访者造成很大的心理压力，所以会立即引起防卫，这对继续会谈毫无益处，在咨询中应严加杜绝。

（6）解释性问题。心理咨询者表达自己对问题的看法和理解，而不是推动来访者自我探索，当咨询者与来访者观点不一致时，更不应该以疑问的方式反问对方。

咨询人员提出问题后，要仔细、耐心地倾听来访者的叙述。在听的过程中要结合自己的思考，以便及时判断来访者的谈话内容是否合乎常理，并及时把握关键点。在倾听时要注意不要插入自己对来访者谈话内容的评价，不能随便打断来访者的话。会谈中咨询者的听比说更重要，耐心全神贯注地听本身就是对来访者的安慰和鼓励，来访者愿意讲述自己生活中的事件和个人感受，咨询者才能更好地了解来访者的情况。

但为了保证心理咨询的效果，咨询人员还需要根据咨询的目的和计划，控制会谈的内容。

2.收集资料的内容

初次会谈需要了解来访者心理问题的种类及表现形式。如：需要了解是关于心理成长发育阶段的问题还是社交适应人际关系的问题或是躯体疾病等，躯体及心理的感受如何，以判断问题的严重程度，找出一般原因、具体原因有哪些。

为了全面地了解来访者的个人资料和心理问题的起源成因，通常采用以下会谈提纲。

（1）身份资料：姓名、性别、年龄、职业、收入、婚姻、住址、出生日及地点、宗教信仰、教育、文化水平和文化背景。

（2）来访的原因和对咨询服务的期望。

（3）现状及近况：居住条件、活动场所、日常活动内容、近几个月以来生活发生变动的种类和次数、最近的变化。

（4）对家庭的看法：对父母、对兄弟姐妹、对其他主要家庭成员的看法，对自己在家庭中所起作用的描述。

（5）早年回忆：对能记清的最早发生的事情以及周围情节的记忆。

（6）出生和成长：包括会走路和会说话的时间。与其他多数儿童相比较曾出现过什么问题，对早期经验的态度。

（7）健康及身体状况：儿童时期和以后发生的疾病和伤残、近期服用的咨询者指定的药物，近期服用的非咨询者指定的药物，吸烟与饮酒的情况，与他人相比较身体状况，饮食与锻炼的习惯。

（8）教育及培训：特别感兴趣的科目以及获得的成绩，校外学习情况、感到困难的科目、值得自己骄傲的科目、其他文化学习上的问题。

（9）工作记录：对工作的态度，是否改变过职业，理由是什么。

（10）娱乐：感兴趣和令自己愉快的事，如工作、阅读等。

（11）性欲的发展：第一次意识到性的问题、各种性活动、对自己近期性生活的看法。

（12）婚姻及家庭资料：家庭中发生的重要事件与原因，家庭的现状与过去的比较，道德和文化因素。

（13）社会基础：交际网和社交的兴趣所在，与自己交谈次数最多的人，能给予各种帮助的人，互相影响的程度，对他们的责任感以及参加集体活动的兴趣。

（14）自我描述：自己的长处或优点，短处或弱点，想象力，创造力，价值观，理想。

（15）生活的转折点和选择：生活中曾有过什么变化和自己所做出的最重要的决定如何，对它们的回忆和评价。

（16）对未来的看法：愿意看到明年发生什么事情，在5~10年内希望发生什么事情，这些事情发生的必要条件是什么，对时间的现实感，抓重点的能力。

（17）来访者附加的任何资料。

以上资料的采集很大程度上依赖于来访者的回忆，而他们的回忆过程可能组织得较乱，所以要花较长的时间，要有耐心才能完成上表中的项目。对儿童来说，可适当调整以上罗列的内容，或者让家长补充其中的部分资料。

二、心理测验与评估

（一）心理测验的选用与实施

心理测验是了解来访者个人特点的较便捷和科学的手段。通过初次会谈了解到来访者的来意和具体问题以后，根据实际情况，建议来访者做心理测验，以反映他的个人特点等方面的特性。具体程序如下。

1. 向来访者说明选用测验对确诊的意义并征得来访者的同意

心理测验是要了解来访者个人的一些情况，来访者有权知道为什么要进行心理测验和为什么选用这些测验手段。当来访者同意并愿意进行心理测验时，才会密切配合咨询者的工作，反映真实的情况。

2. 依据来访者心理问题的性质，选用恰当的心理测验

通过初次会谈，咨询者了解到了来访者的基本情况和心理问题的表现，通过对来访者心理问题的初步分析判断，确定选用相应的测验。

心理测验是分析来访者心理问题的重要工具，它可以检验咨询者对来访者心理问题的性质、起因等情况的判断是否正确，还能帮助咨询者对来访者的心理问题进行深入分析。但需要注意的一点是，心理测验在咨询过程中并不是必不可少的一个环节，如果通过与咨询或治疗对象的交谈，对其问题已形成明确的看法，就可放弃不必要的心理测验。过多地使用心理测验还会影响心理咨询的过程和效果。

常用的心理测验有三类：智力测验、人格测验、心理评定量表。

智力测验的常用量表有：吴天敏修订的中国比内量表，龚耀先等人修订的韦氏成人智力量表、韦氏儿童智力量表和韦氏幼儿智力量表，林传鼎等人修订的韦氏儿童智力量表，张厚粲主持修订的瑞文标准型智力测验，李丹等人修订的瑞文联合型智力测验、托尼非语文智力测验等。这类测验可在来访者有特殊要求或对方有可疑智力障碍的情况下应用。

人格测验常用的量表有：艾森克人格问卷，卡特尔16人格因素问卷，明尼苏达多项人格调查表等。人格测验有助于咨询者了解来访者的人格特征，以便于对其问题有更深入的理解，针对性地开展心理咨询工作。明尼苏达多项人格调查表还有助于了解来访者是否属于精神异常。

心理评定量表有：精神病评定量表、躁狂状态评定量表、抑郁量表、焦虑量表、恐怖量表等。这些量表用法及评分简便，多用于检查对方某方面心理障碍的存在与否或其程度如何，并可反映病情的演变。

儿童心理咨询中可选用的心理测验有以下几种。

托尼非语文智力测验（TONI-2）。由美国心理学家L.布朗等于1982年编制，1990年修订的，是本世纪修订的最新、最符合儿童、少年智力现状的量表。中国科学院心理所于2000年引进并修订了TONI-2，制定了中国常模。TONI-2在科研、筛查工作中应用效果良好，智力落后、正常、超常的情况都能很好区分，避免了智力测查的失真现象。托尼量表是通过非文字方式即以评价被试者对抽象图形问题的解决策略的方式来评价其推理和问题解决能力。它具有良好的信度和效度，简便易行。它适合测查5~18岁学生的智力水平，可以单独或团体施测。由于它不受语言文字、动作技能、教育水平和

文化背景影响，所以它还适合在听、说、读、写、动作上有障碍的学生使用。测验共有63道题目，可以重复使用，所以适合前后对比。

青少年心理健康测验（MHT）。我国心理学工作者根据日本铃木清等人编制的量表修订而成，用来测查中学生心理健康状况的量表。有100道题目，含有8个内容量表和1个效度量表，测查中学生的学习焦虑、对人焦虑、孤独倾向、自责倾向、过敏倾向、身体症状、恐怖倾向、冲动倾向等方面问题。此量表针对性强，非常适合在青少年心理咨询工作中使用。

基本认知能力测验。由中国科学院心理研究所李德明研究员在多年来关于认知功能年老化及毕生发展研究的基础上，自行设计和编制的，包括数字拷贝、汉字比较、心算、汉字旋转、数字工作记忆、双字词再认和无意义图形再认7项分测验，分别测验知觉速度、心算效率、空间表象效率、工作记忆和记忆再认5个方面的认知能力。该套测验适用于具有小学4年级以上教育程度的儿童、青少年和中老年人，相应的年龄范围为10～90岁，使用手册提供10个年龄组的量表分换算表。该测验在临床、康复、药物疗效评价、人才选拔、教育等方面具有广泛的应用价值。该测验所设计的前5项分测验的评分"上不封顶"，这对于超常儿童的评价和人才的选拔有重要的参考价值。

LCVIT 职业兴趣测验（Ling Chinese Vocational Interest Test）。是由我国著名工业心理学家、人力资源管理专家凌文辁教授于2002年参照霍兰德职业人格理论框架，根据中国国情筛选项目，历经多年研发而成的，适合16岁以上中国人使用的职业兴趣测验。经探索性和验证性因素分析以及其他多种统计分析方法检验，表明该测验具有良好的信度和效度。该测验有126道题目，通过测试人的具体活动爱好、从事具体活动的能力、具体职业爱好来判断人的兴趣类型、适合的专业和职业，从而进行就业、升学指导及职业生涯设计。

其他可选用的中小学生心理测试实用量表有中小学生心理平衡判断量表、中小学生意志力测试问卷、中小学生情绪稳定性测验量表、儿童孤独症行为评定量表、中小学生在校心理适应能力测试、中小学生人际关系评定量表、中小学生人际关系测验、儿童学业不良调查表等等。

选择测评量表应有指向性，如来访者有明显的抑郁情绪，可选用与情绪有关的量表。为了确定非情景性症状的性质，应选用人格问卷，以便探索症状的人格因素。为寻找早期原因，可选用病因探索性量表，如症状自评量表SCL-90，可以查找两年以来是否有重大生活事件发生，或是否有应激的叠加效应发生等。当来访者表现超出心理问题常规表现时，若怀疑有精神疾病可使用明尼苏达多项人格调查表，若觉得智力有问题，可用智力量表等。如果来访者的问题已不能通过心理咨询的方式解决，要及时转介，以免延误病情。

在选用心理测验过程中要注意避免出现以下问题。

目的不明确，依据不充分地随意使用心理测验；单纯依据心理测验结果，不与临床表现相对照，片面地给出诊断和制定矫正措施；未查明某种心理测验的可靠性及常模的时限；不按心理测验的程序要求和操作规定实施心理测验；超出某种心理测验自身功能，主观地对数据和结果进行解释；使用未经修订的国外测验工具；用"地毯式轰炸"方式实施心理测验，只依靠测验法获取来访者资料。

（二）理解儿童青少年心理的其他方法

1. 日记分析

日记是一种理解儿童、青少年心理很重要的方法。学生的不安、困扰可以在日记中表露出来，心理辅导教师可通过剖析学生的日记，了解学生的内心世界。由于学生的个别差异，他们在日记中的表露程度也不同。有的学生写的日记，内容单调机械、千篇一律，从中可以剖析出它可能有自我封闭的倾向；有的日记内容是他个人的投影，也是他个人秘密的见证者和守护者；有的日记内容隐密、多愁善感或充满了挫折、欲求不满等，从中可以了解他的性格、苦恼。

在校园中，孩子欺侮孩子事件常常在学生的日记中表露出来。有的学生不堪欺侮，从而导致自杀悲剧，但从遭受欺侮到自杀的整个心理过程有时都在自己的日记中详尽地表露出来。如果心理辅导教师能够及早发现学生的日记中表露出的苦恼情绪，予以及时的心理援助，就可以避免悲剧的发生。

但是，学生一般不会随便把自己的日记给别人看，这就需要教师与学生建立充分的信赖关系。日记是学生自我情绪释放的手段，教师必须充分地理解学生，有共感理解和同情心，而不是滥用说教和斥责。在日记的交流中师生关系是一种对等的关系，有的时候甚至教师要进行必要的退化，让他们与学生看起来同龄，这样可以使学生自尊心得到满足。教师还必须严守秘密，让学生感到教师没有泄露他的隐私、秘密，以建立起良好的信赖关系。

不同年龄学生的个人日记内容和侧重点各不相同，主要表现在：

儿童日记，指初中以下儿童的日记，这类日记与儿童作文不同，不讲究文法和语句，主要是儿童情绪、感情的表露、释放；

中学生日记，指初中生的日记，主要关于学习、家庭压力等反面问题的表露；

青春日记，主要记录个人的心理隐私，难于对同学、老师、家长启齿的心理问题，日记涉及恋爱、社交、升学、职业、前途等各种问题。

还可以通过集体日记了解儿童青少年的心理状况。

以班级为主体，学生之间轮流执笔，教师也加入其中，或执笔抒怀或做

红笔评述。这种日记是非知识性的,针对某一事件进行不同评论,形成意见的交流;

另一种集体日记称为友人组合日记,即两三知己之间的心理感情交流,教师不加入其中。

日记可以两种形式交流:一种是学生之间的交换,即彼此间有一种信赖关系的同学间进行的一种交流。另一种是教师与学生间的交换。如果发展成双向关系,即教师也把自己的日记拿出来交流,更能进一步加强师生间的信赖关系。

2.绘画测量法

通过绘画来分析、诊断人的内心世界。个人在现实生活中的理想、痛苦、不满、矛盾等,可以在绘画上表现出来,具有治疗的作用。

绘画有树木人格测量法、风景构成法、人物画、HTP(人、树、木、家测量法)等多种。抑郁症、精神分裂症患者、问题行为儿童、神经性厌食症患者在绘画时有独特的表现和问题行为倾向。绘画法同时也可以作为心理治疗的一种方法,即艺术疗法。绘画作品可以作为资料保留,反复研究。

(1)树木人格测量法。

树木与人相似,具有站立性,每个人心中都有理想的树木,通过绘制树木可以看出人的心理倾向。

例如,所画的树木树干成一根线,表示人的心理退化,呈小儿状态,性格、情绪未成熟;精神分裂症患者所画的树干、枝、叶是不均的、分裂、零碎、缺乏统一感;抑郁症患者不会充分利用纸面大小、空白位置,通常画在某一角落里,整个树萎缩,树小叶少,树根服从于树干,而且树干比较细弱;躁狂患者笔锋急躁,没有地平线,有时没有树根,或多了些别的风景,树会溢出纸面,色彩多,笔法夸张;学校压力症、恐怖症儿童绘画的笔迹细弱无力,树看上去缺乏成熟感、站立感、立体感;心理创伤的儿童所画的树干有折断、伤痕,是其内心不安、矛盾、压抑的表现。

(2)人物画测量法。

绘画者在画人物画时,会将自我形象投射在所画人物上。例如,完善的人会将人物画得尽量漂亮,而强健的人则会尽量画得健壮。人物画是自我印象的表现,但有时也会加入自己喜欢或仇恨的人的形象。例如,有心理不适的儿童,内心很苦恼,他绘出的人物歪曲较大,但这并不表示他不喜欢画漂亮的人物,而是自我身心有不良倾向的表现。再如,精神分裂症患者所绘人物,身体的某部分有缺陷,有时各部位的比例失调,细长的像针、棒;抑郁症患者所绘人物常缺乏生活性,整个形象收缩;患有神经症的青少年所绘人物的脸有阴影,或不喜用颜色,此外眼、鼻会被省略,颈部很短,甚至没有;学校恐怖症学生所绘的人物纤细,不成熟。主要人物形象为爸爸、妈妈,这表示他还不能从心理上产生独立于父母的感觉。

①利用人物画法进行诊断时,主要诊断项目如下。

他在何处,在做什么,为着什么目的?

他的年龄?

他的性别?

是否有兄弟姐妹?

如果他是成人,那么他做何种工作?

他的形象如何(是否活跃、健康等)?

他较强健的部位是什么,不好的部位是什么?

他有什么不安的事情吗?

他幸福吗?

他的长处和短处分别是什么?

他孤独吗?他有朋友吗?有几个?他们的年龄?

别人对他有什么看法?

他的家庭环境好吗?

他喜欢学校吗?

他什么时候感到愉快?

他打算什么时候结婚?和什么样的人结婚?(此题仅用于16岁以上的青少年)

他有什么样的理想与愿望?

你想成为画中的人吗?

②在进行人物画心理诊断和分析时的几点要求。

人物画是一种常用的性格诊断法,常用于小学四年级到大学生,有时也用于教师、成人,主要是对自我形象或他人形象的表现。对于初中生、高中生,可要求其画同性的人物,这是对其有无性别同一感的测量。

使用A4纸。小于13岁的用笔不限,可以是铅笔或蜡笔,而成人则必须用铅笔。

所绘人物的姿势不限。

画面可以有背景。

不能完成上述18个项目的人,若是儿童、青少年,则其注意力或其坚持性可能较差。对于成年来说,则表示其心理抵抗较强。

③人物画分析、诊断法的技术分析要点。

项目1——检查被试者思想是否紊乱,情绪是否稳定。

回答后,看是否观念正常(如,反映日常生活中的场景);是否有想象力,富于幻想(如,在天空中,在月球上);有无特异场所(如,监狱中,赌场中——反应其特异性)。

项目2——一般的回答与被试者自己年龄差不多。

但如40岁被试画婴儿——有可能表现其对现状不满,希望新生,或精神退化,或有些欲望未得到满足。

小孩画老人——想成长,对目前智力、活动和地位不满足等。

项目3——看其对性的调节状态及对异性的感觉,在临床心理学上检测同性恋、性变态或性别的厌恶(是否受过伤害,有抵抗感等)。

项目4——一般回答的内容是自己的投影,也可能反应其孤独的内心(在生活中是独子,但在画中希望有兄弟姐妹)。

项目5——看其有无成熟感及社会责任心。

项目6——反应其目前自我的精神状况。

项目7——优秀部位:多数反映自己现实中这一部位不理想,希望在画中得到良好的状况。如指出的是"性"部位,说明被试的性欲冲动处于需调控状态。如所指的优秀部位是特异部位(如大脚趾,需考虑被试者是否有性变态状况)。

项目8——检查其心绪状况,有无神经质。

项目9——判断其对人生的价值观。

项目10——一般是被试个体的投影。

项目11——检查被试目前的人际交往情况。朋友数目:正常人是2~3个。数目很多——有轻躁倾向。异性朋友——代表被试的爱或交流、接触的愿望。

项目12——测量被试是否有神经质、过敏症状。

项目13——是被试自我实现的投影。

项目14——是被试自我约束或心理自由状态的反映,自由度大的人一般答"不喜欢"。

项目15——测量被试最近一段时期生活适应情况和心理背景。

项目16——测量其对人生的看法和成熟度及被试个人的价值观。

项目17——有怎样的理想、愿望无所谓,关键看被试有无理想、愿望。

项目18——判断其在人际关系中对人厌恶还是喜欢以及对完美度的追求程度。

分析时注意:对学生生活不适应的儿童,人物画常故意扭曲、歪曲,人物常表现苦恼,回答问题时有厌恶感;精神分裂症患者的人物画,身体与身体间有缺陷,人像棒、针,身体形象不统一,有断裂现象;抑郁症患者的人物画:人物较收缩,缺少感情色彩,人物缩在纸的一个角落中;神经症患者的人物画:人物的面部或身体敏感部位被涂黑或涂阴影,把眼、鼻省略;学校恐怖症患者的人物画，人物多未成熟，笔迹细弱（多数人画爸爸、妈妈）。

判断标准：

正常的情况下，起码在18个问题中有14项以上的答案处于正常状态。

只有12~13个问题答案处于正常状态者，心理健康状况不佳，有轻微的不适应，或者心理的异常处于边缘境界状态。

只有8~11个问题答案处于正常状态者，则立即就要进行心理咨询。

只有3~4个问题答案处于正常状态者，心理问题严重，必须引起高度注意。

3.风景构成描绘测量法

在这种方法中，画画的内容可包括河流、田地、家舍、人物、动物、山、路、树木、花、石等10种事物。其中山、路、家是三个最主要的成分。它们被画于什么部位、它们之间的空间位置如何是诊断其心理发展状况的依据。例如，精神分裂症患者所绘的画面，其三个主题不连续、破碎、且不可理解；抑郁症和压力症患者所绘的画面，主题欠缺，路被阻塞，没有人物，只有动物；神经症患者所绘的画面，路上经常有障碍物，或者路被山阻断，或者路弯曲缠绕，看似可以通过，实际上通不过。

测量操作：

用纸：A4纸、铅笔（13岁以下儿童可用颜色笔，13岁以上者一般用铅笔，成人用铅笔）。

测量时间：10~20分钟。

风景画构成在指导被试绘画时要明确10要素：河流、山、田地、路、家舍（房屋）、树木、人物、花、动物、石头或岩石。

分析时3种要素很重要：山、路、家。山——代表生活中的理想；家——代表生活中的现实；路——代表生活中现实和理想的联接。

家和山的距离是作者心理的投影。

4.剪贴作品理解、测量法

剪纸是现代美术的一种技法，现被用于儿童工艺课、心理咨询与治疗以及精神诊断等方面。它是指将杂志报纸上广告商业招贴广告纸或喜欢的图案和文字剪下，重新拼贴于纸板上。通过这样的活动，不仅可以测量学生的创造能力，还可以进一步了解他的心理状况。

（1）准备与操作。

材料：学生自带胶水一瓶；剪刀一把；杂志、报纸、小册子若干；塑料袋一个（用于存放剪下丢弃的废纸）。

指导语："同学们，请将你喜欢的人物、图案、风景等贴到纸板上。"

用纸：A3、A4、B4纸。

分类：第一类，学生自己收集的作品、资料等东西，制作时间：45~60分钟。第二类,治疗者预先剪下图案等资料。指导语:"请在盒中取出自己喜欢的图案贴在纸板上。"制作时间15~20分钟。

第一类方式的长处:学生选的是自己的东西,有很大的创造力,有意想不到的结果。

第一类方式的短处:最终出现怎样的作品,治疗者无法控制。

第二类方式的长处:教师易掌握,控制时间短。

第二类方式的短处:集体使用困难,创造性小。

(2)提问。

请给你的作品起个题目。

在这个作品中你想给老师一个怎样的内容?

你在这个作品之中想表现怎样的感情?

(3)教师对作品的分析。

首先在进行分析时,对系列性的作品(如,系列剪贴作品——几周连续进行制作的,与某个主题有关联的作品),不立即进行分析,要集中后再做分析。

其次对于系列但不连续的,主题不同、内容不连贯,但思想感情相同的作品,可对作品进行前、中、后三期分析。

对于剪贴作品法,教师要通过让学生给作品命题,描述作品所表达的内容,对作品进行解释,来有效地对学生进行心理测量与分析。

5."成长的烦恼"问卷调查法

(1)分析学生产生烦恼的原因。

第一,现代社会信息、认知的多样化,对学生造成的心理压力;

第二,考试竞争、升学竞争的激烈化对学生的精神、身心的影响;

第三,亲子关系、友人关系紧张,特别是在重点学习班里,友人关系尤为淡薄,学生全部心思都在学习上,从而对性格成长产生影响;

第四,睡眠不足(由于学习紧张,不肯比别人早睡)对身体体质的影响。

以上原因会导致学校压力症、学校恐怖症和学习困难、障碍等不适应问题,在问题表现出来之前,学生肯定有一个烦恼期,沉淀于无意识中。学校心理咨询工作是具有预防性、发展性功能的,应致力于了解学生的烦恼,因此可以采取问卷调查法掌握学生的心理状态。

(2)儿童青少年成长烦恼的分类。

幼小的孩子烦恼时会哭闹,表示其情绪不满,有时会破坏玩具,这是因为他们只能将烦恼发泄在玩具上;而少年有解决不了的烦恼时,他们可走上社会进行盗窃等反社会行为。

中、小学生的烦恼主要来自于学习、情绪的不适应,它会导致学生学习意欲丧失。

高中生中多发神经症、自杀、对自我同一性问题的困惑等。由于其在身心成长、成熟过程中受到侵蚀,烦恼无处倾诉,在心理咨询过程中要使其充分发泄烦恼。

(3)"成长的烦恼"问卷的制作。

项目数:对于中学生,一般不超过100个项目,以40个项目为最佳。

目的明确,项目制作科学化。

调查问卷的项目制作要注意以下几点:先做准备性调查,例"我对……感到……",收集学生答案中相同之处,将共性的问题合并,然后将代表性问题项目选入问卷;查阅资料、文献,将标题、观点用笔画出,将陈述句改成疑问句,并采用中、小学生可以接受的语言制作问题项目;对于别人已做过的问卷,根据现实情况,加减一些项目,制作出新的调查问卷。

答案构成:即问卷采用二选一(是、否)、三选一(是、?、否);程度五分法、七分法(例如特别喜欢、喜欢、比较喜欢、一般、比较不喜欢、不喜欢、特别不喜欢等)。

指导语的提示:在调查问卷的卷首语要强调"个人隐私、绝对保密"等说明,解除学生的心理顾忌。此外要讲清如何回答及回答问卷所需时间等。

调查中注意事项:调查应采取儿童青少年易表现易回答的方式,使他们在回答时能把心里内在的东西表现出来;调查应有利于促进师生间的相互交流、相互信赖关系;对于调查的结果严守秘密,要尊重学生的个人隐私。

(三)心理测验结果的分析与应用

测验结果的分析应结合会谈和观察的结果,如果二者的结论相去甚远,不可轻信任何一方,必须重新进行会谈,然后再次进行测评。

在保证来访者资料来源可靠性的前提下,才能进行心理诊断。

三、心理诊断

(一)资料整理

由于获得的资料可能混杂在一起,受环境条件、个人情绪、行为表现、个人主观看法等影响,不利于心理诊断。所以经过会谈、心理测验收集到关于来访者的资料之后,咨询者首先要对资料进行整理,并判断资料的真实可靠性,然后才能进行诊断。

可按以下提纲整理来访者的资料。

一般资料,包括来访者的人口学资料、生活状况、婚姻家庭状况、工作记录、社会交往、娱乐活动、自我描述、个人内在世界的重要特点、其他相关资料。

个人成长史资料,包括婴幼儿期、儿童期、少年期和青年期的具体情况。

目前精神、身体和社会工作与社会交往状态。

为更好地了解不同资料之间的纵向关系,在整理资料时还可以按照与心理问题有关的三个方面进行整理,即个体情况、环境情况、专业初步评价。

在验证资料可靠性时要考虑影响可靠性的可能因素,把各种资料相互比较,各种想法彼此联系,以便全面整体地做出结论。咨询者方面的影响因素有:过分随意地交谈,咨询者的倾向性可能给来访者形成暗示,造成来访者自我评价和环境判断的失真;收集资料者是后来的决策者会由于早期印象影响诊断和咨询决策;决策者不参与收集资料,由另一个人完成,会造成对资料的理解错误;来访者在陌生环境中袒露自己的情况会出现阻抗或言不由衷的情况,咨询者能否根据情况灵活地做出谈话调整;初期印象和后期新收集到的资料之间产生矛盾;咨询者的职业背景和专业理论背景影响了他们分析问题的角度。

(二)初步诊断

在心理诊断中需要判断来访者心理问题的类型和严重程度,主要包括以下方面:心理问题表现的强度、频度,使得心理问题加重的因素,判断是否根源深(有关事件发生得早,来访者暂时遗忘),心理问题是否有泛化的现象,是否和来访者的性格甚至人格特点结合在一起。咨询者在整理来访者的各种资料后要确定他的问题是否属于心理咨询的工作范围,在正常心理活动范畴内的可以通过心理咨询帮助其解决心理问题,属于异常心理活动的心理咨询效果不大。通常一般心理问题最适合接受心理咨询,某些严重的心理问题单独使用心理咨询或配合其他治疗方法也能受到良好的效果。精神病性心理障碍目前主要需要药物治疗,不是心理咨询的工作对象。人格障碍和心理疾病边缘状态者,心理咨询的作用也很有限。

咨询者可借助判断正常与异常的心理活动的三原则来判断来访者的心理问题是否属于正常范围,三原则分别是:主观世界与客观世界的统一性原则;精神活动的内在协调一致性原则;个性的相对稳定性原则。

第二节 心理咨询方案的制定

根据来访者心理问题的性质和程度,在与来访者共同协商的情况下,制定心理咨询的方案。

一、明确咨询目标

（一）全面了解来访者的有关资料

1. 明确来访者想要解决的问题

有的来访者会主动明确地与咨询者交流自己需要解决的问题，需要什么样的帮助。咨询者要分清哪些是可以通过心理咨询帮助来访者通过自我成长解决的，而有的并不是心理咨询的工作范畴。比如有的来访者对自己的经济收入不满意，希望咨询者能给他出主意挣大钱，有的来访者希望咨询者劝说配偶不要与自己离婚等等，这些都不是心理咨询的工作范畴，前者需要通过投资咨询或职业发展咨询帮助他解决经济收入的问题，后者可以根据实际情况求助于社会工作者。

有的来访者对自己的问题避而不谈，或常常沉默不语，这时咨询者需要引导和启发来访者"你希望我在哪方面帮你的忙？""你能告诉我，你想解决什么问题吗？"来访者的这种表现有可能是因为他的心理问题涉及个人隐私，或是内心千头万绪不知从何说起，或是由于会谈过程中咨询者的失误导致来访者产生阻抗，不愿表达自己的问题。咨询者此时表现出来的温暖、尊重、关注对来访者表达自己的问题和求助愿望十分重要，包括咨询者需要根据实际情况处理好咨询过程中出现的沉默。

有的来访者讲话缺乏中心，东拉西扯，或是把问题说得含糊不清，咨询者就要询问"在你提到的这些问题中，最想解决的问题是什么？""能否把刚才提到的事情用几句话归纳一下吗？"或是通过反馈来证实咨询者的理解是否与来访者表达内容一致，如："你刚才的意思是……"通过进一步询问澄清来访者的真实想法，指出来访者心理问题的关键和现在最矛盾的心理。

2. 了解问题产生的原因等因素

咨询者对来访者心理问题产生的原因、背景、发展过程及影响因素的了解，有助于有针对性地制定咨询方案。如"你能说说自己为什么怕上学吗？""原来考试时你并不太紧张，可五年级开始就渐渐紧张得没法参加考试，这中间发生了什么事呢？""你和老师或家长谈过这个问题吗？"

由于心理问题的产生是生理、心理、社会诸因素交互作用的结果，咨询者需要透过现象看本质，分析心理问题的原因层，找到主要原因、深层原因，只有解决了根本原因，才能使来访者得到彻底的改变。人的心理活动是知情意行的统一体，其中一方面出问题，其他方面也会受到影响，或迟或早会表现出症状。咨询者只有善于分析，抛开个人的主观判断，寻找最合适的突破口，才能使咨询取得良好效果。因为每个来访者都是具有个性特点的个体，其心理问题产生的原因和表现也会有较大的个别差异，咨询者要具体问题具体分析，避免主观臆断。如儿童A和儿童B都有较强的攻击性行为，有可能A的家庭教育方式是粗暴型的，父母对孩子非打即骂，A是在模仿家庭中人际交往的行为方式，而B的攻击性行为的产生有可能是多动倾向的某些行为方面的表现。解决这两个儿童的攻击性行为就要根据其不良行为产生原因的不同而制定不同的咨询方案。

3．选择最先解决的问题

通过澄清了来访者的心理问题，需要与之探讨他最急于解决的问题是什么。方法之一，可以先确定主要矛盾或主要问题，先解决主要问题，再解决次要问题，这样就可以提高咨询效率，来访者在解决了主要问题以后，就可能会把习得的解决问题的方式迁移到次要问题的解决过程中。但由于主要问题的解决可能难度较大，如果进展缓慢或没有实质性进展，会影响到来访者的信心。方法之二，是先解决容易的、次要的问题，好处是咨询见效快，有助于提高来访者的信心和积极性。

当来访者期望解决的心理问题和咨询者的有差距时，需要双方共同协商，达成一致意见。在整个确定咨询方案的过程中，都需要来访者与咨询者共同商讨，咨询目标的确定有时会随着咨询的不断深入有所调整。

（二）制定咨询目标

来访者和咨询者双方达成一致之后，便可确定咨询的目标。对所制定的咨询目标需要按以下标准进行评估。

1．目标是否具体

目标越具体就越容易在实施咨询方式时采取相应手段，也容易见到效果。大目标要分解成不同层次的小目标，通过达成小目标而累计成大目标。目标不具体就难以操作和评估咨询效果。

2．目标是否可行

目标应该符合来访者的现有能力，所需条件是咨询者可以提供的，如果超出了现有可能的水平，目标就很难达到。对不可行的目标，需要双方重新修订。

3．目标是否积极

咨询目标的有效性同时也表现在目标的价值上，如果目标的达成是符合人们发展需要的，那么这个目标就是积极的。有的目标虽然能解决来访者的问题，但却是消极的。如在不良班级风气中陷入苦恼的学生，如果把使该学生适应和顺从班级不良的风气以消除心理矛盾和烦恼作为咨询目标的话，这个目标并不利于他今后的长期发展，是消极的目标。

4．目标是否双方都可以接受

咨询目标的确定需要双方协商，如果双方预期的目标有差异，需要交流来修正。如若无法协调,应以来访者的要求为主。若咨询者无法认可,可选择中止咨询或转介。

5. 目标是否属于心理学性质

来访者需要咨询者帮助解决的问题应该是心理问题,如心理适应问题、心理发展问题、心理障碍问题。如果来访者既表现有躯体症状,又表现有心理问题,需要到医院做检查,证实是否存在生理上的器质性病变。若躯体症状是功能性的,视具体情况判断是否可以通过心理咨询解决,是否需要配合药物治疗。有的来访者表现出来的心理问题属于人格障碍的范畴,心理咨询的作用也很小。对于有精神病性症状的来访者的心理问题,必须要在来访者经过医学治疗,精神恢复正常后才能进行咨询。

6. 目标是否可以评估

目标是否可以评估与目标是否具体有很大关系。即使评估目标实现的情况,可以鼓舞双方的信心,发现不足及时调整目标或咨询方案。行为表现方面的目标可以通过观察进行评估,对于情感、态度等方面的变化情况可以通过心理测验来评定。

7. 目标是否多层次统一

咨询目标既有长期目标也有近期目标,有终极目标,也有具体目标,这些目标之间是紧密关联的,有效的咨询目标应该是既考虑到局部又考虑到整体,既有特殊目标,也有一般目标。心理咨询的终极目标是促使来访者的心理成长,增强自我效能感,这一目标的实现需要很多具体的多层次的目标来支持。

二、明确双方责任、权利和义务

(一)来访者的责任、权利和义务

1. 来访者的责任

向咨询者提供与心理问题有关的真实资料。如来访者是儿童,应由家长或老师提供相关的资料。

积极主动地与咨询者一起探讨解决问题的方法。一般儿童来访者多数是家长或老师要求他来心理咨询,缺乏一定的求助动机,加上言语表达水平有限,这些工作还需要家长或老师配合咨询者的工作。

完成双方商定的作业。

2. 来访者的权利

有权利了解咨询者的受训背景和职业资格;

有权利了解咨询的具体方法、过程和原理;

有权利选择或更换合适的咨询者;

有权利提出转介或中止咨询；

对咨询方案的内容有知情权、协商权和选择权。

3.来访者的义务

遵守咨询机构的相关规定；

遵守和执行商定好的咨询方案各方面的内容；

尊重咨询者，遵守预约时间，如有特殊情况提前告知咨询者。

（二）咨询者的责任、权利和义务

1.咨询者的责任

遵守职业道德，遵守国家有关的法律法规；

帮助来访者解决心理问题；

严格遵守保密原则，并说明保密例外。

2.咨询者的权利

有权利了解与来访者心理问题有关的个人资料；

有权利选择合适的来访者；

本着对来访者负责的态度，有权利提出转介或中止咨询。

3.咨询者的义务

向来访者介绍自己的受训背景，出示资格证等相关证件；

遵守咨询机构的有关规定；

遵守和执行商定好的咨询方案各方面的内容；

尊重来访者，遵守预约时间，如有特殊情况提前告知来访者。

三、咨询时间安排与具体方法、过程和原理

（一）咨询时间安排

咨询一般每周1~2次，每次50分钟左右，具体次数与时间要根据来访者的具体情况来确定。

（二）咨询的具体方法、过程和原理

1.咨询过程

一般来说咨询的过程大体可以分为三个阶段。

诊断阶段。此阶段的内容包括建立咨询关系，收集相关资料，进行心理诊断，调整求助动机，确立咨询目标，制定咨询方案等一系列步骤。具体内容在前面已做介绍。

咨询阶段。这是心理咨询中最核心、最重要的实质性阶段。本阶段咨询者的主要任务是帮助来访者分析和解决问题，改变不适应认知、情绪或行为。

巩固阶段。是咨询的总结、提高阶段。巩固可以是阶段性的，也可以是终结性的。通过对咨询过程的回顾总结，巩固咨询成果，使来访者把学到的东

西运用于今后的生活中,提高自己的心理健康水平。咨询者还要注意做好追踪调查工作。

2.咨询方法和原理

咨询过程运用的具体方法要根据来访者的具体情况和咨询者的理论倾向来确定。在应用和选择咨询方法时应注意以下几点。

（1）选择方法要富有针对性。

要因人、因事、因时、因地地选择咨询方法,不同的问题选择不同的方法,不同的阶段、对象采用不同的方法。例如对于焦虑程度较轻的来访者,放松训练效果良好;对于较严重的焦虑症,特别是广场恐怖症和社交焦虑症,系统脱敏的效果很好;而认知疗法对恐惧症有独特的疗效。再如为达到咨询"助人自助"的目的,在咨询开始的时候应尽量给来访者更多的指导和安排。但随着咨询的深入,应逐渐让来访者自己思考和安排咨询中的事情,以加速其独立生活的进程,培养其独立解决心理问题的能力。

（2）咨询者要从实际出发选择适合自己的主要方法。

咨询者要根据自己的人生观、价值观、知识结构、生活经历、特长和个性特点,选择适合自己的主要方法。由于咨询者不同的专长和经验会影响咨询方法的应用,故咨询者应尽可能学习一些主要咨询方法的理论和实践,懂得哪一种方法对哪一种内容、哪一种来访者有哪一种效果,从而广泛灵活地恰当选择、改变方法来配合来访者的特点和需要,以最经济的方法来达到最佳效果。否则咨询工作便有较大的局限性。

（3）不同咨询方法整合运用会提高咨询成效。

将不同形式的咨询方法有机结合起来运用,咨询会更有成效。几种方法要相互配合、互相促进,针对人的不同的心理层面来进行。比如在咨询过程中实行宣泄、领悟、调整认知、矫正行为、模仿学习等在许多咨询案例中都可以见到。由于信奉某一种理论和方法的咨询者,只使用一种方法、模式,使得咨询有特定适应面,但难以适应更多的人。所以咨询方法向有效的兼容和整合化方向发展,即整合方法。这种方法比应用单一方法省时,效果也更好。

（4）要根据咨询效果的反馈及时调整咨询方法。

咨询效果有近期的,有远期的;有表面的,有深层的;有积极正面的,也可能有负面的。对咨询的有效性要多方面观察,做必要的追踪,然后根据咨询效果的反馈及时调整咨询方法。咨询方法的综合使用是为了更好更快地取得咨询效果。咨询者根据不同的咨询对象、不同的心理问题、不同的情景和自身的特点选择相匹配的咨询方法,以追求可能达到的积极咨询效果,努力避免"负面治疗效果"则成为咨询顺利进行和提高咨询成效的重要保证。

第三节　心理咨询方案的实施

　　心理咨询方案的实施需要通过具体的咨询方法和技术来实现。会谈是咨询的基本形式和手段,咨询会谈是一种特殊的会谈,它必须能有效促使来访者向积极的方向转变,实现心理成长。咨询是一个人际互动的过程,在会谈中这种互动的属性得到最典型的表达。交谈中双方的任何反应,包括言语、表情、形体甚至沉默都是对对方的一种刺激,这种刺激有一种压力,迫使对方非做出反应不可。

一、会谈中的非言语技巧

　　人们在谈话过程中不仅用耳听,还用眼睛去观察,获得对方表达出来的言语和非言语信息。当交谈一方言语信息的内容和态度与他的非言语信息表达得不一致时,对方更倾向于相信非言语信息所表达的内容。咨询者在会谈过程中要注意捕捉来访者的非言语线索,它常常表示来访者的情绪感受。另一方面,咨询者要善于运用非言语信息影响来访者,营造温暖、包容的谈话氛围。

(一)主要的非言语沟通方式

1.目光

　　眼睛是最有效地显露个体内心世界的途径,人对自己的目光很难做到随意控制,人的态度、情绪和情感变化都可以从眼睛中反映出来。目光接触是最重要的非言语沟通的方式,如果缺少目光接触,会使会谈成为一个令人不快的过程。如果采取持续"盯人"的方式也会让对方感到压力还会导致阻抗。

　　一般当来访者有意避开目光接触时,咨询者就不要盯着对方看。来访者回避或移开目光常是谈及重要问题、内心激烈冲突的内容。

2.面部表情

　　面部表情是可以完成精细信息沟通的另一种非言语的方式。人的面部有数十块表情肌,可表达极其复杂的情感变化,生成丰富的表情。来自面部的信息很容易为人们所察觉。一般来说表现愉悦的关键部位是嘴、颊、眉,表现厌恶的是鼻、颊、嘴,表现哀伤的是眉、额、眼睛及眼睑,表现恐惧的是眼睛和眼睑。

　　一般情况下人们的目光与面部表情是一致的,都与其内在心态相对应。当个体的目光与面部表情不一致时,表达真实心态的有效线索是目光。

3.身体运动与姿态

　　身体运动是人们在交流中常用的非言语技巧,其中手势语占有重要位置。正常情况下人们都会用手势语来表达情感和态度。如摆手、耸肩、搓手、挠头、点头等等。

姿势是个体运用身体或肢体的动作表达情感及态度的非言语方式,有趣的是,虽然各个国家或地区的语言千差万别,但有些姿势却是全世界共同的身体语言。

个体的服装、化妆、饰品和携带物也能透露个人的情趣、爱好、情感、态度、社会角色等方面的信息。

4.声音特征

声音的特征包括以下三个方面:音强、音调、语速。当一个人的声音特征在交谈中明显改变时,就提示对方在他心里发生了什么。咨询者应保持对来访者声音特征的敏感性,也可以通过改变自己的声音特征来达到会谈的某些目的。对于有视觉缺陷的来访者来说,声音是唯一能表现咨询者的手段。

(二)善用非言语技巧

咨询者在会谈过程中除了要识别和分析来访者的非言语信息之外,还要善用非言语技巧与对方沟通。这就需要咨询者提高非言语交流的敏感性,有意识地留意自己和对方表现的非言语信息。

有帮助的言语反应	没有帮助的言语反应
用相近的声调说话	不看来访者
保持善意的目光接触	远离或不面对着来访者
不时点头	嘲讽或轻蔑的表情
表情生动	皱眉、闭眼
时有微笑	阴沉着脸
不时有辅助手势	嘴紧闭
身体接近来访者	手指指指点点
中庸的语速	心不在焉的姿态
身体向来访者前倾	打哈欠
	令人不快的声调
	语速过快或过慢

二、参与性技巧

(一)倾听与询问的技巧

1.倾听的态度和习惯

帮助来访者实现心理成长,需要咨询者设身处地地理解来访者,从来访者的角度去知觉他们的世界。要做到这一点,首先要让来访者感受到咨询者的关注,所以说咨询者倾听的态度和习惯比具体技巧更重要,因为生活中多数人更愿意说而不愿意听,习惯于说而不习惯听。在听他人说时人们往往带着个人价值观在听,他们注意对方所说的与自己的价值观或看法是否一致,以此来把对方分为潜在的朋友或外人。这种主观倾向很强的"听"在咨询会谈中会有妨碍作用。它妨碍咨询者不带偏见地进入来访者的生活、内心世界。全神贯注地听本身就具有表达咨询者对来访者关注的作用,对来访者的感受和经历有兴趣。咨询者的倾听并不是被动活动,而是鼓励来访者表达自己的观念和感受的方式,是积极对来访者的表达做反应的过程。

认真倾听相当耗费精力,需要全神贯注,分析信息,做出适当的反应,不能分心走神,时间过长会使人变得不耐烦。另外,倾听的态度不仅通过咨询者的言语表达出来,也通过非言语的方式流露出来,因为隐藏的、真实的态度往往通过非言语的方式表达出来。因此咨询者要善用非言语的表达技巧。

2. 提问

根据提问的方式不同可以把提问分为开放式提问和封闭式提问。

封闭式提问。是指可以用"是""否""好""不好"等以两个字简短回答的提问。这类问题通常以"会不会""有没有""要不要""是不是"等形式提出,它不需要来访者提供简短回答外的更多信息,不扩大话题,而是就提及的问题进行查证。封闭式提问的作用是获得特定的信息,澄清事实,缩小讨论范围,或是使会谈集中于某个特定问题。但来访者的叙述偏离正题时,可以通过封闭式提问适时中止其叙述。在探索来访者的心理问题的阶段,当已讨论了大量内容以后,咨询者可以用这种询问补充、证实一些已谈及的材料。这种提问有较强的收束作用,比较节省时间。但它限制了来访者的表达,不利于进一步探索其内心世界,因此不宜多用。

开放式提问。是指通常不能用一两个字回答,引出来访者一段解释、说明或补充的提问。开放式提问常常以"怎样""是什么""为什么""愿不愿意告诉我……"等形式发问,通常引出一些事实资料,事件发生发展的过程、理由、原因或来访者认为合理的解释、自我剖析等内容。但是过多的"为什么"的问题会使咨询关系疏远,有的是来访者无法回答需要咨询者的帮助来解答的疑问。较为委婉的提问方式如"能不能告诉我……""你愿意谈谈……方面的问题吗?"像是对来访者谈话的一种邀请,不带有强制性,会表现出咨询者对对方的尊重。

咨询者是否提问或用何种提问方法,与不同咨询理论流派的影响有关。认知疗法就大量使用"为什么"的提问方式,引导和激发来访者的思考和内心探索,以人为中心流派就反对一切提问,认为提问或多或少渗透了咨询者自己的感受。

（二）鼓励

鼓励是借助一些断语或复述来访者谈话中的一两个关键词或语气词，或点头、注视等表情动作来完成的。它的作用是表达咨询者对来访者的接受，对他所谈的内容感兴趣，希望不要中断等意思，起到了支持来访者说下去的作用。鼓励对话体有强烈的选择作用，当来访者谈及一系列的话题时，咨询者选择哪一话题做出鼓励反应，直接决定着下面谈话的方向。因此它充分体现了咨询者的理论取向。

例如：我简直不知道怎么办才好！一整天都糟透了。早上我妻子去上班时气冲冲的，厕所又漏水；我父母说他们要来住上一阵子；并且我才发现我儿子竟然赌博；我今年40岁了，而我十分痛恨现在的工作。

在这个来访者的叙述里涉及的人和事有：妻子、厕所、儿子、父母、赌博、40岁、工作等等，涉及的情绪有"不知所措""痛恨"等，咨询者选择哪一点鼓励，会决定下面谈什么。一般来说长篇大论的最后一个主题往往是最重要的问题，或者优先考虑来访者情绪反应最强烈的主题。

（三）释义

释义即内容反应，是将来访者的主要言谈、思想进行综合、整理，再反馈给来访者。反馈的内容是简明扼要的，直接引用来访者原话中的关键词句是经常使用的方法。释义可以检查咨询者是否准确理解了来访者所说的话，因此释义的基本功能是"澄清"，在双方之间对来访者谈论的内容是否取得共识。释义还传递给来访者这样的信息：我在认真听你的谈话，我的思想一直跟着你。释义能使来访者感到被理解，这依赖于释义的准确性。准确的释义对建立良好的咨询关系很有帮助。释义还可以帮助来访者再次审察自己的问题，并重新加以组织。

（四）情感反应

情感反应就是咨询者用词句来表达来访者所谈到的、所体验到的感受。这些感受是来访者虽感受到却不曾清楚地意识到，或未曾留意的。情感反应的基本作用就是引导来访者注意和探索自己的感受和情绪体验，或把这些感受和与之相伴的情景、事实联系起来，达到对自己的整体性的体验和认识。

情感反应与释义有很多共同之处，有时是分不开的。释义着重于来访者言谈内容的反馈，而情感反应则着重于来访者的情绪反应。一般情况下释意和情感反应是同时的，例如：你的班主任在班里点名批评了你，这使你觉得很委屈，是这样吗？

发现来访者出现的混合情感或矛盾情绪的含义及其影响因素对咨询的意义颇大。

（五）参与性概述

参与性概述是指咨询者完整而扼要地叙述来访者已谈过的事实、感受和原因。参与性概述的作用主要在于给来访者一种运动感，使来访者有机会回顾，产生咨询的进展感，结束一段或一次会谈。

三、影响性技巧

（一）解释

解释就是咨询者依据某种理论来描述来访者的思想、情感和行为的原因、实质等。从而使来访者能从一个新的角度来面对自己的困扰及周围环境，借助新的思想来加深自身行为、思想和情感，产生领悟，提高认识。

解释是在咨询者的参考框架上，运用自己的理论和个人经验来为来访者提供一种认识自身问题以及认识自己和周围关系的新思维、新理论、新方法。解释与释义的区别在于释义是从来访者的参考框架出发来说明来访者表达的实质性内容。

解释只有被来访者接受才是有效的，最好的解释是来访者的自我解释，即把咨询者心目中的解释设法转变成来访者"自我发现"的解释。

（二）指导

指导即咨询者直接地指示来访者做某件事、说某些话或以某种方式行动，是影响力最强的技巧之一。指导的本质在于直接造成行为改变，行为疗法中很多技术方法都可归于指导这一类别。指导与解释一样，与不同心理咨询流派的理论联系紧密，不同的理论中可能会运用不同的指导技巧。如精神分析流派中的自由联想，行为主义流派中的放松技术、系统脱敏，完形疗法中的角色扮演等等，以人为中心流派反对过多使用指导。

对于希望了解指导的理论支持或相关信息的来访者，咨询者应在指导时配合一定的解释。

（三）内容表达

内容表达是指咨询者传递信息、提出建议、提供忠告、给予保证、进行褒贬和反馈等。咨询过程中各项影响技巧都离不开内容表达，都是通过内容表达起作用，广而言之，指导、解释、自我开放、影响性概述等都是一种内容表达。

反馈是一种内容表达，反映咨询者对来访者的看法，借此使来访者了解自己的状况，也可从来访者的言语和非言语反应中得知自己的反馈是否正确，从而相应地做出调整。

提出忠告和建议是内容表达的另一种形式，咨询者给予来访者指导性的信息，或为其提供具有指导意义的思想观点等。为来访者提供信息与忠告在心理咨询会谈中很多时候是必要的，但这些技巧却可能会给会谈带来潜在的危害,为来访者提供忠告和建议要完全以其利益为出发点,并尽可能使对方了解你提出有关忠告的依据,如果对方不以为然,咨询者应重新检查自己对对方问题与想法及某些个人特点的理解,帮助其另外寻找解决方案。有时咨询者是站在自己的立场上看问题,并未真正了解对方,还有的时候来访者一时不能真正体会忠告中的好处,因而不能接受。委婉的措辞会易于被来访者接受,进而可能对其产生影响。使用这一技巧时要慎重,过多的忠告或建议咨询效果并不一定好。

内容表达与内容反应不同,前者是咨询者表达自己的意见,后者是咨询者反映来访者的叙述。虽然内容反应中也含有咨询者所施加的影响,但比起内容表达来说要隐蔽、间接、薄弱。

(四)面质

面质又称质疑、对质、对峙、对抗、正视现实等,是指咨询者指出来访者身上存在的矛盾,不是咨询师与来访者之间的对峙。目的在于协助来访者促进对自己的感受、信念、行为及所处境况的深入了解,激励来访者放下自己的防伪心理、掩饰心理来面对自己、面对现实,并由此产生富有建设性的活动,促进来访者实现言语与行动的统一,理想自我与现实自我的一致,明了自己所具有而又被自己掩盖的能力、优势,并加以利用,通过咨询者的面质给来访者树立学习、模仿的榜样,以便将来自己有能力去对他人或自己做面质。

咨询中常见的来访者表现出来的矛盾有:言行不一致;理想与现实不一致;前后言语不一致;咨访意见不一致。

面质应遵循的原则:要有事实根据;避免个人发泄;避免无情攻击;要以良好咨访关系为基础;可用尝试性面质。

治疗师:根据我的理论,人们如果不对自己说这些木头木脑的话,他们一般不会生闷气……如果我认为你是我见过的最糟的一堆屎,那就是我的想法。而我做的就是这一行。可我这样想的时候能把你真的变成一堆屎吗?

来访者:不会。

治疗师:什么东西能把你变成一堆屎呢?

来访者:认为你自己是。

治疗师:这就对了!你认为你自己就是。这是唯一能把你变成一堆屎的东西。懂了没有?你控制着你自己的思想。我控制我的思想——我对你的看法。可是,你不必受这个影响。你总在控制你自己思想的东西。

(五)逻辑推论

逻辑推论是指咨询者根据来访者所提供的有关信息,运用逻辑推理的原则,引导来访者认识其思维及行动可能引出的结果。逻辑推论也是在为来访者提供另一种思维方式,引导对方从不同的角度,不同的方式思维,预先想到事情发展的可能结果,进而意识到自己思维、言行的不妥之处,从而做出改变。运用这种技巧时,咨询者可以用"如果……就会"这样的语句。例如一对关系紧张的母女,母亲辛辛苦苦工作尽量满足女儿的一切物质要求,同时她也要求女儿每次都要考出好成绩,咨询者在引导母女双方对其思想、行为进行逻辑推断时可以说:"如果你是妈妈(或女儿),努力工作(学习),连休息的时间都没有,到头来却不能让对方开心、满意,你心里会怎么想?"

(六)自我开放

自我开放亦称做自我暴露,是指咨询者提出自己的情感、思想、经验与来访者共同分享。自我开放对咨询者来说是一种有助于与来访者建立相互信任和开诚布公的良好关系的影响技巧。在社会心理学的研究中,自我开放是把自己私人性的方面显示给他人,良好的人际关系是在自我开放逐渐增加的过程中发展起来的。随着信任程度和接纳程度的提高,交往的双方会越来越多地暴露自己,因此,自我开放的广度和深度是人际关系深度的一个敏感的探测器。在心理咨询中,咨询者的自我开放行为可以使来访者的自我开放增多,还有的研究者发现,如果咨询者的自我开放提供的是与他们自己有关的负性信息的话,来访者会感到更多的共情、温暖和信任,这种感受比那些仅仅得到有关咨询者好的方面信息的人们更为明显。同时它还使来访者感到咨询者对他的吸引力增加了,提高了来访者积极参与会谈的兴趣。

自我开放有两种形式,一种是咨询者表明自己在会谈当时对来访者言行问题的体验,另一种是告诉对方自己过去的一些有关情绪体验及经历体验。

(七)影响性概述

影响性概述指咨询者将自己所叙述的主题、意见等经过整理,以简明扼要的形式表达出来。影响性概述可以使来访者有机会回顾咨询者所说的话,加深印象,还可以使咨询者有机会回顾讨论的内容,加入新的资料,强调某些重要的内容,提出重点,为后继交谈奠定基础。

影响性概述与参与性概述不同,前者概述的是咨询者表达的观点,而后者概述的是来访者叙述的内容,前者对来访者的影响更为主动、积极和深刻。

四、咨询特质的表达技巧

咨询特质是咨询者在咨询过程中表现出来的,对咨询关系和咨询效率有直接影响的人际反应特点。在心理咨询中强调咨询关系的是罗杰斯,他常把良好咨询关系中的特点和咨询者反应特点放在一起讨论,并提出共感、真诚意志、无条件积极关注。除此之外,其他的心理咨询理论家也提出了自己的看法,有的将其成为"成长条件"或是"帮助者的特点"。下面介绍几种主要的咨询特质及其表达技巧。

(一)积极关注

1. 内涵

对来访者的言语和行为的积极面、光明面或长处予以有选择的关注,从而使来访者拥有正向的价值观。

2. 注意事项

避免盲目乐观。如"我发现你身上有很多长处,你所面临的困难算不上什么,黑暗过去就是光明"。

反对过分消极。"你所面临的困难确实很大,你的处境很不乐观,这样下去你会越来越糟糕的"。

应立足实事求是。

请通过以下的事例进行分析。

来访者:最近,我学习越来越吃力,竞争压力很大。前几天的一次考试,我居然只得了第五名,把我的脸都丢完了。我以前每次都是一二名的。我越想越不开心,以致睡眠都不好。我担心这样下去会得倒数第一。

咨1:你看上去很聪明,不会有问题的。

咨2:你的困难是暂时的,渡过难关就是光明了。

咨3:别泄气,你总还是第五名嘛!比较其他同学你还是领先的。

咨4:你这件衣服很漂亮,很显示你的青春活力。

咨5:听你这么说,我很为你担心,这样下去你会得病的。

咨6:这是人生道路上的小事一件,没关系的。

咨7:我觉得你还是挺好的,你还是名列前茅的嘛。

咨8:我常常遇到你这样的事情,过几天就没事了。

咨9:你不应该因为一次不成功就垂头丧气,来日方长嘛。

咨10:你很不简单啊,能考一二名,将来我的孩子能像你一样,我高兴死了。

咨11:像你这样的成绩将来考重点大学问题不大,你以后打算考哪所大学?

咨12:你的成绩优异,肯定是自信顽强的人。

咨13:谁都有摔跤的时候,何况你这也算不上摔跤,顶多只能算是意外。

咨14:你以前都是一二名,我相信以后你还会考一二名的。

咨15:你担心自己会倒数第一名,这不可能的,我可以向你保证。

咨16:你能来咨询,说明你很关心自己的心理健康,我很高兴。

(二)尊重

1. 内涵

尊重是指尊重来访者的现状及他们的价值观、人格和权益,予以接纳、关注、爱护,尊重是建立良好咨访关系的重要条件,是咨询取得成效的前提条件。

人本主义心理学家罗杰斯非常强调尊重对咨询的意义,在他创立的以来访者为中心的疗法中特别提出了"无条件尊重",并把它作为使来访者产生积极改变的关键因素之一。他认为来访者来找咨询者是为了得到帮助,他们需要知道咨询者是否理解他们的想法及感受,想知道咨询者是怎么看待他们的,总之来访者很想知道咨询者对他们的整体印象,根据双方接纳和了解的程度,来访者开始透露自己的情感及要求。

尊重来访者其意义在于营造一个安全、温暖的人际交流氛围,使来访者能最大限度地表达自己。当来访者体验到被重视、被尊重时,就会获得一种自我价值感,特别对那些在生活中缺少尊重、关注、接纳的来访者来说,尊重具有显著的助人效果。

咨询者对来访者尊重、接纳的程度与他的人性观有关,同时,他的人性观还会影响到他对咨询理论和方法的选择。在咨询过程中来访者表达的往往以人生中的消极面为多,对人持有消极观念的咨询者很难相信来访者会有能力去面对危机、解决问题,容易忽视来访者身上的潜力、光明面。咨询者积极、乐观的人性观、人生观是影响咨询氛围的基调,关系到各种咨询特质的运用和表达,持悲观消极人生观的咨询者很难有效地发挥共情、积极关注、尊重、温暖等特质的作用。

2. 正确使用尊重

咨询者如何适当地表达尊重呢?在咨询中应该注意做到以下几点。

(1)完整地接纳一个人。

咨询者应把来访者当做一个有人权、有价值、有情感、有独立人格的人来看待,这是建立人际间相互尊重、平等相处的基本条件。尊重意味着接纳一个人的长处和短处,把来访者作为一个完整的人来接纳,即便是一个价值观和自己相差甚远的来访者,咨询者也应平等地与之交流。

做到这一点并不容易,当来访者坚持自己无理、片面的想法时,或来访者具有某种恶习时,有些咨询者就很难以尊重的态度接受并与之平等交流,可能不由自主地流露反感、厌恶。因此咨询者应首先拦截自己的价值观,充分尊重对方的价值观。一个人价值观的形成都有其复杂的背景,当前社会的价值观也日趋多元化,有些价值观并非符合咨询者的价值观才是正确的,咨询者对不同的价值观能否持有开放的观念是非常重要的。

（2）一视同仁。

来访者有各种各样的人，有漂亮的、也有平常的，有善于言谈的、也有木讷的，有高文化的、也有低学历的，有年轻的、也有年老的等等，不管来访者是什么样的人，他们都是咨询者的服务对象，是一个与你一样平等、完整的人，是需要你帮助的朋友，咨询者对他们都应该予以尊重。

（3）以礼待人。

对咨询者而言，来访者都是客人，应在言行上以礼相待，不对来访者发脾气，不嘲笑，不动怒，不惩罚。即使来访者出言不逊，咨询者也应以礼相待。

（4）信任对方。

信任是尊重的心理基础之一。在咨询的初期，由于咨访关系还没有完全建立，来访者在谈及某些问题时心存顾虑。咨询者应尊重来访者的感受，借助自己对对方的尊重、理解、温暖来消除来访者的顾虑。当来访者的言谈可能出现不一致的地方，咨询者要善意提醒，帮助他澄清，而不要认为是来访者故意隐瞒，不诚实。

（5）保护来访者的隐私。

咨询中涉及到的内容有可能是来访者生活中的隐秘，不愿让外人知道，咨询者对来访者谈及的隐私、秘密不应随便外传。咨询过程的记录不能随意透露给无关的人员。但关系到他人和社会安全的内容应反映给有关人员，提示其注意。对于来访者暂时不愿透露的，与其心理问题密切相关的内容，咨询者应耐心等待，不可逼问。咨询者不可出于自己的好奇心，探问对方的隐私。

（6）以真诚为基础。

尊重不等于一味迁就来访者，不等于咨询者不能有不同意见。咨询者可能会遇到不同意来访者的观点、做法的情况，在咨询者掌握材料的基础上，根据咨访关系建立的状况，适时、适当地表明自己的意见，否则就会违背真诚的要求。有不同意见并不代表咨询者不尊重来访者，更不意味着否认他，要让他了解到这些不同意见只对事不对人。在建立良好咨访关系的前提下，适度地表达对来访者言行的看法还会对咨询的进程起到促进作用。同时让来访者看到他人观点、看法与自己的差异也很有必要，在咨询的后期，咨询者还有可能对来访者做面质，帮助来访者建立对事不对人的心态是很重要的。

（三）温暖

1.内涵

温暖指用非言语的方式表达出对来访者的关怀、爱护，表现在耐心、认真、不厌其烦、循循善诱。温暖应充满整个咨询的过程，从来访者进入咨询室到咨询结束离开，咨询者都应该表现得周到、关心，让来访者感觉到自己受到友好接待。

2. 如何表达温暖

一般来访者初到时往往带有一种错综复杂的心理,一方面希望咨询是有效的,咨询者是专业而出色的,能热情、真诚地给自己帮助,另一方面又担心事实是否如此。因此多数来访者是抱着忐忑不安、紧张、疑虑的心态前来的,可能会表现得拘谨、手足无措,此时咨询者的友好、关心往往能有效地消除或减弱来访者的不安,使其感受到温暖、接纳。咨询者开始可以寒暄几句,询问来访者的情况,如是怎么来的,是否好走,等候的时间长不长,这些关心来访者生活细节的话语使其感觉到温暖、可亲。如果来访者急于倾诉,可以直接进入正题。

咨询过程中咨询者适当地应用倾听技巧,重视语言表达,做到全神贯注,留心来访者的言行。目光应适当注视来访者,面部表情、身体姿势都应传达对来访者的一种关注和共情。非言语行为往往比言语更能让来访者感到咨询者对自己的态度。咨询者的温暖会激发来访者的合作愿望,因此温暖本身就具有助人功能。

有的来访者可能出现表达上的不足,使咨询者难以把握。这些来访者语无伦次、颠三倒四或含糊其词、用词不准,导致咨询者不知所云,理不清头绪。面对这样的情况咨询者应充满耐心,如果心烦意乱,既不能弄清事实真相,又会给来访者增加心理压力。

咨询者面对沟通困难的情况,要根据来访者表达困难的原因,采取应对措施,帮助来访者整理表达的内容。如果由于紧张引起的,咨询者应让来访者安定情绪,寒暄几分钟生活话题,再进入正题。如果由于表达能力欠佳、叙述不清时,咨询者应善于归纳,帮助来访者澄清问题。有些来访者可能不知讲什么好,咨询者可多启发,多提些问题,给来访者一个谈话的方向、范围,如果谈话符合咨询目标,应给予鼓励、肯定。如果来访者的叙述比较杂乱、主次不清时,咨询者应耐心倾听,善于从中发现关键问题。

温暖是一个咨询者必备的素质,温暖是咨询者真情的流露,只有对人充满爱心,对来访者充满关切的咨询者才能最大限度地表达出对来访者的温暖。这也与咨询者的人性观有关。

(四)真诚

1. 真诚的内涵

真诚是指咨询者提供给来访者一个安全自由的氛围,能让他知道自己可以坦白表露自己的软弱、失败、过失、隐私等。真诚是咨询者以"真我"出现在咨询过程中,他会开放、自由而有个人地投入在整个咨询过程中。他很开明,很愿意开放自己,更会统合自己进入咨询关系中。当人与人的交流缺乏真诚、流于表面时,人与人之间的共处就不会再有促进成长的功能,反而还会产生负面的效果。

咨询者本身的真诚坦白为来访者提供了一个良好的榜样,来访者可以因此而受到鼓励,以真实的自我来交流。

2.如何表达真诚

真诚不等于说实话。真诚和说实话之间有联系,但不能完全等同。认为真诚就是说实话是一种教条、绝对化的理解。对于咨询者,真诚应符合一个基本原则,这一原则其实适合整个咨询过程,即对来访者负责、有助于来访者的成长。因而咨询者的真诚并不是什么都可以随意地说出来,而是所说的应该是真实的,而且真诚不仅仅表现在言语中,咨询者的非言语行为尤其是咨询中的实际表现更是表达真诚的最好方法。

真诚不是自我发泄。在来访者表述自己的经历和感受时,咨询者能理解对方的感受,并适当地自我开放,表达自己的回应和共鸣。但在此过程中咨询者的叙述应以帮助来访者为目的,咨询者的真情表白不应过多占用来访者的求助时间,如果已能表明自己的立场或主张就可以了。

应实事求是。真诚的交流还与咨询者能否正视自己的不足有关,有的咨询者为了表明自己的专业水准,不懂装懂,或掩饰自己在某些方面知识技能的不足。初学者由于很注意自己的个人形象,希望自己在来访者面前是权威的,让来访者敬佩,过分地表现自己以致让人觉得不够真诚,给双方的沟通增加了困难。

真诚应适度。既然真诚是有益于取得咨询成效的,是不是表达得越多越好呢?实际上不管是何种咨询特质,在运用和表达时都要注意以有益于来访者的改变为目的。对来访者的真诚亦因人因时而异,特别是在咨询初期,过多的表达真诚会使来访者感觉不好。

真诚是个人内心的自然流露,不是靠技巧获得的,它与咨询者的人性观、人生观有直接关系,也需要在实践中不断提升。

3.真诚层次及练习

在助人过程中,真诚的表达是一种智慧,前提是有益于咨询的进行,又有助于对方的成长。

真诚层次包括4种。

层次一:隐藏自己的感觉,或者以沉默来惩罚来访者;

层次二:以自己的感觉来反应,他的反应符合他所扮演的角色但不是他自己真正的感觉;

层次三:为了增进两人之间的关系,咨询者有限度地表达自己的感情,而不表达否定、消极的情感;

层次四:无论是好的或不好的感觉,咨询者都以言语或非言语方式表达出来,经由这些情感表达,双方的关系变得更好。

示例:

学生:在这次考试中,你给了我40分,我感到很难过,我觉得我自己已经了解所学的内容,觉得可以通过的。

老师A:不要责备我,不是我给你40分,而是你自己丢掉的。

评析:属层次一。这位老师表现出惩罚性防御他自己受到责备,用他自己认为的诚实来伤害学生。

老师B:你40分,我感到很抱歉,我是非常希望能给你好分数的。

评析:属层次一。老师告诉学生希望帮助他,但实际上并没有做什么,是虚假的。

老师C:我非常抱歉,恐怕我不能做什么,我必须按照规定办事。

评析:属层次二。老师表达了根据规则办事的思想,而没表达出他真正对人的感觉。

老师D:你觉得你已学好了,但是你仍考不好,我不大了解原因在哪儿。

评析:属层次三。老师有限度地表达出他的感觉。

老师E:我了解你对分数的失望,多少我有些责任,你认为我在惩罚你,我对此感到难过。

评析:属层次四。老师能适当而真诚地表达出他的感觉。

练习:

五年级的老师正在教室里巡视,要学生们坐好,一个学生对他说:"你是不是怕今天早上校长会来看我们?"老师说——

1. 今天老师会以平常的态度来上课。
2. 是的,老师有点紧张,希望你们好好表现帮我这个忙。
3. 我紧张是因为我不相信你们能表现得和平常一样。
4. 有点紧张是很自然的现象。
5. 我应该不会紧张,他们只是一群人而已。
6. 不必替我担心,只要注意你自己的态度就好了。

（五）共情

即专业书籍中提到的通情达理、移情、同情、同感、共感、投情、拟情、同理心等等。简而言之，即指设身处地地体会、感受对方。按罗杰斯的观点，"共情"是体验别人内心世界的能力。共情具有三方面含义：

一是咨询师借助于来访者的言谈举止，深入对方内心去体验他的情感、思维；

二是咨询师借助于知识和体验，把握来访者的体验与他的经历和人格间的联系，以更好理解问题的实质；

三是咨询师运用咨询技巧，把自己的"共情"传达给对方，以影响对方并取得反馈。

根据咨询者反映的内容、感受、程度3个指标，共情可划分为5个层次。

层次	内容	感受	程度
一	无	无	无
二	有些	无	无
三	有	有些	浅
四	较多	有	有些
五	丰富	准确	深刻

例如：

来访者说："我觉得很难过、很难过，因为我从来没担心过高考，就算想，也只是估计自己能不能取得优异成绩。唉！想不到居然名落孙山，真是越想越不服气。

"今年的高考其实并不难，班上成绩中等的人都考入了大学，没想到一向佼佼者的我……

"我觉得考试根本就不能正确评估一个人的成绩，况且读书也不是为了考试，这样我也就想开了，决定工作算了。

"但我的父母却骂了我一顿，坚持说考上大学才有出息，一定要我参加补习班，然后再考。和他们争了几天，都没结果，我都烦死了。"

咨询师1：你为什么感到如此悲伤呢？

咨询师2：你一向成绩很好，但想不到高考却失败了。

咨询师3：因为高考落榜，所以你感到很失望、很难过。

咨询师4：因为高考落榜，所以你感到很失望、很难过，也不清楚前面的路该怎样走，心中很混乱。

咨询师5：你一向成绩很好，从没想到高考会失败，因此你特别感到失望与难过，也有点气愤。与父母商量后，似乎非读书不可，但自己实在有点不情愿，因而内心很矛盾。

共情在咨询中的重要性体现在通过共情咨询师能更准确地把握材料，来访者会感到自己被理解、悦纳，从而会感到愉快、满足；促进了来访者的自我表达、自我探索，从而达到更多的自我了解和咨询双方更深入的交流；对于那些迫切需要获得理解、关怀和情感倾诉的来访者，有更明显的咨询效果。

咨询者在咨询过程中缺乏共情，容易出现以下障碍：来访者感到失望；来访者觉得受到伤害；影响来访者自我探索；影响咨询师对来访者的反应，往往缺乏针对性。

共情表达的失误有：直接的指导和引导；简单的判断和评价；空洞的说教和劝诫；习惯贴标签和诊断；虚假或虚弱的保证；排斥消极思想情感。例如：

来访者：我的爱人死了，我的人生也完了。孤零零一个人活在世上，真是生不如死，我不想再活下去了。
咨询师：人死不能复生，你千万不要这样想，何必害苦了自己呢？
分析：忽略了来访者的感受。

来访者：我真的没用，公司最近提升了好些人，却没有我的份。好几次我想和经理谈谈，又总是鼓不起勇气。唉！我真的没有用，我真恨我自己！
咨询师：如果我是你，我就会……
分析：完全忽略来访者的感受，而单从自己的观点给予建议。

来访者：我真蠢，我怎么会相信这样一个人？
咨询师：嘿，想不到你一向骄傲自大，如今也终于承认了自己的愚蠢，真难得啊！
分析：用讥讽的口吻刺激来访者，而完全忽略了他的态度。

来访者：我们班主任总是训斥我们，骂考试不好的同学是笨蛋、没出息。他自己上课常迟到，但哪一个同学迟到几分钟，他就罚迟到同学写检查、扫教室，真不是个好老师。
咨询师：你怎么可以这样批评老师，不管怎么样，他总是你的老师。
分析：武断、主观批评来访者。

来访者：我这阵子情绪低落，干什么都没兴趣，只想见到我的女朋友，但我又明知我们之间的感情已经没有希望，她已经3个月没理我了。
咨询师：你千万不要灰心，要记住世上无难事，只怕有心人。
分析：没有理会来访者的感受，不切实际地做了不负责任的承诺，鼓励来访者做空想。

来访者：婆婆近来越来越不像话，动不动就冲着我发火，还指桑骂槐！我丈夫还帮着他妈，说我小气。我孤立无援，真是又委屈、又气愤，我看我是再也无法维持这种婚姻了。
咨询师：你实在应该和你丈夫谈谈，积极做点改变了。
分析：忽略来访者的心境和情感，在教导。

来访者：唉！人生如舞台，前些时候还在台上指点江山，没想到一个无意的错误就把我打入深谷，想起来真是痛苦，人生真是如梦啊！
咨询师：你不是说自己一向自信、充满激情的吗？怎么现在如此消沉，也许是近来生活的变化太大了。
分析：虽然分析了来访者的感受和情况，但却没有对他的感受做适当的反应。

来访者：如果不是因为我，我奶奶不会被汽车撞的，如今伤得这么厉害，我真是该死啊！
咨询师：事情也已经发生了，谁都会有错的。好在只是受伤，没有生命危险。过去的就让它过去吧。
分析：这是安慰人，试图大事化小，小事化了，但忽略了来访者的感受。

来访者：和女朋友分手后，我一直处于痛苦之中，我不想吃饭，不想干事，我触景生情，我觉得生活中出现了一个巨大的空缺。
咨询师：已经分手了，想也没用了，天涯何处无芳草，时间是医疗痛苦的良药。
分析：虽然同情，却否定了他的感受。

（六）简洁具体

简洁具体是指咨询者要帮助来访者清楚、准确地表达他们的观点、所用的概念、所体验到的情感及所经历的事件。

来访者在咨询过程中常常在表达中出现以下问题。

1. 问题模糊

有些来访者谈到自己的问题时,往往用一些含糊的、很大很普遍的字眼,比如"我很烦""我觉得活着没意思"等等。当来访者这样来标签自己的情绪时,就很容易被笼罩在消极的情绪中。有时来访者自己也觉得说不清楚自己的所思所感,搞不清事情是怎样的,只有一些模糊的、不确定的感觉。此时就需要咨询者帮助他理清头绪,明确自己的问题或感受。

例如有位来咨询的大学生说:"我觉得活着没什么意思,干什么都提不起劲。"

咨询者:你能说说最近生活中发生了什么事吗?

大学生:也没什么。就是觉得不高兴,也睡不好。

咨询者:你能具体说说吗?

大学生:嗯,还有两周就考试了,我还没准备好。万一考试没通过,就得再补考一次,父母对我的期望很高,不知道会怎么伤心呢。唉,宿舍同学之间的关系也不好处,我总觉得他们瞧不起我,认为我不够灵活、聪明,我一说话他们就笑……反正尽是不如意的事。

经过进一步的询问,这位大学生因为父母一直对他严格要求,平时缺少参与社会活动的机会,考入大学以后,同学之间的学习水平相当,他不能从学习成绩中获得优越感,对文体活动又不在行,觉得很自卑。

2. 过分概括化

来访者对个别事情的看法和意见上升为一般性的、概括性的结论,把对个别事情的看法推而广之到某人,把有时产生的消极体验认为是经常性的,把过去的扩大到现在和将来,这时就需要咨询者帮助他们澄清。

例如某位小学生在受到老师的批评后,认为老师偏心,对他有看法,不公平,故意挑自己的毛病。经过了解,原来是有一次上课时他的同桌随便说话,老师当时没有看清误以为是他,批评错了,虽然后来老师向他道歉,但他一直因此闷闷不乐,上这位老师的课不能专心听讲。

3. 概念不清

由于对某个概念、某个词的理解不全面,导致来访者对自己产生错误或歪曲的认识。

例如有一位来访者认为自己得了神经衰弱,担心会因此影响健康、影响学习,甚至会发展为精神失常。当咨询者问他有何症状时,他说:睡不着,大概需要躺下半小时才能入睡。除此之外没有其他症状。因为他的邻居有神经衰弱,经常睡不着,他认为自己的症状和邻居的很像,于是断定自己得了神经衰弱。经过医院的诊断,排除他得了神经衰弱。咨询者结合神经衰弱的特点、症状、诊断标准帮助他纠正对神经衰弱的看法,有效地缓解了他紧张不安、害怕的状况。

有时来访者不适当地使用某些概念,造成对人对事理解的偏差。比如说某位小学生要求自己的好朋友帮助自己做作业遭到拒绝,他就认为好朋友"很自私""不讲义气"。于是和好友的关系变得紧张起来,自己也觉得不高兴。由此可见,来访者对一些概念的误用会引起观念上的混乱和行为偏差。

如果来访者的表述过于空泛、杂乱,咨询者要通过进一步的提问帮助他澄清问题。因此咨询者要借助一些开放式的提问来帮助来访者准确地讲述自己的经历和感受。如:"你说你觉得……""你能说得更具体些吗?""你所说的……具体指什么?""你能举个例子吗?"等等。有的咨询者担心自己给来访者留下理解力不强、缺乏同理心的印象,不愿多问,靠自己去猜测、判断,这往往会受个人主观因素的影响,导致对问题的理解产生偏差,既费时费力,又不一定符合来访者的实际情况。做具体性的反应是简单而有效的。

同时对咨询者来说,在咨询过程中言辞不但要适当,还一定要简单和清楚,避免含糊不清、模棱两可。还要避免给来访者贴标签,如:"你的性格太内向了""你是个悲观主义者""我觉得你太骄傲了"等。咨询者这些不适当的反应会对来访者产生很大的影响,可能有的来访者会因此产生阻抗,不配合咨询活动,咨访关系恶化,可能有的来访者会接受咨询者的暗示、强化,以偏概全地来评价自己,这样对来访者的改变也是十分不利的。

(七)即刻性

1.含义

即刻性有两个方面的含义:一方面是指咨询者帮助来访者注意此时此地的状况,而不要过分地注意过去和未来;另一方面指当来访者涉及到咨访关系时,咨询者对此做出的反应。

咨询中有的来访者一味地讲述过去的经历以及对未来的种种看法,不自觉地回避现在。这有可能使来访者不够坦率、不敢自我暴露,或者是借过去和未来逃避现在;也有可能是来访者本人的思路不清楚或人际交往能力欠缺。咨询者应帮助来访者表达出他们现在和此时此地的看法和感受。

不同的咨询理论流派对即刻性有不同的看法。精神分析流派比较注重过去和过去的经验,完形学派和存在主义则注重现在,并特别注意来访者此时此地有什么反应;而行为主义学派则向过去挖掘,但常对影响来访者未来的自我表现有兴趣。例如:

来访者:我很害怕。

精神分析流派咨询者:请你自由联想你生活中与这种感觉有关的经验。

完形治疗流派咨询者:你很害怕,这对此刻的你有何意义?

行为主义流派咨询者:那你打算怎么办?

每种方式都可使来访者有更具体的表现,却以不同的时态去观察世界。实际上有效的咨询都是兼顾到过去、现在和未来的。咨询的目标就是要将个人的过去、现在和将来的经验加以整合。

咨询中当来访者对咨询者的情感做反应时,咨询者会面临来访者对自己角色和能力的评判,这对咨询者是一种考验。假如咨询者采取逃避或自我防卫,就可能被来访者视为能力不够、软弱、坏榜样,还会威胁到咨访关系。假如咨询者是开放的、关心的,即使来访者觉得他们的关系不够完美,咨询者仍会被视为合格的、强大的、一个好榜样。如果咨询者通过此考验,咨访关系才会继续,并进一步发展。

假如咨访关系尚未建立,那么双方的互动应重在来访者身上,而给两者间的关系,即咨询者所给予的反应侧重在引发反应方面,而在即刻性反应上只要层次二(具体解释见下文)即可,若太早把注意力转移到此时此刻的关系上,则以前所建立的关系基础就会被破坏。层次三和层次四需等到彼此间关系已经良好,才有效益。

2.即刻性层次及练习

根据即刻性的第二个含义,可把即刻性分为4个层次。即刻性反应需建立在两个条件上,一是来访者谈到了咨访之间的关系,二是咨访关系已经建立。

层次一:忽略。即咨询者忽视来访者的有关彼此间关系的所有线索。

层次二:拖延,搁置。即咨询者能体会到来访者所说的彼此间关系的问题,但想拖延到以后再谈,或很表面地提到而不深谈。

层次三:不具体,但开放。即咨询者讨论他与来访者之间的关系,但很笼统而没有针对具体问题谈。这一层次的咨询者愿意分担彼此间关系上发生的任何不足。

层次四:明了,即时的。即咨询者和来访者坦然公开地讨论彼此间的关系。

示例:

学生:到目前为止,关于我的学习问题,我们已经谈了好几次了,但好像对我一点用也没有,我不想再来了,事实上,今天我也不打算来。

老师1:我想我这里有件东西你会感兴趣,就是我上次告诉你的那本侦破小说。

评析:层次一,咨询者未针对来访者的问题来谈,而是转移话题到侦探小说,目的是想借此使来访者再来。

老师2:你认为我们没有完成任何事情,也许以后我们可以谈谈这个问题。

评析：层次二，咨询者表示接受来访者提出的问题，但是他想把讨论的时间拖后。

老师3：不要放弃，这是长期咨询中常见的现象。

评析：层次二，咨询者很表面地接受来访者的问题，就好像这一点也不重要，提出后就把它置之一旁。

老师4：你不满意现在进行的情形，你有这种感觉是很正常的，大多数的辅导关系常有这种现象发生。

评析：层次三，咨询者接受了来访者提出的问题，并开始讨论，但是却说得很不具体。咨询者讨论一般人有时候有的情形，而非此时此刻来访者对他们面谈的挫折感和灰心感。不具体的讨论对咨询者来说是常有的，但这样的讨论不如对眼前发生的事情的感觉做一番讨论更好。

老师5：没有任何进展，你感到失望，听起来好像你认为我在这方面没法帮助你，也许现在我们应该来讨论这个问题。

评析：层次四，因为咨询者对来访者当时所表现的感觉做出反应，并且愿意讨论来访者对他们彼此间关系的批评。

练习：

学生在这学期最后一天上课时对老师说："你是我遇到的老师中最好的一位，我们在一起的时候真好，我再也遇不到你这么好的老师了。"

老师的反应：

师1：我很高兴你喜欢我的课，我们相处得很愉快。

师2：谢谢你，我听了很高兴。

师3：暑假里你要做些什么？

师4：我们相处得很愉快，我很高兴你这么说，我会常常想你，记得你是我教过的。

师5：我猜想你一定很高兴今天是最后一天上课，今年暑假你可能有不少有趣的活动吧。

师6：很高兴听你这么说，这一年过得真愉快，我真高兴我们能一起分享这种快乐的感觉。

师7：我很高兴听你这么说，希望你有个好假期。

师8:下学期常来看我,我们一起聊聊。
参考答案:1;2;1;4;1;4;2;2

第四节　心理咨询过程的评估与结束

一、咨询效果的评估

(一)评估的时间

评估阶段是完整咨询过程的一个重要环节,咨询效果的评估一定要参照咨询目标来进行,但在实际咨询中常常被忽视,特别是在一些简短的咨询中更是如此。

咨询效果的评估不一定到结束时才做,在咨询过程中就应该不断地总结效果,及时调整咨询策略。结束前的咨询效果的评定是对整个咨询过程成效的评价,更全面、更重要。

(二)评估的维度

咨询效果的评定可以从几个维度来进行。

1. 来访者的自我评估

包括来访者对自己行为变化的描述,情绪感受变化的情况,对自己的接纳程度和满意度情况,对现实生活适应的情况等几个方面。

2. 周围人士对来访者改善状况的评定

特别是家人、朋友、同事等交往较密切的人对来访者日常生活状况的评定。如能较好地控制自己的情绪,不乱发脾气乱摔东西了;能加强与他人的沟通等。

3. 来访者社会生活适应状况改变情况

例如咨询前不愿出门的,现在能外出散步、购物,害怕去上班的咨询后能上班了;咨询前母女不说话的,咨询后能较好地沟通和相互理解了等等。

4. 来访者咨询前后心理测量结果的比较

对比某种心理测量量表两次测验结果的差异,来了解、评估来访者心理状态的变化。如有考试焦虑情绪的学生,咨询前后运用考试焦虑量表测量结果有无变化,是否存在显著差异。

5. 咨询者的评定

根据咨询者的观察,来访者在认知、情绪、行为等方面的进步,自我接纳的程度变化,应对困难情境的心态和采取的解决方式等。

二、咨询关系的结束

(一)确定咨询结束的时间

咨询进行一段时间,逐步达到咨询的目标以后便可以进入咨询的结束阶段。可以按照咨询方案所商定的时间结束,也可以根据咨询的进展情况,当双方认为咨询已基本达到咨询目标时结束。

咨询也有可能在咨询目标尚未达成的情况下结束,一种情况是由咨询者主动提出中止咨询,当咨询者感到自己的专业能力不能有效地帮助来访者的时候,或感到另一位咨询者能够提供给来访者更合适的帮助时,出于道德责任感,提出结束咨询;另一种情况是来访者提前终止咨询关系,原因主要有两种,一种是来访者感到咨询中存在某种威胁,会令自己感到痛苦或不愉快,或触及不愿袒露的隐私,因而逃避咨询;第二种是来访者感到咨询没有达到自己期望的效果,因而中断来访。

(二)总结和回顾

咨询结束前,咨询者要综合所有的资料,结合咨询目标和实施方案,与来访者做一次全面的总结,帮助来访者回顾整个咨询的基本情况,强调咨询要点,使来访者对自己有一个更完整的认识,进一步了解自己原有困扰的前因后果,明确今后努力的方向。咨询者要充分肯定来访者取得的进步,强化来访者的正确思维和积极行动,讨论来访者应注意的地方。

(三)处理关系结束的问题

在即将结束咨询关系之前,特别是在建立长期良好的咨询关系的咨询中,来访者会感到自己将要失去一位可信赖的朋友或导师,将在没有咨询者支持的情况下独立面对自己的生活,因而产生焦虑反应。咨询者要引导来访者对这种反应做一些讨论,让来访者树立独立处理自己问题的信心,同时咨询者要保证自己对来访者是开放的,他可以再次来访或通过其他方式与自己取得联系。有的咨询是采取逐渐拉长咨询的时间间隔的方式来过渡到中止咨询关系的。

(四)学习的迁移

心理咨询的最终目的是要帮助来访者实现自我成长,学会自助,把咨询过程中获得的知识、方法、体验运用到日常生活中去,实现学习的迁移,能够独立有效地解决所遇到的心理问题和人生选择。

在结束阶段,咨询者要让来访者处于主动的角色,引导他设想今后生活的大致计划,尝试处理期间可能出现的问题。了解和巩固来访者良好的应对方式,鼓励他在生活中发展和维持某种支持关系。

思考题

1. 应从几方面收集来访者的基本资料?
2. 心理诊断应注意哪些问题?
3. 心理咨询目标的确定应符合哪些要求?
4. 常用的非言语技巧有哪些?
5. 会谈技术有哪些?如何具体实施。
6. 咨询特质有哪些,如何表达?
7. 结束咨询过程应注意哪些问题?

第三章 心理咨询中的其他问题

本章讨论了心理咨询者应具有的素质;介绍不同心理咨询流派对咨访关系的看法,引导心理咨询者重视咨访关系的建立;提示心理咨询者通过各种方式实现自我成长。

第一节 心理咨询者的素质

一、心理咨询者应有的素质

心理咨询者面对的工作对象是人,是有思想、有感情的人,是希望能摆脱心理困境的人,是需要心理帮助的人。要依据心理学的原理帮助他人并不是一件容易的事,心理咨询是一种特殊的工作,从事这项工作的人需要具备一定的条件。心理咨询者在学习心理咨询的过程中需要掌握心理咨询的基本理论、基本技术,更要完善自身的修养。知识和技能可以通过一段时间的学习和实践获得,但个人的品格、性情、文化素养则需要长期的过程。从某种意义上说,并非每个人都具备从事心理咨询工作的素养。

心理咨询者应具备的素质可以从以下三个方面来衡量,即知识、技能、素质。咨询者是以一个完整的人投入到咨询过程中,他所具有的专业知识、技能对达到咨询目标起到重要的作用,但他的人生观、价值观、个性特点、生活经历也会影响到咨询的进程,一些研究者认为,在咨询过程中咨询者的人格所发挥的作用甚至大于专业水平的作用。

(一)知识

以人为工作对象,帮助其解决心理问题是心理咨询工作的特点,需要在人际互动中实现咨询目标。人具有两个方面的属性,即自然人和社会人。人的基本生理结构,生长发育的基本规律,心理活动的生理基础等方面的知识都要应用到解剖生理学、医学等自然科学中的内容。人是如何认识自己的,在群体中生活的人,如何实现社会化,个体之间的相互作用,群体凝聚力、心理氛围、个体与群体的相互作用等方面的内容又涉及到哲学、社会学等人文社科知识。因此要了解来访者,帮助其领悟心理问题的实质和根源,必须应用多方面的知识。

一个心理咨询工作者需要具备三层作用有别、相互联系的知识。我们用下图表示三层知识的内容和它们之间的关系。

次级层知识：心理测验；普通心理；社会心理；教育心理；发展心理；人格心理；社会学；伦理学；教育学

核心层知识：心理卫生（含精神医学）知识；心理咨询流派理论与方法知识；心理咨询会谈知识

外围层知识：相关的人文社科知识；相关的医学知识

  核心知识是每个从事心理咨询工作的人必须具备的，学校中的心理辅导教师也应具备这些知识。次级层知识是咨询者应该具备的知识，它涉及到了个体心理发生发展的基本规律和主要影响因素的知识，对咨询者将来访者当做一个完整的人看待，将来访者生活工作的环境所起的影响考虑在内，以整体和普遍联系的观点看待来访者。外围层知识是咨询者最好具有的知识，它有助于更好地理解来访者的心理问题和原因所在。对于持不同咨询理论观点的咨询者来说，这三层知识的内容也是有区别的。例如，对于心理分析学家来说，人类学知识、古代的神话典故、民族文化等人文知识是应该具有的知识，了解和分析集体无意识的象征意义需要这些知识作为基础。而对行为主义学家来说这些知识就属于最好能具有的而不是应该具备的外围层知识。

（二）技能

  心理咨询工作者的咨询技能在咨询过程中发挥着重要作用。主要包含以下几方面。

1. 善于发现心理问题

  相比于没有接受过专业训练的人，咨询者对心理问题具有更高的敏感性。咨询者应善用观察、访谈等方式，尽量全面地了解来访者的情况，发现来访者的心理问题。

2. 诊断心理问题

在上一章节的内容中，介绍了诊断的步骤和几种常用的诊断工具，咨询者应结合相关课程的学习和实践，熟练地应用这些工具做出诊断。由于学校的心理辅导老师一般不具备医学知识背景，也没有医学和做心理咨询的资质，在应用这些工具做解释时要注意诊断的目的是要调整教育策略，服务于学生的心理发展，而不是给学生贴标签，也不具备医学或心理诊断的条件。

3. 解决心理问题

通过制定并实施咨询方案，咨询者应用会谈的参与性和影响性技术，帮助来访者解决心理问题。会谈是心理咨询中人际互动的主要方式，但是实现人际互动还需要应用非言语的方式实现沟通顺畅。作为学校的心理辅导老师，在帮助学生解决心理问题时不仅需要个人努力，还需要与其他老师和一些部门的工作人员了解情况，协调行动，为学生的改变提供良好的环境支持。因此，良好的沟通在解决心理问题过程中起到重要作用。咨询者需要在长期实践过程中不断熟练和提高。

（三）素质

咨询者的个人素质或者说人格是咨询取得成效的重要影响因素，但在通常提及的对心理咨询者的要求中往往没有得到相应的重视。目前对心理咨询者资格的评定中，通过考试所了解到的多是个人的知识方面和某些技能的水平，对咨询者个人素质的评估还没有相应的规范。所以这个关键的因素在学习中往往被忽视。

咨询者的自身素质是产生积极咨询效果的重要因素。心理咨询作为一项艰辛复杂、充满挑战而又富有意义的助人工作，对从业者的全面素质、专业素质和能力有很高的要求。咨询绝不同于日常交谈，也不仅仅是安慰，而需要咨询者全身心地投入，需要咨询者站在更高的层次上与来访者进行深层和有效的交流，心理咨询是心灵与心灵的撞击。心理咨询过程是咨询者的知识、技能、心理素质、职业道德、法律意识、价值观、人生观、人性观诸多方面的展示。因此，咨询者的综合素质越高，在同样的来访者和心理问题面前，其咨询效果和效率也就越高，这正如卡可夫（R. R. Cailchu）描绘的"咨询是生命的流露"。

对于咨询者来说，要具有关心和帮助他人的愿望和热情，要具有倾听他人诉说、期待并等待他人转变的耐心，要真诚地对待来访者，从内心深处去与来访者同感受；要关爱来访者，从细微之处表现对他的尊重和接纳，给他安全、温暖的感受。

1. 咨询者的人性观

咨询者不同的人性观决定了他们不同的咨询理论取向。决定了他们对咨访关系重视的程度、利用度不同。

人本主义流派来访者中心理论认为人是积极的、乐观的、有责任心的，能够发现并改变自己心理上的适应不良。因此来访者处于主动地位，咨询者处于被动地位，对人性乐观的看法是咨询理论的特色之一。其心理治疗只是"将一个具有充分潜质的人早已存在的能力释放出来"。

精神分析学派认为：人是消极的、机械的，行为受无意识控制。"利比多"，是力量的源泉。人类所有的行为都是由追求享乐和避免痛苦这两个原则决定的。这种人性观致使咨询者将来访者看成是消极、被动的，应该完全受咨询者的摆布与控制。因此，咨访关系中咨询者具有绝对的权威性，他们以专家的身份与当事人相处，在当事人面前保持一种分离、客观和完全中立的态度。

行为疗法认为每一行为完全决定于过去环境的影响，人的行为是有规律的，可以预测与控制，人被社会文化环境所塑造和决定，是被动的。

理性情绪疗法强调人的价值观，认为人在出生时就已兼具理性和非理性的思想，人有能力对自己的价值系统做出评价。非理性思想是情绪困扰的原因。由于人可以思想，可以努力改变自己，因此，治疗过程的重点应在改变来访者的价值观。咨访关系是一种教与学的关系，只重视非理性思想是否改变。

咨询者选择人性观对确立自己的咨访关系理论、建立相应的治疗体系与方案具有重要意义。总之，当今几大主要治疗流派在调动来访者的获助期望，创造安全可信赖的环境气氛，与来访者保持密切的情感交流方面的一些认识和做法，可谓是殊途同归，这是各种治疗理论都能产生疗效的关键因素之一。

咨询者应具有的对人的基本信念是：

相信人有很大的潜能；

相信人是愿意上进的，愿意变好的，愿意被人喜欢、接纳的；

相信人是可改变、可教育的；

相信人是可以自我控制、自我调整的。

综上所述，心理咨询者所应具备的条件中知识、技能、素质三者关系体现为，知识是最表层的，技能是中间层次，素质是最内层的。

2.心理咨询者对心理咨询的态度

心理咨询者应具有的对心理咨询的态度是：

心理咨询通常对当事人有帮助；

有些心理咨询和治疗方法比其他的理论方法有效；

心理咨询的效果通常不会很长久；

接受咨询时间越久,效果也会越大;
无论咨询员用什么理论和治疗方法,咨询关系对效果的影响最大;
心理咨询通常不会对当事人有负面影响;
非专业咨询员的咨询效果通常不会很好;
心理咨询对教育背景较高的受咨询者比较有用;
受咨询者对咨询的期望会影响辅导效果;
咨询员的心理和精神健康会影响咨询的效果;
经验多的咨询员通常会比经验少的做得好;
药物治疗比心理咨询和治疗有效。

二、心理咨询者应具有的心理素质

从事任何职业,都需具备一定条件。心理咨询是一种特殊的助人工作。从事这个工作,也必须具备一定条件。比如,对基础知识、专业知识和技术、个人品格等等,都有一定要求。

(一)品格

品格的核心是价值观系统。价值观系统的关键是人生价值观。正确的人生价值观是朴素、简洁、踏实和可行的,它不需要美丽词汇的修饰和夸张,它只用一句话表达:做一个有利于社会和他人的人。这就是心理咨询者应有的品格。

(二)自我平衡能力

心理咨询者的自我平衡能力至少有以下几个方面。

(1)心理咨询者每天从来访者那里的所见所闻,大都是负面的信息,这些信息进入咨询者的大脑,难免影响他们的心情。为此,心理咨询者本身,必须有能力将一天中由负面信息造成的不良情绪排除,以保证第二天带着平衡的心态走进工作室。

(2)心理咨询者也会有各种生活难题,也会出现心理矛盾和冲突,但他应当在咨询关系以外来解决自己的心理矛盾和冲突,在咨询过程中能保持相对的心理平静,不要因个人的问题干扰咨询工作。

(3)经常处于心理冲突状态而不能自己平静的人,是不能胜任心理咨询工作的。

(三)善于容纳他人

只有善于容纳他人,才能营造和谐的咨访关系和安全、自在的咨询气氛;才能接纳各种来访者和来访者的各类问题。这既是个人的性格特点,又是心理咨询者的职业需要。

(四)有强烈的责任心

"庸医杀人不用刀"，是说本事不大而又缺乏责任心的医生，可能把人治死。心理咨询者若无责任心，同样可以害人。所以，他们必须对来访者负责，面对来访者不能因自己的言行，使来访者感到"雪上加霜"，不能夸大心理咨询的作用，欺骗来访者。自己能力有限，不能对来访者提供帮助时，应向来访者说明，并转介。

（五）"自知之明"

"自知之明"通常被理解为"清楚自己的优、缺点，知道自己的能力限度"等等。但是往深层看，还有另一种含义，那就是能对自我生存价值进行评价，这类评价常常和自我成就感连在一起。

自我成就感，有极其明显的文化性质以及个体差异。不同文化环境中，自己生存价值的评价坐标是定位在"个人生存的社会意义"上，所以，一个人的成就感，往往不在自我生存本身，而在自我的存在能否促进社会的成就，能否满足社会道义的要求。但是，另一种文化却不同，自我生存价值的评定坐标定位在"自我实现"上。用以"自我"为核心的人生哲理评价自己，其成就感必然仅仅在"自我"生存本身。我国心理咨询者如果能把社会发展和个人成就感融为一体，这或许更符合我们的文化。

三、心理咨询者应遵循的基本原则

（一）心理咨询的限制性原则

心理咨询是有某些限定的职业活动。在咨询中规定的各种限制，是保证咨询成功必要的条件。

1. 咨询者的职责限制

咨询者的职业责任不是无限的。比如，来访者带领自己的孩子前来咨询，他表示自己没有办法解决孩子的问题，同时认定咨询者应对矫治孩子的不良行为负全部责任时，这就是来访者对咨询者的职责产生了误解。

实际上，咨询者的责任，仅仅是帮助来访者认识自己与孩子的关系有了麻烦，提醒来访者立刻调整亲子关系。而最终改变孩子不良行为的责任，是在来访者本身。最终促使孩子行为的改变，是来访者自己的职责，而不是咨询者的。

当然，如果前来咨询的是孩子本身，他要求咨询者帮助自己解决行为问题，这时，被咨询的对象就是这个孩子。即便如此，在心理咨询过程中，改变孩子的不良行动的责任，也不全在咨询者，而在咨询者与孩子双方。因为孩子的行为改变，必须经由咨询者与孩子双方的努力才能达到。没有来访者个人的努力，来访者自身状况的改进是不可能产生的。可见，咨询者的这类职责限制，实际上是由心理咨询本身的性质决定的。

心理咨询者的职责，受心理咨询任务的限制。心理咨询的任务只是解决心理问题本身，而不包括引发心理问题的具体事件。也就是说，不介入、不帮助来访者解决任何生活中的具体问题。比如，可以解决离婚后的心理问题，但不能介入和解决来访者的再婚问题，因为那是"婚姻介绍所"的任务。

2. 时间上的限制

心理咨询必须遵守一定的时间限制。咨询时候一般定为每次50分钟左右较好（初次咨询可以适当延长），两次咨询之间的时间间隔一般为一周。

每次咨询时间予以限定，有助于将问题集中处理。一个时段讨论一个（或一类）问题，可以帮助来访者更加深刻地考虑问题。两次咨询之间留有间隔，可使来访者有机会充分体验咨询的感受，并在生活实践中，落实咨询中获得的新理念。

但是，每次咨询时间的限定，也不是绝对的。根据来访者的心理特点、年龄大小和问题的性质，可以适当调整，增加或减少咨询次数或间隔时间。咨询关系也是有限制的。咨询结束，咨询关系也就终止。

3. 感情限制

咨询者和来访者心理的沟通和接近，是咨询工作顺利进行的关键，但这种接近是有限度的。彼此的沟通必须限制在工作范围内，感情因素必须严加控制，咨询者对来访者的关心，只能限制在求助的心理问题或心理障碍方面，除此而外，不能有意或无意地涉及其他问题。在人本主义理论框架内进行咨询时，所谓的"共情""坦诚""自我开放""情感表达"之类的操作，必须自觉控制分寸。在精神分析框架内咨询，要谨慎处理"反移情"等等，以避免越过心理咨询的情感限制。特别在异性之间的咨询，超越咨询关系以外的任何形式的个人关系，都是限制之列。

来访者提出的任何额外个人要求，比如请吃饭之类的要求，即便是好意，也应该婉言谢绝。因为个人之间过密接触，不仅容易使来访者形成依赖，也容易使咨询者丧失中立的立场，从而失去客观公正判断事物的能力。心理咨询禁止咨询者与来访者在咨询室之外进行任何咨询活动。

情感限制另一种含义，是咨询者不能将个人的情绪带入咨询过程。

4. 咨询目标限制

心理咨询目标的确定，必须根据心理问题或心理障碍的性质、咨询的复杂程度、咨询者个人实际能力来决定，它不是任意的。就这层意义上，咨询目标的限制，包括两方面内容：

（1）心理咨询目标只能锁定来访者的心理问题。如果来访者因躯体疾病导致心理问题，应锁定在躯体疾病导致的心理问题上。如果来访者同时有几方面的心理问题，我们应设置一个总体目标，下设若干局部目标，在同一时间段里,只能锁定一个(或一种)心理问题作为局部的咨询目标。

(2)在心理咨询的各个阶段以及最后结束咨询时,到底能将心理问题解决到什么程度,这也是有限制的。换句话说,对咨询效果的预期,不能过分保守,也不能冒进。必须按实际情况做出比较恰当的评估。

(二)心理咨询的中立性原则

人的个体差异来源于不同的生活经历和不同的人生价值取向,使他人的看法和自己完全一致的愿望是难以实现的。在咨询过程中如果咨询者以某种价值取向作为考虑问题的参照点,对来访者的个性特点以及观点加以评判的话,就丧失了应有的中立态度。在心理咨询的过程中,咨询者应对咨询中涉及的各类事件持客观、中立的态度。这样才能对来访者的情况进行客观的分析,对其问题有正确的了解,并有可能提出适宜的处理办法。

中立性的态度可以保证咨询者不把个人情绪带到咨询过程中。同时中立性的态度可以增强来访者对咨询者的信任感,便于建立正常的咨访关系。咨询者的价值取向不仅可能体现在言语上,也体现在体态、表情等方面,所以需要咨询者常常反思自己在咨询过程中的表现,了解自己的价值取向,并学会尽量不因此而影响来访者的观点。

采取中立性的态度,就意味着咨询者既不能固执己见,又不能随意迎合来访者的情感或观点。如果来访者的情绪或对事件的看法与咨询者的看法有分歧,通常咨询者可以用这样的中立性的话来表达自己的态度:"你有这样的感受,我可以理解。""理解"既不代表赞同,也不代表反对。以人为中心疗法理论在强调"倾听"时,要求咨询者像在看日落一样去听来访者的谈话,因为人在看日落时,既无权表示赞同,也无权表示反对。

第二节 心理咨询中的咨访关系

一、咨访关系的内涵及其作用

(一)咨访关系的内涵

咨访关系亦称为咨询关系,是指需要心理帮助的人与能给予这种帮助的人之间结成的一种独特的人际关系,通过这种关系达到心理改善的效果。

良好的咨访关系应该是咨询者与来访者之间相互信任、相互理解、相互接纳、相互卷入的关系。一方面,咨询者要理解、同情来访者所发生的事情,相信来访者,使来访者对咨询充满希望;另一方面,来访者要接纳、信任咨询者,承认和尊重咨询者的专业权威,积极配合咨询者,执行咨询者提出的咨询方案和措施。

只有在咨询者与来访者之间形成这样一种理想的咨访关系，才可能通过咨询者和来访者的共同努力达到咨询目标。

半个多世纪以来，心理咨询的专业实践及研究表明，影响咨询效果的一个重要因素是，咨询者能否与来访者建立"具有咨询功能"的助人关系。卡尔罗杰斯（1942）曾经指出："许多用心良苦的咨询之所以未能成功，是因为在这些咨询过程中，从未能建立起一种令人满意的咨访关系。心理咨询是人帮助人、人影响人的活动，来访者是否接受咨询者的影响与帮助在很大程度上是由咨访关系决定的。

（二）良好咨访关系的作用

1. 良好咨访关系是咨询取得效果的前提条件和基础

良好咨访关系是心理咨询过程的第一步，是心理咨询取得良好效果的基础。有研究指出咨询要取得效果必须具备4个要素：认识来访者的长处，可以起40%的作用；良好的咨访关系，起30%的作用；咨询技巧，起15%的作用；对咨询的期望，可以起15%的作用。[①] 这4个要素中的两个要素与咨访关系有着紧密的联系。认识来访者的长处是一种用来促进良好咨访关系形成的方法，应该属于良好咨访关系的范畴；来访者对咨询的期望，在很大程度上是建立在良好咨访关系基础之上的，只有建立了良好的咨访关系，才可能使来访者对咨询抱有很大的期望。

2. 良好的咨访关系能够减少来访者的防御心理，使来访者能够在咨询中提供真实、全面的信息

咨询要想取得效果，咨询者必须对来访者的问题表现和形成原因等做出准确的评价和诊断，然后才可能设计出有针对性的咨询方案和计划。咨询者做出准确评价和诊断的基础是来访者必须提供真实、全面的信息，尤其是与心理问题有关的信息。对于前来寻求帮助的来访者来说，他们来到的是一个陌生的环境，接触到的是一个陌生的人，除了知道咨询者是从事心理咨询工作的人之外，他们对咨询者是一无所知，他们不知道咨询者是不是值得他们信任，是不是能够提供他们所需要的帮助。在这种情况下，当他们向咨询者提供有关信息的时候，多少都会有一些顾虑。

来访者的顾虑和防御心理，只有在良好咨访关系建立之后，只有在咨询者通过他们的"信任测试"之后才有可能逐渐解除。当来访者认为咨询者值得他们信任，可以为他们提供所需要的帮助之后，他们才会将真实的情况告诉咨询者。

[①] 林崇德：《咨询心理学》，第59页，北京：高等教育出版社，2002年。

3. 良好的咨访关系能够促使来访者积极参与咨询

良好的咨访关系是来访者改变的催化剂。咨询要想取得效果,来访者必须实施咨询者的咨询建议和措施。再好的咨询建议和措施,如果来访者不遵照执行,也是不会取得任何效果的。而来访者对咨询者的咨询建议和措施的执行,是以来访者对咨询者的信任为基础的。

(三)咨访关系的特点

咨访关系是一种咨询者对来访者的帮助关系,它不同于一般的人际关系,具有自己显著的特征。

1. 咨访关系是一种独特的职业帮助关系

通过比较咨访关系与日常生活中的几种人际帮助关系可以了解咨访关系的特殊性。咨访关系不是朋友关系,咨询者像朋友那样关注来访者,为他着想,替他分忧,但它又不同于朋友关系,咨询者要比朋友理性和客观;咨访关系不是医患关系,咨询者像医生那样帮助来访者解除痛苦,但又不同于医患关系,咨询者不会以权威的身份出现,咨询者与来访者是平等、协助关系,他会调动来访者的内在潜能来解决问题。咨访关系不是师生关系,有些咨询者可能会像教师那样给来访者以启迪,促进其成长,但咨访关系又不同于师生关系,咨询者给来访者的是引导而不是教导。

咨访关系可能与日常生活中的朋友关系、医患关系、师生关系有一些相似之处,但又决不同于日常生活中的这些人际关系,咨询者要认识到咨访关系与这几种人际关系的差别,不可混为一谈。

2. 咨访关系是一种同盟关系

格林森最早提出"治疗同盟"[①]这一术语,他认为咨访关系是一种咨询合作伙伴关系,咨询者与来访者要以互相配合的方式进行工作。双方为共同的咨询目标努力,相互扶持,相互配合。

3. 咨访关系是一种隐蔽的、具有保密性的关系

咨访关系完全是一种在特定的时间期限内,隐蔽的、具有保密性的特殊关系,这也是这种咨访关系不同于其他社会关系的特征。虽然咨访关系被限制在一定的时间范围以内,但这种关系的密切程度和深度却超过了一般的社会友谊关系。因为这种关系是在没有任何威胁的情况下小心地建立起来的,咨询者的尊重、接纳、温暖的态度,营造了良好的治疗氛围,使来访者感到安全,使其能够进行自我暴露和自我探索。

4. 咨访关系是一种受多重专业限制的职业关系

咨访关系受多重专业的限制,这些限制对于咨询和治疗的成功是十分

---

① [美]S.Coimier 和 Coimier:《心理咨询者的问诊策略》,第96页,北京:中国轻工业出版社,2000年。

必要的,常见的限制包括职责的限度与时间的限制。

职责的限度是多方面的,咨询者要弄清哪些是来访者应负的责任,哪些是咨询者应负的责任,咨询者决不能越俎代庖,不能代替来访者解决他在生活中遇到的问题,这是以帮助来访者成长为目标的咨询目的所要求的。

时间的限制是保证咨询成效的有效制约因素。通常咨询的一次会谈时间为一个小时左右,之所以对咨询时间进行限制,一是咨询中还同时会有其他来访者等待咨询者的帮助,二是若会谈时间过长、信息过多,反而不利于来访者的领悟,导致咨询成效下降。

5.咨访关系是一种以来访者具有一定强度且持续的求助动机为前提的关系

咨访关系的建立和发展是以来访者具有一定强度且持续的求助动机为前提的咨访关系的建立以及这种关系的继续,是因为来访者遇到了他无法独自解决或无法通过其他途径加以解决的难题,来访者对自己感到不满,感到他需要特别的帮助或支持。如果来访者在某一方面不想求得咨询者的帮助,或者停止来访咨询,那么,即便是咨询者觉得自己有些新的办法或是肯定能对来访者有帮助,也不应主动去找来访者,否则,咨访关系就不对称、不平衡了,其结果,要么使来访者对咨询者产生戒备心理,要么使来访者感到咨询者多此一举,在这种情境下开展咨询,成效一般很小。

6.咨访关系是一种动态的关系

每个来访者在咨访关系中对咨询者的感受是不同的,对有的来访者来说,咨询者可能像师长,对另一个来访者来说,咨询者可能像朋友。即使是同一位来访者,在咨询的不同阶段,对咨访关系的感受也是动态的、变化的。在咨询开始阶段,咨询者较多运用倾听技巧,这时的咨询者看起来像是一个倾听者,在治疗中后期,咨询者开始更多地运用影响技巧,这时的咨询者看起来更像是一个指导者。因此,咨访关系是咨询者与来访者的互动关系,它是根据咨询的进程而不断变化的。

(四)不同理论取向对咨访关系的看法

目前在心理治疗领域,无论从理论的构建还是以治疗过程的完善程度来看最有影响力的有4种治疗流派:即心理分析、行为主义、人本主义和理性情绪。这4种治疗流派都有其深厚的理论根基,也有一套较为成熟的治疗手段和实施技术。

从咨访关系本身的特点来看任何一种流派都不否认咨访关系所具有的专业属性和内在要求,即在专业属性上,人们共同强调咨访关系的目的性、非强制性、职业性和人为性;在内在要求上,则强调良好的咨访关系必须建立在来访者对咨询者充分信任以及咨询者对来访者完全理解的基础之上,彼此既能达到较深层次的情感交流，又自始至终不忘"角色"目的，保留住理智感。

因此，咨访关系的客观存在和其独有的属性，是各治疗流派都无法回避，必须认同的。正因为如此，对来访者的利益、咨询者的专业能力、保密原则等方面的强调，才能成为所有咨询者共同遵守的专业道德准则。从这个意义上说，不同治疗流派对咨访关系客观属性的认识是基本一致的。

1. 行为主义与理性情绪流派中的咨访关系

从咨访关系的利用度上来说，行为主义合理性情绪流派对咨访关系的利用度是很低的。经典的行为主义者的学说中几乎找不到对咨访关系描述的文字，在华生、斯金纳到沃尔普的理论中提到的来访者应当是一个被动服从的、对咨询者的各种操作机械执行的人。行为主义治疗流派从心理学的有关实验出发，认为个体所有的行为（包括适当的和不适当的）都是学习的结果，来访者的问题就是不适应行为本身，而不是什么假设性的内在的原因。因此，行为治疗者们工作的两个重点是：消除来访者适应不良的行为；协助来访者建立良好的适应行为。咨访关系在行为主义治疗流派中没有什么明确的地位。于是，后起的临床咨询者就倾向于认为咨询就是对人类外在行为的矫正、调试，这必然造成咨询者在咨访关系中处于指导者、命令者、控制者的地位。现代行为治疗家们尽管多少吸收了一些来自咨访关系的研究成果，开始注重咨访关系因素的影响，在治疗过程中趋向于让来访者参与设立目标，但总体上来看，他们的工作重点没有改变，即行为主义治疗流派始终把咨询重点放在"学习过程"和特定的行为治疗目标上，而不是咨访关系和咨询中的"人"，他们过于关注表面症状，往往忽视了来访者的个别差异，这也是行为主义的基本理论和咨询观所决定的。

受行为主义理论影响发展起来的认知心理治疗学派，开始重视认知、期待、信念、人格系统的作用，但咨访关系仍继承了经典行为主义者的风格，理性情绪治疗流派与行为主义学派一样，在治疗过程中主要是以问题为中心，而不以关系为中心。这个流派的中心目标是帮助来访者认清自己的情绪困扰和心理不适的非理性观念，引导其减少对自己和他人种种不合理的要求，因此，他们的工作重心是放在来访者认知的改变上，而不是来访者本身，甚至不考虑来访者的情感变化。理性情绪疗法创立者艾利斯本人曾着重指出：在治疗过程中，应强调改变来访者的认知，如果治疗者的工作重心放在改变来访者的情感和行为上，而很少强调认知的改变，那就有权怀疑他们所搞的是不是真正的理性情绪治疗了，咨询者与来访者之间建立热忱的关系并不是根本的治疗手段。其代表人物艾利斯认为：即使来访者对咨询者反感，仍然能实现有效的治疗。理性情绪疗法是建立在高度指导性基础上的方法，咨询者必须充分、客观地表达自己的意见，咨询者很少给来访者同情，他们之间可能在看法上是针锋相对的，咨询的根本目的在于推翻非理性观念，良好的咨访关系虽然重要，但应建立在理性的基础上。

从咨访关系的模式上来说，理性情绪派和行为主义派的咨访关系基本上是属于指导模式。行为主义学派的咨询过程是由咨询者来控制的，而来访者则基本上处于被操纵的角色之中。同样，在理性情绪派的治疗过程中，咨询员也是相当主动、直接和教导式的。这两个流派在咨访关系中强调咨询员的主动调控、操作的观点，实际上在他们的咨询特质取向中已表现出来，即他们都倾向于共情的使用，倾向于主动影响来访者。

当然，这两个流派尽管在指导模式上相同，但在某些具体方面也还是有所不同，如对咨询者主体地位的强调在程度上就有一定差别：倾向于行为主义学派疗法的人特别强调咨询者对来访者行为的矫正和塑造，咨询者主体的人际关系定向最强；而倾向于理性情绪派疗法的人则注重咨询者帮助来访者改善内在认知结构，人际关系定向相对比较弱。

2.弗洛伊德用移情的概念来界定咨访关系

比起理性情绪派和行为主义派，心理分析治疗流派不仅重视和利用咨访关系，而且从某种程度上说，他们在咨询治疗过程中，其技巧的发挥和疗效的产生都不得不依赖于咨访关系。因此，这个流派在实施心理分析治疗的第一步，通常就是放在咨询员与来访者达成、建立治疗的同盟关系上。那么，为什么心理分析治疗不能弃咨访关系于不顾而利用技巧本身发挥作用呢？这主要是受该流派所固有的咨询特点所决定的。

心理分析疗法十分重视对人的潜意识的探索，试图把潜意识的内容变成意识的，这就要通过联想、释梦或对移情的分析等方法来揭示潜意识的内容，而移情又是心理分析过程的核心和关键。显然，移情关系的产生，即来访者在咨询过程中将咨询员看做自己生命中的一个重要人物，需要有良好的咨访关系做基础。另外，咨询过程中的阻抗也构成了咨访关系中的一部分。阻抗和移情组成了精神分析对咨访关系描述的两个支柱，他们的关系总是你中有我，我中有你。弗洛伊德认为，精神分析者应能应用移情的力量来克服阻抗。经典的精神分析是以在咨询中保持自己的中立性、被动性、隐身性来造成和维持移情。精神分析的咨访关系，强调咨询者隐匿的角色以使来访者能将他们的情感投射到咨询者身上，咨询中咨询者与来访者要相互信任，又要保持一定的距离，以保持咨询所必需的客观性，避免来访者产生某种形式的抗拒。因此，在心理分析治疗过程中，十分强调咨询者应首先尝试建立一个安全氛围，以使来访者能透过与咨询者的关系，对自己和他人的人际关系有更深、更多的发现。咨访关系与心理分析的治疗技术同等重要。与人本主义学派对咨访关系功能看法的不同在于，在心理分析流派中，咨访关系是作为咨询过程中不可或缺的基础来发挥作用的，而不是作为一种治疗技术被使用。

心理分析学派的咨访关系模式似乎是介于指导和非指导之间的，在心理分析的治疗过程中，咨询员与来访者所缔结的人际关系往往是一种合作式的联盟关系，但从其咨询特质取向来看，他们又倾向于最常使用高级共感，当然在使用过程中他们并不是靠直接的、教导式的方式来影响来访者，而更习惯于以一种潜在的、不知不觉的探讨和分析来诱导来访者潜意识的复苏。

3. 人本主义学派认为咨访关系应是一种协助关系

人本主义学派以罗杰斯为代表，他采用以来访者为中心的疗法。罗杰斯认为：心理治疗成功的关键在于为病人提供一种良好的人际关系环境，当这种关系存在时，一种治疗的过程就会出现，而行为与人格上建设性的改变亦会随之发生。相反，许多用心良苦的咨询之所以未能成功，就是因为在这些咨询过程中，从未建立起一种令人满意的咨询关系。基于这种认识，来访者中心派的治疗者们在咨询过程中"不是把注意力放在来访者有什么问题，这种问题因何而发生，应该运用什么特殊技术帮助他克服心理困难这样一些问题上，而是放在设法建立一种理想的咨访关系，营造一种特殊的交流氛围上"，由此可见来访者中心学派不只是充分利用和重视了咨访关系，而且是把它作为一种治疗技术在操作使用。罗杰斯甚至认为，治疗关系对来访者人格的改变所产生的影响是远远大于治疗者所采用的治疗技术的作用的。对于行为主义把自己摆在支配、指导、控制地位的咨访关系的做法，以人为中心的疗法认为，如果咨询者倾向于支配他人，最后会导致来访者支配咨询者。罗杰斯认为，咨询方法的实施主要是依靠咨询者的人格，他谈到，"只要我能提供某种特定的关系，对方就会利用这种关系在自己身上发现成长和变化的能力，个人的发展就会随之出现。"罗杰斯认为咨访关系应是一种协助关系，咨询者应当是非指导性的，在咨询中力图使来访者和自己变得更有能力去体验、欣赏，更能表露、发挥个人内在潜能，从而达到人格成长、发展和成熟的咨询目的。

来访者中心派的咨访关系模式是一种典型的非指导模式。在来访者中心疗法中，其基本特点是咨询员不以权威或专家自居，而是作为一个有专业知识的伙伴或朋友，把主要责任交与来访者，以来访者为核心。他们反对操纵和支配来访者，很少提问题，避免代替来访者做决定，任何时候都由来访者确定讨论的主题。因此，在这个流派中，对人际关系的定向，总的精神是强调平等、强调来访者的主体地位的，而咨询员则处于被动地位，甚至只做跟随者。

表 3-1 从咨询特质看不同治疗流派对咨访关系处理的态度倾向

咨询特质	行为主义	心理分析	理性情绪	来访者中心
共情	★★	★★★	★★★	★★★
尊重	★	★★	★	★★★
积极关注	★	★★	★	★★★
温暖	★	★★	★	★★★
真诚	★	★	★	★★★

其中,常用标记为★★★,使用标记为★★,较少使用标记为★

各种学派都是从自己的理论体系出发来理解咨访关系。但是,时至今日,在折衷主义心理咨询的思潮下,咨访关系也具有折衷主义的趋势。咨询者无论采用什么流派的咨询方法,都很重视优良咨访关系的建立,尤其重视咨询过程初期阶段咨访关系的建立。

在咨访关系中,人本主义对咨访关系的描述是美好的,行为主义者的做法也许会违背咨询者的良心和道德,但是却可能受某些来访者欢迎。各个学派的融合趋势提示我们,把咨访关系看做一种静态的、固定的模式已不适应目前心理咨询的现实。良好的咨访关系远不是我们所想象的那么简单,为了适应复杂多变的现实,咨访关系在形式上也不应只有一种,咨询实践要求有多样的咨访关系。

二、良好咨访关系的建立

良好咨访关系的确立有赖于咨询者和来访者的共同努力。一方面是来访者的努力,他们解决心理问题的迫切愿望和对心理咨询的信任,另一方面是咨询者的努力,这有赖于他们的责任心、工作能力和知识的广度与深度以及自身的性格特点,其中,咨询者的态度、品格、技术应当起着主导作用,应该说咨询者的态度是能否建立良好咨访关系的关键因素。

能否建立起积极的咨询关系,咨询者担负着重要责任,为此,要求咨询者注意做到以下几点。

(一)咨询者应具备良好的咨询态度

来访者第一次来咨询往往心态比较紧张,咨询者对来访者的态度,直接影响到来访者对咨询者是否关注自己,是否可信任。咨询者热情友好的态度给人以亲切感,可有效拉近双方的距离,特别是来访者在饱受心理困扰、自己无法解决、抱着满腔希望而来的时候,热情友好的态度本身就是一种力量与安慰,能在很大程度上降低其焦虑水平。咨询的基本态度包括:真诚、尊重、热心和共情。咨询员还应具备相应的咨询技能,如关注、倾听等等基本技能。

(二)注意初次会谈的技巧

在初次会谈时,即向来寻求指导和帮助的来访者进行简明扼要的自我介绍,也可以用微笑或一个引导来访者坐下的手势等形式开始咨询。在简短的自我介绍后,可以允许有短暂的沉默,主要目的在于给来访者一个整理思绪的机会,使他从开始就能完整地表达自己想说的话。在初次会谈时,咨询者可以就咨询的性质、限度、角色、目标以及特殊关系等向对方做出解释,解释的内容包括时间的限制、会谈的次数、保密性、正常的期望等对这些问题的说明,可以减少对方的困惑,降低因此而引发的焦虑,也使对方不至于对咨询产生不当或过高的期望,在初次会谈中,也有必要澄清保密性的问题:对咨询过程中必要的记录给予说明,对所谈内容和隐私权的保密与尊重做出肯定性承诺,以此消除来访者的戒备心理。

(三)清楚地界定自己的职业界限

作为咨询者,任务是帮助来访者在困扰中做出成长性的改变。为了完成这个任务,咨询者不能将心理咨询这类助人的专业关系变成其他的人际关系,不能成为来访者的"父母""恋人""上司""老师"或"朋友"等替代性角色。比如,本打算通过给领导做心理咨询拉近彼此的关系,结果到头来,却很可能彻底地得罪了领导。因此,为了不给自己增添不必要的负担,请毫不犹豫地将你的亲友、熟人、上司、同事等转介给其他咨询者。你仍然可以以其他身份关心和帮助这些在你生命中重要的人,但不是作为心理咨询者。

(四)需要经常进行自我反省

有时,渴望帮助别人可能是一个陷阱,当我们想要进入来访者的生活太多时,需要问问自己,我所做的是否真的在帮助对方,使其有能力按照自己的意志做出选择了?我的助人动机究竟是想要满足自己的需要,还是真的为满足来访者的需要?我要满足来访者的成长需要,还是其他需要?

(五)自我成长与接受督导

作为咨询者,我们需要在接受专业训练和开展助人实践的过程中,不断寻求机会,促进自我成长。的确,在现实中,很少有人是在理想的、没有任何伤害的环境中长大的。当然,有心理创伤的人也许能成为出色的咨询者,但是,有时,以往的心理创伤的确会妨碍咨询者与来访者建立和发展建设性的咨访关系。如果咨询者对此缺乏自觉意识，而且没有机会修复以往的心理创伤，就很容易有意无意地以"咨询"为借口，用咨访关系满足自己的心理需要。

总之，良好咨访关系的建立是有规律可循的，仅仅有较高的理论修养、丰富的临床经验，敏锐的观察、判断能力是不够的，最重要的是咨询者的人格要有较好的整合性、容纳性，这样才能避免在角色变化的过程中咨询者人格的自我异化。当然，要达到这样的人格非一朝一夕之功，所以，督导和自我沉思、反省就显得尤其重要。要让每一位咨询者与每一位来访者在咨询的任何阶段都保持良好的咨访关系无疑是天方夜谭，因此，如果一位咨询者能认识到自己和来访者的关系能达到什么境界，知进知退，就具备了建立优良咨访关系的基本条件。

第三节 心理咨询者的自我成长

心理咨询者作为为来访者提供心理帮助的人，自身应该具备良好的心理素质和修养，会通过各种方式调整自身的心态。因此咨询者需要通过以下方式实现心理健康的维护和实现自我成长。

一、注意维护自身心理健康

心理健康的主要标志有：对自己能客观地认识、接纳；对他人与环境能客观地认识、接纳；情绪相对稳定，能控制自己的思想与行为；能建立和谐的人际关系；人格健全。用一句话来说就是：心态好，心理平衡。

心理健康对心理咨询者来讲至关重要。他必须有一颗健康的"心"，这是与一般的内外科医生很不一样的地方。生活规律、淡泊、有限接待，把工作留在咨询室，生活中不谈工作与个案，做照亮别人也照亮自己的灯等等心态和做法。所有这些做法与经验都有利于心理咨询者维护自身的心理健康。

即使是心理健康的人也有情绪低落或不稳定的时候，此时咨询员不宜接待来访者。否则非但不能帮助来访者，还有可能伤害来访者。

二、经常检讨自己的专业修养

心理咨询员的专业修养主要包括知识与技能两大块。除了学习好心理学的基础理论、掌握心理咨询的专业知识、发展多方面的知识结构、了解多数人群的心理特征之外，在心理咨询实践中提高心理咨询技能十分重要。因此有人说心理咨询不是学出来的而是练出来的。学过心理学的人不一定能做心理咨询，一是他可能不愿意，二是他可能做不了。由于师资与国情原因，国内的心理咨询者很多是在没有见习与实习的情况下进入心理咨询领域的,这自然是不妥当的。但其中的大多数咨询者能够自觉遵循"实践—规范—实践—提高"的发展过程。在这方面中国心理卫生协会下属的大学生心理咨询专业委员会、中国教育学会下属的中小学心理辅导与心理健康教育分会、各省的心理卫生协会起到了很好的平台作用。心理咨询者之间的交流十分有利于规范和提高咨询者的专业修养。

三、对自己人生哲学观的反思

支撑心理咨询的三门主要学科是:心理学、社会学和文化人类学,这三门学科本质上都属于实证学科,光靠科学有时并不能解决人生问题。心理咨询者还必须具备并时常反思自己的人生哲学观。

当一位来访者谈到自己的孩子患了绝症,不知道应该让孩子轻松自由地生活,还是和其他孩子一样继续接受教育。这个问题靠心理学知识是无法回答的,如果咨询者选择倾听不做任何回答的话,有自我的人生哲学观和没有自我人生哲学观地倾听是有很大区别的。作为心理咨询者,在对来访者进行指导、咨询时,必须确立自我的人生哲学观。心理咨询的一项重要技术是自我开放,没有自己的人生哲学观的人自我开放的内容是贫乏、苍白的,不会对来访者产生适当的认知刺激,也不会给人以感动或启示。没有自我的人生哲学观的人,在对某种行为做选择、决断时,常会陷入盲目之中。在学校中进行心理咨询工作,咨询者的人生哲学观会影响学生的人生哲学观的形成,咨询者尤其需要时常反思一下三个问题:

我的人生观是什么?即人的本质、存在和性质。

我的认知观是什么?即我知道什么,了解什么?

我的价值观是什么?即我应该如何生活,什么是善,什么是恶等问题。

四、不断提高职业道德水平

职业道德水平一方面表现为心理咨询者对咨询工作的热爱,另一方面表现为爱护来访者,帮助来访者。心理咨询者应当热爱咨询事业,有助人为乐的高尚品格,保护来访者的切身利益。尊重他们的人格和意愿,咨询者不在咨访关系中寻求个人需要的满足,以良好的伦理道德观念指导来访者。

目前我国的心理咨询还只是朝阳行业,工作回报是十分微薄的,尤其在学校中开展的心理咨询更是如此。如果不能怀着一颗爱心去从事心理咨询,而是斤斤计较个人得失,那多半是会失望的。

心理咨询者不得因来访者性别、年龄、职业、民族、国籍、宗教信仰、价值观等任何方面的因素而歧视来访者。心理咨询者在咨询关系建立起来之前,必须让来访者了解心理咨询的工作性质、特点以及这一工作的局限性,来访者的权利和义务等。心理咨询者在对来访者进行帮助时，应与来访者就辅导、咨询、治疗的重点进行讨论，以达成一致意见。必要时（如采用某些疗法）应与来访者达成协议。心理咨询者与来访者之间不得产生和建立咨询以外的任何关系。尽量避免双重关系（如不与熟人、亲人、同事建立咨询关系），更不得利用来访者对咨询者的信任谋取私利，尤其不得对异性有非礼的言行。当心理咨询者认为自己不适于对来访者进行工作时，就应对来访者做出明确的说明。本着对来访者负责的态度，将其介绍给另一位合适的心理咨询者、心理医生或精神科大夫。

五、寻求和接受行业督导

督导是指有咨询专长的督导者对心理咨询学习者或称受导者，通过观察分析、评价，在业务学习上与实践操作上给予及时的、集中的、具体的指导与监督，以不断提高学习者对心理咨询概念的理解和操作技能，是心理咨询员业务提高与个人成长的重要环节。

心理咨询员接受督导是十分必要的，因为心理咨询是一个过程复杂的工作，来访者的问题复杂多样，而咨询者的知识经验是有限的，咨询者要实现专业成长与可持续的心理健康必须依靠健全的督导制度。

督导的范围通常包括专业学习督导、工作实践督导和对咨询者个人心理健康的督导。专业学习督导需要制定培训计划和工作方案、指导理论学习、审核咨询计划、组织个案分析、举办专题讲习班、点评咨询中的重难点、参与业务考评和对咨询资格证进行年检。工作实践督导包括对职业道德和相关法规、工作态度、工作表现和业务能力的检查与指导，对业务能力的评估，关注咨询过程中咨询关系是否正常发展等等。个人心理健康督导则指评估咨询者个人心理素质、关注心理咨询者个人心理健康状况、协助排除因职业原因造成的心理问题、指导个案中个人成长的问题。

在督导活动中督导员既是教育者又是支持者还是评估者，担任督导的人一般是高一级的咨询者，如高级心理咨询师可以督导心理咨询师，心理咨询师可以督导心理咨询员。确实有困难时同级的咨询者也可以进行同辈辅导。督导的方式主要有个别督导、团体督导、现场督导等等。

六、与来访者一起成长

心理咨询活动是人与人之间的一种交往，是一颗心与另一颗心的碰撞，一种思想与另一种思想的交流，一种经验与另一种经验的相互影响，一种人格与另一种人格的整合。不要仅仅认为咨询者帮助了来访者，而来访者不能反过来帮助咨询者。要知道心理咨询中的来访者只不过是一些暂时有心理问题的正常人,他们的智慧、经验、观点也能够帮助咨询员成长。

每个人都有认识自己的盲点,即自己所不明白及不清楚有关自我的地方,这些地方往往在个人的成长上成为一个障碍。对咨询员而言,如果自己都不清楚自己,又如何能有效地帮助别人呢?在心理咨询的过程中,咨询者可能会发现来访者有时候竟能帮助咨询者发现自己的盲点。

人、事、物是多变的,随着时间的推移,彼此之间的互动也有所不同。因此了解其发展的轨迹,做出相应的调整是必要的。否则,人们就会变得刻板、僵化。心理咨询者的一个特质就是能不断地调适自己面对的人、事、物的心态、看法甚至做法,以便对来访者提供较高质量的服务。咨询者要不断地增强自己对事物的洞察力,以便感受发现事物发展与变化的具体情况。由于需要经常面对不同的来访者,了解和分析来访者的问题、思想、行为,有时候也能促成咨询者的个人成长。因此说心理咨询者自我成长是从咨询的实践经验中得来的。

附录1: 学校心理辅导教师的自我测量与考核[①]
(自我感觉类型心理测量)

以下是10个问题,每题中有A、B、C三种类型的回答。请仔细阅读问题,从A、B、C三种回答中选择最符合自己感觉的一种类型,填入到括号中去,每项1分。

1.当你第一次使用新的生活用品时,你会(　　)。
A.最好有个懂行的人说明一下
B.自己看说明书而无须别人指点
C.连说明书也不看,自己试着用用看

2.出席宴会或聚会时,你常常(　　)。
A.听人说话,特别是有趣的谈话,自己则坐着不加入谈话
B.喜欢看他人的服装、表情、姿势等
C.直接与人交谈、唱歌、跳舞等

3.唱卡拉OK,轮到你休息时,你常常(　　)。
A.听别人唱得如何
B.喜欢看屏幕里的字句
C.一边看字幕一边唱

4.如今天下午的知识课换成兴趣活动课,作为学生你会选择(　　)。
A.听音乐

---

① 徐光兴:《学校心理学——心理辅导与咨询》,第52~57页,上海:华东师范大学出版社,2000年。

B.欣赏美术作品

C.进行娱乐活动

5.你认为要做一个受孩子欢迎的语文教师,首先应有(　　)。

A.流利的普通话

B.好的板书及好的文章

C.娴熟的语文教学艺术和方法

6.当你做班主任时,与学生谈话会注意学生的(　　)。

A.语调、情感

B.表情、视线移动、姿势

C.形象、手势、前后态度反应

7.背外语单词时,你是(　　)。

A.边听录音边记

B.看书,默默地暗记

C.边读、边写、边记

8.晚上有时间,你的朋友打电话给你,邀你出去活动,你希望你们一起去(　　)。

A.听音乐

B.看电影

C.逛商店

9.许久不见的老友要看你,你希望他(　　)与你联系。

A.打电话

B.写信

C.直接见面

10.接到好消息,你希望是(　　)。

A.电话传达

B.正式信件

D.会议上通知

答案分析:

(1)A(听觉型),B(视觉型),C(运动感觉型)。某一单项得分合计有6分以上,则说明自己属于这一感觉优先类型者。

(2)如果有两个单项的分数相近(相差不超过2分),则属于视听、视、运动感觉或听、运动感觉等混合感觉类型者,我们大多数人属于混合或感觉平衡类型者。

(3)一般音乐教师属于听觉型的,美术教师属于视觉型的,体育教师则属于运动感觉型的。学校心理辅导教师既要了解自己的感觉类型,在心理咨询过程中,也必须了解学生的感觉类型,师生之间的交流才能充分地展开,提高心理咨询的效果。

附录2:心理咨询技术能力测量——"判断对象的发言内容"

进入心理咨询室的来访者或有心理问题的学生,他们的发言倾诉内容大致可以分为4类:A.行为的要求;B.信息的要求;C.理解的要求;D.评价的要求。如:

A.(行为)儿子对父亲说:"爸爸,给我买一块巧克力。"
B.(信息)学生对老师说:"老师,这次考试有哪些题型呀?"
C.(理解)学生对老师说:"老师,这次考试好难呀,做错好多题目!"
D.(评价)老师对校长说:"这件事挺难办的,您看怎么处理?"

请对以下来访者的发言内容选择A(行为),B(信息),C(理解),D(评价)。

1. 学生对老师说:"我害怕做数学题,明天考试我一定不行。"(　　)
2. 学生对老师说:"老师你真好,你比张老师好,他布置的作业太多,其他老师也是这样,布置的作业太多了!"(　　)
3. 老师对老师说:"某某同学学习不错,但有时会钻牛角尖,上课时遇到这种问题真让人为难呀!"(　　)
4. 校长对老师说:"某某老师,今天张老师病了,请你代一下课好吗?"(　　)
5. 学生对老师说:"老师,这题我不明白,你能否再讲一遍?"(　　)
6. 学生对老师说:"老师,星期日我们要到学校参加活动,星期一又不放假,这不是很奇怪吗?"(　　)
7. 老师对老师说:"学校规定教师午饭要与学生一起吃,真没味道,教室里太吵了。"(　　)
8. 校长对老师说:"我今天对你讲的话在说法上也许有些不妥,但也不是命令你去做,希望你们班的工作能够自觉些。"(　　)
9. 老师对老师说:"我今年这个班没法和去年那个班相比,这个班学生太差,令人头疼!"(　　)
10. 学生对老师说:"老师,我想报考重点学校,你能否为我写一封推荐信?"(　　)
11. 老师对老师说:"某某同学家长要离婚了。干什么要离婚呢?这下这个同学成绩下降就没办法了。"(　　)

12. 老师对班主任说："某某同学上课话太多,我很生气,请您对他说一下。"(   )

13. 老师对老师说："这学期区里统考,你知道考几门吗?学生问我,我也不知道。"(   )

14. 学生对老师说："听说你对某某同学正在进行心理咨询,他也的确是有些奇怪。"(   )

15. 学生对老师说："老师,你总是在周五放学后进行小组讨论,小组讨论的都是些什么内容呀?"(   )

16. 学生对老师说："某某老师找我有事,他在办公室吗?"(   )

17. 学生对老师说："老师,下个月我要搬到浦东去了,如果你知道那里的情况,请你介绍一下好吗?"(   )

18. 校长对老师说："我很看重你,也想提拔你,但你却对我很疏远,这让我很难办。"(   )

19. 老师对老师说："你去年做过某某同学的班主任,他的人际关系怎么样?"(   )

20. 老师对后勤职员说："对不起,这椅子太低,能否换一把?"(   )

21. 学生对老师说："我不喜欢体育课,考重点中学时是否要加试体育呢?"(   )

22. 教师对教导主任说："今年学校学生纪律较差,校长怪我们说'你们在干什么',我倒要问他,他整天待在办公室里干什么?"(   )

23. 班主任对语文教师说："我们班这次语文统考成绩这么差,我不能理解,你若知道原因,能否告诉我。"(   )

24. 老师对老师说："今天下午又要争论了,这个学校的教师太自以为是了,争论起来便没完没了,真是浪费时间!"(   )

25. 学生对心理咨询教师说："我总不能静心学习,我的父母要离婚了,本来家庭成员和睦相处多好呀!"(   )

26. 学生对老师说："老师,不管我怎么招呼某某同学,他总不理我,我想他大概对我有意见吧。"(   )

27. 校长对老师说："某某老师,我叫你的学生好好打扫教室卫生,可今天检查下来,你们班最差。"(   )

28. 学生对老师说："老师。考哪个重点大学好呀?我一下决定不了,你能否帮我参考一下呢?"(   )

29. 校长对老师说："最近我们学校一些老师在闹对立,这让我很生气,但我不明白原因。"(   )

30. 学生对老师说："我毕业后不想考大学,只想找工作,但我不知道应

该选哪种职业,有没有这方面的测验呀?"(　　)

答案:

(1) C　　(6) D　　(11) D　　(16) B　　(21) B　　(26) C
(2) D　　(7) D　　(12) A　　(17) B　　(22) D　　(27) A
(3) C　　(8) C　　(13) B　　(18) C　　(23) B　　(28) B
(4) A　　(9) C　　(14) A　　(19) B　　(24) D　　(29) C
(5) A　　(10) A　　(15) B　　(20) A　　(25) C　　(30) B

说明:

正确理解上述来访者的谈话内容,在30个问题中能正确回答25题以上者,作为学校心理辅导教师,其基本的心理咨询交流技能可判定为合格。

30个问题中允许有8个以下的误答,但要求在今后的训练和实践中进一步提高自我的感受能力和理解能力。

思考题

1. 如何理解心理咨询者应具有的心理素质?
2. 如何理解心理咨询的限制性原则和中立性原则?
3. 咨访关系的内涵是什么,如何建立良好的咨访关系?
4. 心理咨询者如何实现自我成长?

第四章 特殊儿童心理咨询的理论基础

由于儿童期心理发展的特殊性和特殊儿童身心发展的特殊性，以特殊儿童为心理咨询对象的心理咨询应以儿童心理咨询理论为指导，有针对性地采用有关的心理咨询理论才能帮助特殊儿童解决心理问题。本章介绍了适用于特殊儿童心理咨询的6种主要理论，包括它们的内容、特点和应用等方面。

第一节 儿童辅导理论

一、辅导理论的内容

儿童辅导理论是为全体学龄儿童提供力所能及的发展性服务。就辅导的具体对象来说，不但包括有各种问题或发展障碍需要帮助的学生，也包括心理正常，希望得到更好发展的学生；既要以团体为服务对象，也要满足特殊个体的需要。

儿童期的心理咨询或心理健康教育活动的主要功能是发展功能，其次是预防功能和矫治功能。学校心理咨询人员在解决儿童的心理问题过程中采用间接咨询的方式较多，以发展咨询为主要任务和咨询内容。咨询的实践证明大中学生的发展障碍有很多是在儿童期形成的；现代社会的开放与选择机会增多也为小学阶段的间接辅导提供了现实依据。由于学校心理咨询工作的普遍开展，20世纪70年代儿童心理辅导理论产生并越来越受到小学心理咨询人员的重视。

儿童辅导理论是从阿尔波特（G. W. Allport）等人的特质指导理论和哈维格斯特（R. J. Havighurst）的发展咨询理论中汲取营养并逐步应用于小学咨询实践的。这一理论的着重点在于关心正常学龄儿童的心理发展，同时也不忽略具有适应问题学生的指导帮助。对学龄儿童辅导目标中可以看出，尽管国内外学者的观点不尽一致，但在下述几个基本问题上是没有异议的。第一，辅导过程应有助于儿童的心智发展、人格成熟和心理健康；第二，辅导过程应有助于教师教育、教学活动的合理化、科学化；第三，辅导过程应有利于学校与家庭、社会的联系；第四，辅导过程应有利于学生问题行为的转变和校园生活的适应。事实上，基特（Keat）等人对辅导者角色功能和训练问题的阐述也是基于上述几点进行发挥的。

二、学龄儿童辅导的目标

关于学龄儿童的辅导目标，辅导理论的倡导者具有代表性的观点有下述几种。

（一）马修森（Mathewson）的观点

马修森从一般意义上概括了小学生心理辅导的6项目标。

1. 对学生及其家长共同参与学校生活的情况进行情境性评价（包括学习情况、社会交往情况和品行发展情况）；
2. 指导学生及其家长深入了解学校的教育要求和学生本人的努力结果；
3. 指导教师参与学生的"自我察觉、自我调适、自我发展"活动；
4. 向学生提供有关团体需求和个人特殊需求的信息；
5. 会同教师共同评估学生在"自我情境发展和成熟"方面的进步情况；
6. 为学校行政人员提供分班、分组的咨询服务，并建立必要的分类档案。

（二）彼得斯、舍特泽和胡斯（Peters, Shertzer & Van Hoose）的观点

他们二人认为，小学辅导应达到下列9项目标。

1. 早期辨认每一名学生的学习能力；
2. 根据学生的学习能力探讨其成就模式；
3. 分析学生对他人的反映情况；
4. 收集学生自我意识方面的资料；
5. 研究学生的学习习惯以及在校生活的有关情况；
6. 累积学生家庭生活；
7. 参照儿童发展常模解释学生的发展情况；
8. 面对学生做个案追踪研究；
9. 应用辅导功能于学校的其他方面。

（三）基特（Keat）的观点

基特对小学辅导的目标有更详尽的描述。他指出，无论是开设情感课程还是个别辅导、团体辅导，下面9项学习任务必须引起咨询人员、教师和学生家长的高度重视。

1. 了解与接受自我。这被认为是个体生活中最重要的任务。一个人必须形成正确的自我意识，对"自我"要有合乎现实的期望。学龄儿童在生活道路上遇到挫折，往往是因为对自己没有充分的了解。因此，咨询人员与教师需要帮助儿童发展自我概念，形成正确的自我意象，不断加深对自我的了解。
2. 觉察感觉与情绪。觉察本身即具有治疗的效果。通过觉察过程，儿童对自己的感觉和情绪有了切身体验，并且能对憎、爱和高兴等情绪感受进行区分，此外还可藉升华、发泄或语言外化等形式恰当地表达这些情绪。这对

于完善儿童的情绪生活有重要作用。

3.对人类行为有所认识。人的情绪成熟是由"环境支持"走向"自我支持"的。只有对人类行为的问题有一定的认识和理解，才能有效地促进行为改变。换言之，儿童的情绪成熟和自我控制能力的提高与人类行为的学习有关。

4.发展自我责任感。培养责任感是教育的核心。一个人必须对自己的行为负责，并且应站在满足他人需要的立场审视自己的行为。个别辅导与团体辅导都是培养儿童对自己负责的有效办法。合理利用班会活动可有效地加强这个方面。

5.建立和谐的人际关系。人际关系是个体生活的核心，人际交往能力是人人必须了解与培养的。儿童的许多行为问题是由人际关系不协调引起的，因此他们必须学习一些人际交往的技能，如合作、妥善处理冲突、善于与各种性格的人接触等。

6.学习如何"做决定"及"解决问题"。这些技能对儿童的影响力很大。要做出有效的决定，必须培养儿童独立行动的精神，并且应指导他们学会在复杂的情境中进行选择的方法。此外，还应大力发展儿童实际解决问题的能力，这对于达到"外在支持"与"儿童自身责任感"之间的平衡有很重要的价值。

7.培养生活适应能力。这对于克服日常生活中遇到的困难及依赖他人缺陷有积极作用。学习如何平衡自己的防卫机制是生活适应的重要内容。在日常生活中，每个人都有一些克服困难的策略，然后这些策略只有在它失去平衡时才为个体所关心。我们一方面要引导儿童从积极的意义上认识自我防卫机制，另一方面也要引导他们在必要时合理使用防卫机制，这样才能达到人格的平衡。

8.对职业社会有初步了解。学生的"职业化过程"在小学阶段就应起步。结合儿童的认知发展请有关职业的员工向学生介绍职业特点，帮助儿童形成对职业社会的概略认识，这对于中学阶段的职业定向有重要作用。

9.发展机制系统和理想。一个人追求的目标是什么，他的价值观念和理想如何等问题，在小学辅导中占有重要的位置，这也属于"人格教育"的范畴。

三、辅导者的主要工作内容与训练

学校辅导者主要组织和完成以下工作。

（一）直接咨询

目的是对有接受能力的儿童提供直接的咨询服务，例如帮助儿童了解自己，顺利完成童年期的发展任务，进行有效的学习，发展合乎现实的自我观念，等等。直接咨询是辅导者充分显示专业特长的功能之一。

（二）间接咨询

此功能是辅导者与教师或学生父母一起商讨有关儿童的信息及其彼此的看法，并共同决定下一步应当采取何种帮助措施。间接咨询的重点在于帮助教师、学生家长或学校行政人员充分认识自己对于儿童的影响力及其作用。辅导者对儿童的成长与发展扮演一种间接的专家角色，这种间接的专家角色并不局限于"药方式处理"，而是一种积极主动地协助中介人进行参与的过程。间接咨询在辅导工作中占有重要地位。

（三）协调

即协调校内有关部门和校外有关服务机构为儿童提供帮助。单靠学校心理咨询人员一方面的力量是无法完成儿童辅导的重任的。只有把各种方面的力量协调起来，建立一种合作互助的亲密关系，才能使儿童辅导工作充满生机与活力。

（四）沟通

这里所指的沟通是广义的，它的基本点在于辅导者要很好地掌握沟通的技巧，以便在辅导者与学生、辅导者与教师、辅导者与学生家长、辅导者与其他成人之间建立一种畅通无阻的信息通道和情感热线，以确保辅导任务的完成。

（五）情感教育

情感教育是传统的以知识传授为主的教学过程所忽略的，在新课程改革的过程中，强调了结合各门学科知识的学习，渗透情感教育，重视了对学生的情感教育。学生健康情感的形成是以教师具有健康情感作为前提和基础的。学校心理辅导者应针对教师开设情感教育课程，作为教师在职训练的重要内容，并通过教师素质的提高影响儿童的情绪生活。有些情感教育内容也可以活动的方式向学生开设。辅导者作为情感教育活动的组织者和设计者，更应关注自身的心理素质。关于辅导者的人格特质，辅导理论的倡导者认为主要应具备下述几点。

1. 有毅力促使学校领导和有关人员重视与支持辅导工作；
2. 关心个体的成长与发展；
3. 具有创新进取精神；
4. 对儿童和成人有足够的敏感；
5. 具有较高的学术水准；
6. 情绪稳定；
7. 善于人际交往；
8. 兴趣广泛。

此外，辅导者为了胜任本职工作，还应具备下列特殊技巧：掌握非语言沟通的技术；熟悉儿童玩具、图书及其他活动手段；具有组织团队活动的能力；具有一定的行政管理和教育教学经验。

四、关于儿童辅导理论的评价

儿童辅导理论提出以间接咨询为主、直接咨询为辅的辅导工作的方式，能充分发挥儿童心理辅导对教育、教学工作的导向、监督和协调功能，使学校心理咨询人员有效地参与学校管理，有助于确定学校心理咨询工作者职业地位和社会价值。

儿童辅导理论的不足之处表现在：理论观点分散，缺乏完整的结构框架和核心代表人物，对儿童辅导与咨询的关系，辅导的性质、地位和作用等问题，没有进行系统阐发和论证。这些问题需要通过今后的咨询实践继续探索和完善。

五、在特殊儿童心理咨询中的应用

儿童辅导理论强调学校教育环境对儿童心理健康维护的作用，突出教师团队和教育环境的心理教育作用。适用于指导特殊学校的教师全方位地营造学校心理健康教育的氛围，发挥学校的环境因素对特殊儿童心理健康的潜移默化的教育作用，也适用于利用直接和间接咨询的手段，干预特殊儿童的心理问题。儿童辅导理论以发展性咨询为主，服务于儿童心理成长的理念尤其值得特殊儿童心理咨询工作者深入领悟和学习。

第二节 逻辑结果理论

一、逻辑结果的含义

"逻辑结果"作为一个心理学家专用术语，最早源于阿德勒（A. Adler）的个体心理学，后来由其弟子德莱克斯（R. Dreikurs）予以修正、简化并大力倡导。德莱克斯认为，就激发儿童的动机而言，依靠外在压力或权力干涉不如利用现实情境使儿童自然体验不良行为的逻辑后果为好，这就是逻辑结果的基本含义。

逻辑结果作为一种教育手段和咨询原理，是在行为惩罚越来越显示出其弊端的情况下逐步被人们所认识、所接受的。惩罚是处理儿童不良行为的传统方式。当成人发现儿童的不良行为甚为生气或勃然大怒时，首选的教育手段即为惩罚。而实践证明，惩罚并非像成人所预想的那样有明显的效果，在许多情况下惩罚不但没达到纠正不良行为的目的，反而诱发出新的问题行为。随着现代社会的进步和文明意识的增长,儿童的平等观念不断强化,他们越来越不满意成人的压制和强求,对成人特别是家长的粗暴惩罚表现出越来越强烈的抵制和反抗。如何解决教育方法和咨询手段的问题,逻辑结果理论提出了自己的看法。

二、逻辑结果理论的主要内容

(一)理论基础

逻辑结果理论的出发点是尊重儿童的心理需要,按照行为发展的自然规律,引导儿童在正常的挫折体验中成熟与成长。

德莱克斯认为,阿德勒提出的两种基本的人类要求:需要超越他人,需要对所在团体有所贡献,这两种需要可以合二为一,即需要成为"有意义"或有价值的人。为了满足这一需求,儿童经常有意无意地寻求成人的关注与评价。如果儿童从成人那里获得积极的体验(感受到家人的爱护,受到家人尊重,觉察到自己是家庭中的重要一员),他们都不再把注意力放到寻求"众目所视"的方面,而把主要目标从"获取关注"转为"从实际行动证明自己是家庭有所贡献的成员"方面。相反,如果儿童寻求关注的企图受到成人冷落,没有得到满足,他们便会因此而怀疑自身存在的价值,并会付出更大的努力去引起成人关注,甚至会尝试超出儿童自身能力的方法(以小大人的方式)或行动。假如这些努力仍未奏效,他们便有可能求助于不良行为。儿童认为或许自己用这样的方式能够引起父母注意。但这种不良行为的表现不仅不能提高父母对其自我价值的认可,反而在亲子之间造成冲突。冲突的结果导致父母与子女之间一连串的权力之争。儿童试图依靠争取权力维护个人自尊,并且希望通过权力之争证明自己的重要性,甚至也能像成人那样去控制他人。

依据阿德勒的理论分析,儿童之所以有破坏捣乱的行为出现,主要是为满足自己的欲望,达到以下目的。

引起注意。无论是成人还是儿童,引起别人的注意是一种正常的现象,但如果这种需要过于强烈,就可能出现适应欠佳的行为。

争夺权力。父母和孩子都在追求权威的角色,儿童的这种权力之争和对抗性表现通常会遭致成人处罚。因为成人对儿童反抗的一般反应是:"我要让你看看谁比谁硬,是我管你还是你管我!"但正是在这种对抗之中,儿童学习到实施新的不良行为的策略——应该怎样用强力去控制别人,他们并且把这种策略还之于父母。如果孩子在争夺中总是获胜,父母会放纵他们,孩子会经常感到沮丧,但如果经常是父母获胜,孩子可能会表面上暂时服从,内心却加深日后的反抗。阿德勒认为在人格发展的过程中,权力的争夺对父母和孩子双方都没有好处。

寻求报复。如果在权力争夺战中孩子经常失败,他也有可能转而寻求报复。这种报复心来源于孩子感觉受到不公正对待,受到别人的忽视或伤害,反过来就以伤害别人来获得满足。

表现无能。儿童如果使用上述方法都失败之后,心理上就会十分沮丧,于是便放弃一切,表现无能来保护自己。有些具有"权力饥饿"的儿童,发现直接与父母做对不会成功,于是便实施新的策略来对付父母。他们既不反抗也不屈从,而是以一种类似生病、愚笨、软弱、恐惧的姿态,向父母展示新的难题。他们这样做的目的或得到父母同情,或引起父母注意,或请求成人帮助,或以逃避保护自尊。如果父母不予关注,他们往往假装无能或可怜直到获得成人的帮助;如果父母狠心不理不睬,他们很可能会真的生病或伤害自己;如果父母中了孩子的计谋很快予以帮助,那就强化了他们所使用的策略,使孩子感到更加泄气并产生被遗弃的感觉。

为了达到这4个目标儿童可能采取主动和被动两种态度,也可能采取建设性和破坏性两种不同的方式。这两种态度和两种方式结合起来就出现了4种行为类型:主动建设型,如学习成绩优良;主动破坏型,如行为粗鲁、反抗;被动建设型,如听话乖巧;被动破坏型,如懒惰、固执。

无论儿童是追求注意、权力,还是报复、孤独,惩罚对他们来说都会产生消极的心理效应。除非儿童在没有外力压迫的情况下自觉获取挫折经验,否则他们无法体验到积极的情绪并重新考虑"自我挫败"策略的价值。因此,逻辑结果的运用对于儿童形成建设性的价值追求是不可缺少的。

(三)逻辑结果与惩罚的比较

逻辑结果与惩罚的相似之处是二者都会使儿童产生不舒服的感觉。但在逻辑结果的运用中,儿童的不舒服感会转变成一种积极的动力,重新考虑某一特殊策略的适用性;处罚所产生的不舒服感则会转变成对成人的气愤。

德莱克斯认为,这种不同的反应是由于儿童与成人处理问题的过程中的下列因素造成的。

1.成人的语调

在儿童的心目中,成人生气的语调是一种专横的象征,是处罚的前兆。假如儿童认为自己的行为是合理的,那么儿童对成人的语调便有温和、友善的要求;如果儿童行为结果虽然合理,但成人的语调生硬、不友好,同样会使儿童产生消极的情绪体验。

2.表达成人的"关心"

逻辑结果运用过程中表达的是成人对儿童个人利益或儿童团体利益的关心。例如,儿童忘了做作业,运用逻辑结果的父亲将向孩子说明做作业的重要性,并和孩子一起分析忘记做作业的原因,然后向孩子提出要求或制定制度:每天放学后一定要做完作业再去玩耍或看电视。在这种蕴含逻辑结果的分析、要求中,儿童体验到父母的关心和爱护。虽然他们也会因此而产生不舒服的感觉,但性质与处罚大不相同。如果对孩子忘记做作业进行处罚,诸如不准吃饭、补做作业、罚站、打骂等,显示的是成人的权威,而不是善意的关心,儿童对此是极为反感的。

3. 让儿童选择

运用逻辑结果有时需提供两个以上的合理方案供儿童选择。例如,儿童不想吃饭,成人可提供下述选择:如果你真的不饿,那就不要勉强吃;如果你有什么原因不想吃饭,你应该把原因说出来让家长知道。在这种选择中,没有威胁或强迫的意味,有的只是一种逻辑的力量。处罚则通常采用这样的陈述胁迫儿童:如果你现在不吃,一天也别想吃东西!这种专断式的陈述常常导致"寻求权力"儿童的公开反抗:不吃就不吃,看你能把我怎样?

4. 体验挫折

运用逻辑结果原则可以使儿童获得必要的挫折体验。例如在集体中,如果儿童不顾集体规则擅自行事,根据规则的要求和集体成员的意见,将暂时取消擅自行事者的参与资格,从逻辑上看这是合理的,这种挫折体验有助于儿童对不良行为及其逻辑结果的认识。

现通过下表对比惩罚与逻辑结果处理问题行为方式的不同。

表 4-1　两种不同处理方式对照表

问题行为	惩罚	逻辑结果
弄断别人铅笔	面向墙壁罚站 15 分钟	由弄断者使用断了的铅笔
忘了刷牙	不准看当天最喜欢的电视节目	不应该去吃糖果
逃避值日不倒垃圾	不准其参加游戏活动	将垃圾放到他的座位旁边
上课时走动打扰他人	在教室外罚站 30 分钟	将座位让给别人

从上述比较可以看到,运用逻辑结果是要儿童在成人合理的前提下去体验挫折,而实施处罚则不与儿童的不良行为发生关联,儿童认识不到行为与结果的必然联系,他们所感受到的只是教师或家长的专横。

三、逻辑结果理论在行为问题儿童心理咨询中的应用

台湾省学者黄月霞曾报告了一个运用逻辑结果的实例,从中可以帮助我们获得对逻辑结果理论在咨询中应用的感性认识。

国辉,9岁,男,于1974年转介给咨询中心。

问题行为表现及起因:他经常撕破自己的衣服和鞋,有时还撕破妹妹的新衣服。此种不良行为从6岁时即已开始。第一次是撕仅有2岁的妹妹的新衣服。撕自己的衣服起因于一次父母的外出。一个星期五的晚上,父母把国辉和小妹留在家里外出探望祖母。第二天早上回来时,他们发现国辉还在熟睡而小妹已经醒了。为了让国辉多睡一会儿,父母悄悄带小妹出去吃早饭。谁知吃完早饭回来后,父母发现国辉已经起床,而且把自己的衣服用刀片割破。父母询问原因,国辉气呼呼地回答:"为什么不叫醒我和你们一块出去吃早饭?为什么留我一个人在家里?"父母心疼孩子,连忙向他道歉,并很快给他买来新衣服。从此之后,撕衣服成了国辉的惯常行为。只要他对父母有意见,不高兴,马上就撕自己的衣服。

现有的处理方式:以惩罚为主。有一次国辉把父母买给的新年礼物——一件新棒球队的制服给撕破了。这件事把国辉的父亲气坏了。他开始对孩子实行惩罚,只要一见到国辉撕衣服,就毫不客气地给痛打一顿。除了打骂惩罚之外,父母束手无策。在因撕衣服问题转介到咨询中心求助之前,国辉还因学业上的困难接受过专业人员的辅导和帮助。

诊断:智能测验结果显示,国辉智力属中下,语言能力为中等,没有智力方面的问题。

随后,咨询人员开始跟国辉面谈,每周2次,每次15分钟。国辉告诉咨询人员,他对父母的不满:父母偏心眼,特别喜欢两个妹妹,对他缺乏应有的注意。

咨询人员开始运用逻辑结果理论对国辉的不良行为进行矫治。首先,咨询人员指导国辉学习用针补衣服。看到咨询人员态度友善,国辉接受了咨询人员的建议。他认真地学习缝补衣服,不仅毫无怨言,而且还以此为荣。

在国辉缝补衣服有了明显进步之后,咨询人员告诉国辉的母亲:假如国辉不再撕破衣服,可带他和妹妹一块儿一个月外出郊游一次,作为奖励和强化,进一步的电话追踪随访表明,到国辉12岁时,撕衣服的行为只发生过两次,后来就完全停止了。

此案例说明,儿童的年龄越小,可塑性越大。为儿童提供什么样的环境

与教育,儿童便向什么样的方向发展。从某种意义上来说,逻辑结果理论给予儿童的正是公平、容忍、接纳和友谊,因而对矫治儿童的不良行为有显著成效。

四、关于逻辑结果理论的评价

逻辑结果理论注重儿童基本心理需求(价值需求)的满足和引导,强调按照行为发展的自然规律,通过咨询人员或教育者的关心、提供选择等方式,促使儿童在合理的挫折体验中成熟与成长。我国现代社会独生子女增多,独生子女中任性、依赖等性格缺陷和攻击、退缩等问题行为增多,倡导采用逻辑结果理论有更现实的意义。因为让独生子女增加一点挫折经验,使他们在关怀、公正的气氛中,从不良行为后果的自然体验里获得醒悟,这对于他们正确认识事物间的因果关系,促成情绪的转变和挫折适应力提高有积极作用。

逻辑结果理论是针对惩罚的弊端、儿童不良行为的矫正提出来的,所以这一理论不适于其他类型儿童的心理咨询。逻辑结果理论较适在个别咨询中应用,在团体咨询中儿童的个性差异很大,其矫正过程难以控制。

五、在特殊儿童心理咨询中的应用

逻辑结果理论强调让儿童在生活中体会不良行为带来的后果,自己领悟并改变不良行为。在特殊儿童的心理咨询中适用于认知能力正常的儿童,如听觉障碍儿童、视觉障碍儿童、行为障碍儿童等。在应用中注意从特殊儿童认知特点出发,引导他们体验和领会自然后果带来的不良感受,实现行为的改变。

第三节 游戏治疗理论

一、游戏治疗的含义

游戏是一种广泛存在的现象,儿童在游戏中体现出表达某种内在愿望的主动性,游戏是儿童内部存在的自我活动的表现,儿童有大量的时间和精力去满足追求自由的愿望和需要;另一方面,儿童由于身心能力的不足迫切需要找到一种自主控制的感觉,以达到消除不能真正融入现实世界带来的紧张和自我保护的目的。游戏使儿童内部心理活动外显化,便于观察自我和澄清问题,探索儿童的相关情绪、防卫机制。

游戏治疗的产生源于精神分析学派,弗洛伊德在心理分析中发现了游戏对儿童精神分析的意义。他认为人格结构中本我（Id）所遵循的快乐原则是人类一切心理活动和行为的首要原则。游戏和其他的心理事件一样，都受快乐原则的驱使。儿童的游戏中，表现为游戏能够满足儿童的愿望，掌握创伤事件和使受压抑的敌意冲动得到发泄，游戏是儿童症状的表现，于是他将游戏作为精神分析的内容。随后，安娜（Anna Freud）和克莱因（Melanie Klein）在儿童精神分析中使游戏治疗系统化和理论化，承认游戏是儿童自由表达愿望的方式。这些精神分析学家的研究革命性地改变了对儿童及儿童问题的态度，之后关于游戏治疗的理论研究、实验验证和临床应用越来越普遍。国际上游戏治疗不仅用于儿童，而且用于成人的心理治疗，不仅用于个体，而且用于团体的心理治疗。

游戏治疗的突出特点是心理治疗中应用游戏作为沟通媒介，因此游戏治疗定义为通过游戏手段对儿童的心理和行为障碍进行矫正和治疗。在游戏治疗中，游戏本身不是治疗的目的，而仅仅是治疗的一种手段或方式。游戏治疗强调以游戏作为沟通媒介，凡是运用游戏作为沟通媒介的心理治疗都可称为游戏治疗，由于心理治疗师不同的理论取向，发展出个人中心游戏治疗、认知行为游戏治疗、格式塔游戏治疗、心理动力游戏治疗等不同流派。以人为中心治疗取向的游戏治疗认为孩子才是问题能够真实、完整知道这个私人世界的个体，咨询者应保持放松的心态、保持立场中立，更多地"用我的眼睛听"，完整接纳孩子，营造可令孩子自由表达情绪的环境，在此过程中咨询者不指导，仅跟随。认知—行为治疗取向的游戏治疗认为咨询者应积极介入，有时会扮演"教育者"角色，介入方法有示范、角色扮演等。格式塔治疗取向的游戏治疗强调帮助孩子觉察自己的心理历程是治疗的主要目标之一，自我觉知能使孩子学会自己做选择，实现自主。心理动力学取向的游戏治疗认为儿童在游戏中使自我的运作能解决本我与超我的冲突，于是儿童在游戏中克服自己对世界无法控制的感觉，游戏是一种扮演，特别是当与现实环境分开时，能让儿童的自我屈服于本我和超我的需求，游戏能有效地处理儿童丧失控制感的负面影响。因此，游戏治疗不是某一学派的特有方法，而是任何一种心理治疗中均可使用的工具，它以游戏作为诊断和治疗的中介。

二、游戏治疗的实施

（一）主要方法

游戏治疗以游戏作为与儿童沟通的媒介，常常借助某种玩具了解儿童的内心世界，解决心理问题，在具体方法和技术上具有其特殊性，常用的方法有以下几种。

1. "两间房子"的游戏。孩子所创造的房子通常可以表示对其身体的看法及感觉。房子的结构也可看做是一个孩子心理状态的表达方式。儿童用微型玩具摆出家庭中事物、人物,体现人物间的作用和关系,把一个没有秩序的环境尽量安排、找出秩序来。尝试在假想的环境中的人际交流。此类游戏常用于帮助有失落感、退缩感或被拒绝的孩子。

2. "沙戏"。沙对于每个孩子来说都具有强大的吸引力,我们常常能看到不同年龄的孩子们在沙堆或沙滩上乐此不疲地玩耍,用沙和迷你玩具建造心中的世界。如果再配上一些塑料玩具,那么一个沙堆就成了孩子最好的游戏场。从心理学研究的角度来说,"沙的世界所形成的意义是一种象征的意义,它所描述的是一个人内在能量系统分配的方式"。在儿童的沙土游戏中,他所构筑的沙的世界的布局可以体现出内心世界的格局。混乱的内心纠缠的情绪状态下,沙的世界也是一片混乱,没有生气。瑞士荣格心理学派的分析师卡尔夫(Dora Kalff)将其发展为沙盘游戏。在玩沙的过程中孩子有机会解决心理创伤。儿童玩耍时咨询者不必过多干涉、解说,儿童在玩的过程中能慢慢整理自己的世界,实现内在能量的释放、转换。

3. 水戏。水也是儿童在玩耍中热情、投入的事物。水可以用来做多种游戏,那些有社会性发展问题或注意困难的儿童对于与水有关的游戏特别感兴趣。[①] 在玩水的过程中获得的掌握感和成就感,令儿童放松,水也是一种表达攻击的媒介。

4. 泥土和黏土的游戏。随着儿童年龄增加,沙、水、土的功能会逐渐被黏土等其他可塑性的材料所取代。儿童使用黏土通过玩耍投射个性的意义。

5. 乱画游戏,适合在儿童有兴趣、愿意画的时候使用。咨询者和儿童一方先在纸上随便画一条曲线,另一方在此基础上画一幅画,并讲一个画的故事,之后双方互换玩游戏的次序。通过游戏儿童投射感受和建立关系。

6. 互说故事,即儿童讲一个故事,咨询者讲出场景类似的故事,其中介绍了更健康的观点和处理问题的方法。

7. 角色扮演、棋类游戏,适用于学龄儿童,后者有助于获得成就感、竞争性和自我价值。

(二)咨询者的态度

从某种意义上来说,游戏治疗是一种态度的同化。依靠咨询者态度的传递,接受治疗的儿童可获得一种轻松愉快的情绪体验,并在游戏情境中自由地表达自己的感觉,潜移默化地接受咨询者的教育或矫治。下述三种态度对游戏治疗过程最为重要。

---

① Charles E. Schaefer, Donna M. Cangelosi,何长珠译:《游戏治疗技巧》,第194页,台北:心理出版社,2001年。

1.信心

咨询者对治疗对象怀有信心,对接受治疗的儿童的情绪组织和成长至关重要。从下面一段儿童的话语中,我们可以体会到"信心"对儿童接受治疗的意义。

"你是第一位对我有信心的人。你不认为我一钱不值,你不认为我太傻,你很耐心地听我的感受,你真好!"

由于有了信心,使儿童感到自己是个有用的人,对自己和他人都能有所贡献;由于有了信心,儿童有了自己做决定的意愿和自我表达的兴趣,并且不再谴责自己原来的想法和感受。这就为儿童的成长奠定了基础。

咨询者对治疗对象表达信心可采取多种方式。像"这件事由你决定""你是最好的判断者""重要的是你要做你能做的事",这一类话都具有增强治疗对象信心的作用。当然,同样的表达方式有时会使接受治疗的儿童产生相反的感觉,因此应视儿童的反应选择恰当的表达方式。

2.接纳

接纳与信心相比容易捉摸,也较易了解。然而接纳不是一种被动过程,不是仅仅保持沉默或态度不明确;它涉及到咨询者的专注态度以及儿童在治疗活动中对被成人接受的体验和反应。

对儿童来说,不同的玩具具有不同的象征意义,如沙土、车子、枪和船等可能象征亲人、恐惧、憎恨、事物。儿童的这些幻想或玩具的象征意义应当被咨询者所接受。咨询者还可用这样的语言表达方式传递接纳:"嗯,我了解""那是你的感觉""对了,你确实很怕他""我想你看它像什么就是什么,没错"。有时,咨询者可能沉默不语,但儿童从咨询者关注的神情和陪伴方式依然可体察到接纳。接纳应贯穿治疗全过程。

3.尊重

受到尊重的儿童会体验到他的兴趣和感觉已经被别人接受。他会感到咨询者把自己当做朋友关心,咨询者是可以依赖的人。儿童受到尊重的感觉对成功的治疗不可或缺。

咨询者在与儿童接触之始即应表达尊重的态度。要尊重儿童表达的一切感觉,而不是把儿童设想为应该是什么样的孩子才可给予尊重。咨询者可用下面的方式表示尊重:"这些是你的感觉,你有权利有这种感觉。我将不会责备或歪曲你的感觉。它们是你的一部分,我一定会尊重它们的。"

不仅要尊重儿童的感觉,而且要尊重他们的举止和习惯。咨询者不可强迫儿童改变自己原来的想法或举止、习惯,尊重比接纳更深入一步。它将儿童所有的自我感觉、态度、举止、人格和价值观都容纳在咨询者的理解之中,这是儿童成长的动力。

信心、接纳和尊重在治疗过程中缺一不可。信心是最普通的一种态度，接纳和尊重较为具体。三种态度有机结合，构成了良好的治疗关系。在游戏治疗中若缺少这种基本的态度，是很难达到其预期结果的。

（三）游戏治疗的过程

游戏治疗需要遵循一定的过程。这一过程在情绪障碍儿童的治疗中可以清晰地看到，而在治疗原理应用于正常儿童时，其过程的阶段性则不甚明显，持续的时间也较短。

以敌视、焦虑为例，敌视的儿童在治疗一开始的表情为情绪泛化，不与实际情境发生联系，消极情绪的爆发力很强。例如，它们可能把气撒在玩具上，又撕又摔又砸，而这些破坏性的行为似乎没有什么目的，因为在治疗情境中没有人去激惹他们。他们只不过把玩具当做撒气的对象。对敌视的儿童这种情绪泛化和爆发性冲动，明智的咨询者应敏锐观察，不予干涉。儿童对咨询者愈加信任，其破坏性冲动的表达愈为强烈，其敌视的态度更加尖锐化、具体化，不仅摔打玩具，甚至有可能流露出杀人的愿望，但此时攻击的对象已集中在父母、兄弟姐妹或全家人（以玩具为替代物），有时咨询者和其他不相干的人也会成为攻击对象。儿童的这种消极攻击态度和情绪发泄得越彻底，指向越集中，越有助于其接纳感的形成。当儿童一旦形成了被接纳的感觉，其消极攻击态度和情绪就会明显减弱。

伴随消极态度和情绪的减弱，一些积极的态度和情绪体验会逐渐萌发，但此时仍有心理冲突。如敌视的儿童对其弟弟妹妹（玩具替代物）开始显示友爱（喂东西或予以照顾），有时却又忍不住进行攻击。随着接纳、尊重等体验的加深，儿童的心理冲突会逐步缓解。

冲突的缓解促进了积极情绪和消极情绪的进一步分化。最后，儿童会合乎实际地看待自己以及与其他人的关系了。到此，治疗便取得了成功。

焦虑的治疗也有这类似的过程。起初是焦虑情绪的泛化，儿童表现出退缩、害怕，甚至是无名的恐惧；接着表现为焦虑情绪的具体化，惧怕的对象指向父母或特殊的人；然后是消极情绪表现与积极情绪表现的混合出现；最后是积极情绪与消极情绪分化并与实际情境一致。

由此可以看出，情绪困扰儿童的游戏治疗是按照负向情绪泛化──→正负向情绪具体化──→正负向情绪混合出现──→正负向情绪分化并与实际情境吻合这样4个阶段向前发展的。当然，并非所有的治疗过程都有这样明确的阶段划分，有时阶段与阶段之间存在部分重叠；此外，治疗过程不会自动地产生于游戏情境中，它依赖于咨询者的态度、引导和功力。

（四）游戏治疗的实施原则

阿克斯莱恩（Axline）认为，游戏治疗必须遵循下述8项原则才能取得成功。

1. 尽早与儿童建立友善的关系

咨询者必须和接受治疗的儿童建立温暖友善的关系，而且建立得越早对治疗越有益。咨询者的一个微笑、一句热情的招呼，都有助于双方关系的建立。例如，咨询者面带微笑拍拍儿童的肩膀："小朋友，你好！我很高兴见到你。你喜欢放在那边桌上的米老鼠吗？"这样一来，那个儿童会感到十分轻松。他可能会说："嗯，我可喜欢玩米老鼠了！"但是，有的孩子也可能很不情愿地随父母前来，他可能在游戏室中故意转身不理咨询者。针对这种情况，咨询者可与孩子父母自然地聊天，想办法吸引孩子的注意力，如用生动的语言介绍最有趣的玩具等。在建立友善关系的过程中，应当避免不适当的称赞，关键在于吸引、热情。

2. 接受儿童真实的一面

前来接受治疗的儿童是极其敏感的，咨询者的一举一动都在儿童的观察之内。咨询者的冷淡或无意中的责备都会关闭治疗的大门。因此，咨询者对儿童各种情感的流露要十分留意，即使是那些明显的带有消极色彩的情绪，也不要轻易予以否定。始终保持冷静、友好的态度，避免对其造成直接或间接的伤害，是成功的治疗不可缺少的。

3. 使儿童获得宽容的感觉

宽容的感觉对儿童袒露深层的东西有重要作用。要使儿童获得宽容的感觉，咨询者的非言语表达固然不可忽视，语言的直接刺激则更为重要。像"在这一段时间里，你想怎么玩这些玩具就怎么玩，弄坏了也没关系"这一类的话，就可以使儿童获得宽容的感觉。有的儿童胆子比较小，或者不知道该怎么玩玩具，咨询者应进行示范或说明，这同样有助于儿童获得宽容的感觉。

4. 识别儿童的反应线索

在治疗的开始阶段，儿童的外在反应多，内在反应少，这是正常的。咨询者不应急于求成，而应循着儿童的反应线索逐步捕捉深层的信息。过早地引发儿童的内在情绪，往往会适得其反，使治疗陷入僵局，因为此时儿童的安全感和信任感还没有充分建立起来。此外还应注意，识别儿童的心理反应最好用儿童自己的语言来表述，并且要小心地征求儿童的意见，看是否符合他们真正的意思，这对咨询者形成准确判断至关重要。

5. 保持对儿童尊重的态度

对儿童的尊重不仅应体现在建立关系的开始，还应体现在尊重儿童自己解决问题、自己选择和着手行为改变上。在这一过程中，咨询者的强迫或施加压力予以干涉，不但达不到预期的目的，还会破坏治疗关系。赞同儿童的选择决定，必要时坐在一旁笑吟吟地进行观察，这并不意味着咨询者的迁就和被动,而是尊重儿童积极主动的体验。

6. 不干涉,让儿童做引领者,启发儿童自觉领悟

游戏治疗宜用启发的方式由儿童带路,不宜用指导的方式为儿童引路。一位治疗人员如果站在指导者的立场指手画脚,甚至在儿童不愿讲的时候主动去刺探什么隐私,他所得到的回报是可想而知的。当然,强调启发并不是说不可以将一些引导性的话,如指导儿童掌握使用玩具的方法,这种引导是必然的。但咨询者无论如何不可以挑剔儿童的做法,不可以暗示儿童如何行动,不可以事先布置或设法引诱儿童选择某些"有意义"的玩具。以人为中心取向的游戏治疗的重要观点即是:整个治疗场所像是儿童的实验室;怎样消磨时光由儿童自己决定。

7. 不去强求治疗进程

在游戏室内,儿童自己是时间的主人。不管儿童如何表现,咨询者都需要付出耐心和体谅。欲速则不达,游戏治疗尤其如此。假如儿童坐在那里发呆,咨询者千万不要打断其思路,催促其如何如何。如果儿童真的有问题需要帮助,当他准备好时他会自己表露出来,咨询者对此一定要有信心。主观断定儿童的问题,并想快刀斩乱麻,早早结束治疗过程,是游戏治疗的大忌。当然,经过数周的治疗之后,儿童仍然没有明显进步,这时就需要咨询者审慎思考、认真检查了,看看究竟是什么原因阻碍了儿童进步。除了儿童自身的原因之外,还有一点需咨询者记住:游戏治疗并非适用于所有的儿童,有些儿童单靠游戏治疗是解决不了他们的问题的。

8. 制定必要的游戏规则

在以人为中心的游戏治疗中,不需要对儿童过多限制,但这并不意味着一点儿不需要游戏规则。必要的游戏规则还是要有的,这些规则的目的是为了让儿童了解他在治疗关系中应负的责任以及使治疗更符合真实生活。不得故意毁坏玩具(智力障碍儿童发泄情绪时的损坏除外),不准随便弄脏游戏室,游戏时不要做危险的举动,这些正常游戏所应遵守的基本准则,在游戏治疗中也同样需要。

三、游戏室的设计要求

游戏室是儿童参与游戏治疗的场所,因而必须符合一定的设计要求,一个理想的游戏室应当具备下述条件。

● 空间足够大,通常在30平方米左右,以利于摆放充足的玩具,进行跳绳、捉迷藏等活动性游戏;

● 备有大小桌椅数个,以利于不同年级的儿童使用;

● 备有监控和录像设备;

- 备有黑板、儿童读物、画板、球类等器具；
- 备有盛装各类玩具并可随时移动的玩具袋；
- 如有可能，配备钢琴、水池、沙箱以及能够攀爬的工具。

玩具袋里的玩具应包括下述几类。

- 能复制现实生活经验的玩具，如小动物、各种微缩人物模型、布娃娃、交通工具、钞票及家具、小房子等；
- 有助于宣泄情绪的玩具，如玩具刀枪、积木、五金工具等；
- 有助于发展或增强自我意识的玩具，如建筑模型、迷津游戏用具、剪纸等；
- 有助于升华攻击力量的玩具，如图片、泥土、炊具、棋类等；
- 有助于发展协调动作的玩具，如玩具电话、跳绳等。

四、关于游戏治疗理论的评价

由于儿童本身缺少成年人心理咨询中的很重要的因素：对心理不适的觉知；主动求助的愿望；希望咨询的动机。儿童不会主动寻求治疗，不会觉得痛苦也不会察觉自己的问题，孩子的问题带给他周围的环境和他周围的人（老师、父母）的困扰比带给他自己的要多。

因为儿童身心发展水平的局限，他们较难用语言表达经历和体验，这些都不利于心理治疗的进行。

再者，儿童来到咨询室，能否与心理治疗师建立起良好的咨访关系，能否表达出内心的感受和过去的经历，对心理治疗的预后有很大影响。

游戏是一种儿童生活中广泛存在的现象，儿童在游戏中体现出表达某种内在愿望的主动性，游戏是儿童内部存在的自我活动的表现；另外，儿童由于身心能力的不足迫切需要找到一种自主控制的感觉，以达到消除不能真正融入现实世界带来的紧张和自我保护的目的。在游戏治疗过程中可以通过游戏给儿童创设一种温和、信任及完全自由的环境，让儿童在游戏中察觉自身存在的问题，挖掘自己的潜力，从而发生内心世界的变化。

游戏治疗开辟了一条儿童心理治疗的有效途径。心理学家发现儿童游戏的自我表达特性，它表露儿童的情感，起到释放和宣泄的作用，同时，心理治疗师借助游戏为中介与儿童沟通，建立良好的咨访关系。这便在很大程度上解决了儿童心理治疗或咨询中的两大难题——如何更好地了解儿童的内心世界？如何使儿童主动参与到心理治疗中来？

游戏治疗理论也有自身的弱点或不足。对于以人为中心理论指导下的游戏治疗时间的突出问题是，强调自然观察、儿童带路，对咨询者技能技巧的主动发挥重视不够，这样就势必使治疗过程拉长，给人以冗慢、效率低的厌烦感。其次,强调儿童的顿悟和自知,这对理解力强的儿童固然有效,但对那些理解力较差的儿童来说就有困难了,因而在一定程度上影响到更多的儿童积极参与和接受游戏治疗。随着多种治疗取向趋于整合化,较为有效地解决了游戏治疗的上述问题。

五、在特殊儿童心理咨询中的应用

游戏治疗理论应用了多种游戏的形式,吸引儿童参与心理咨询的过程,是体现儿童自主性的一种很好的心理咨询方式。由于游戏过程中儿童可以选择感兴趣的游戏,在安全和被关注的环境中表达自己,获得积极的体验,这对于在家庭或社会中缺少积极体验的特殊儿童来说具有积极的意义。游戏种类多样,有应用语言的游戏,如讲故事、打电话,也有不必须应用语言表达的游戏,如玩水、玩沙等,适用于不同特点的特殊儿童的心理咨询需要。但在选择是否以游戏治疗作为特殊儿童心理咨询的指导理论时,需要根据该特殊儿童心理问题的类型来做决定,具体可参照本章后附的表格。

游戏治疗在特殊儿童心理咨询中的应用请参考第九章后附的案例。

第四节　家庭治疗理论

一、家庭治疗的含义

家庭治疗,是指针对家庭的心理问题而实施的心理治疗。进行家庭治疗的理论假设是:当一个家庭在心理功能上,包括家庭结构、组织、沟通、情感、角色扮演、成员间联盟关系及家庭认同方面,不能实现它们各自的功能,影响到家庭的心理状态,家人难以自行改善或纠正时,就需要有专业人员协助辅导,通过心理治疗来改进其家庭的心理功能。

在家庭心理治疗家认为,家庭是一个动力结构,每个成员之间相互作用,形成相对稳定的互动方式,以此维持着家庭的存在。家庭某一成员出现问题,往往不是孤立的,而是与其他成员有关的,是家庭成员相互作用的结果。因此,对个体心理障碍的诊断和治疗,必须放在家庭系统中进行。治疗应针对家庭结构和成员相互关系的重新调整,个人的问题才能最终得到解决。这来源于心理咨询和治疗所依据的理论,即系统理论、交往理论和社会角色理论。

正是基于这样的看法,提出了进行家庭治疗的前提:所处理的问题是在家庭中产生的,问题可以表现为个人的,也可以是家庭成员共同面临的。总之,必须在家庭结构与成员的相互关系中推断问题的性质。其治疗措施着眼于调整家庭成员的相互关系,改变问题产生的家庭动力机制。现在在实施家庭治疗时,需要全家人,或者有关的主要家人参与治疗会谈,以家庭群体的方式进行治疗工作。但并非每次都需要全家参与,有时只需要与问题直接有关的家人参与即可;而且随治疗的需要,可随时更换参与的家人。

从发展来看,家庭治疗远在科学的心理治疗制度化以前就已经开始了,并且随社会变迁、工业化和劳动的分工、家庭的解体而变化。过去及现在,家庭治疗都是以自助作为基点,人们运用自己的经验和传统的解决冲突的方法以及当时的道德规范来互相"治疗"。家庭中有经验的人充当顾问,并为此取得了全家人的感激和信任。涉及的内容包括教育、婚姻和家庭咨询等。

分析儿童产生心理问题的原因多来自外界不良环境,而个体在成年以前主要的人际交往活动不外是亲子交往、师生交往、同伴交往。这几种人际关系中,在家庭中的亲子交往是个体最早的人际交往,是人际交往中具有血缘纽带的、最稳固的关系。家庭成员之间的关系以及家庭的功能是否实现,对儿童的心理健康有很大的影响。在一项家庭生态系统对儿童心理健康影响的研究[①]中发现亲子子系统对儿童心理健康的影响作用比家庭环境子系统和儿童子系统大,揭示了父母在儿童成长中的作用。家庭治疗在国外已有几十年的历史,解决由家庭原因导致的儿童心理问题的实践中,越来越多的国内咨询者运用家庭治疗的方法。维吉尼亚·萨提亚(Virginia Satir)认为人是活在环境、关系中的(或说系统中)。所以,一个症状的出现,与人与他人、环境的互动有很大的关系。其中,一个人在原生家庭中经验到的各种关系以及各种应付方式,对这个人的一生影响最为重大。而在这些家庭关系中,影响力最大的,是童年到青少年期(出生至16岁)之间,个体在家庭中经历的关系,影响最为深远。当个体成年之后,在青年期之前经历、学到的思考、行为、感受的方式都会一直影响着个体的生活、工作、人际关系。个体与父母的关系,被内化到心里,然后,个体会在与爱人、孩子、朋友、上司、下属等人的关系中,重演这种关系。因此家庭治疗为解决儿童心理问题提供了理论指导和具体方法。

二、家庭治疗适用范围及目标

(一)适用范围

1.家庭的结构与功能有缺陷

一个家庭在其结构与组织上来说,都无法实现家庭应有的功能,需要以

---

① 桑标,席居哲:《家庭生态系统对儿童心理健康发展影响机制的研究》,《心理发展与教育》,第80~86页,2005年第1期。

家庭治疗来纠正修改其家庭结构、组织与关系。例如：一家里没有一家之主，无人执行管理督促的功能；一家人分不出老幼的关系，成人与子女分不出亲子不同的角色与关系；家人之中无法执行适当的沟通交流，也缺乏家庭认同，需依赖家庭治疗来补建家庭的组织与结构，要靠家庭治疗来重建"家"的样子。

2.家庭次系统的人际关系有困难

假如一个家庭在亲子关系上有明显的困难，特别是牵涉到父母与子女的管教问题，或亲子三角关系的冲突时，最需要依靠家庭治疗来解决。特别是子女进入青春期后，要求独立自主，并且他们的举动很严重地影响全家的心理状况时，就需要以家庭会议的方式，包括父母及年轻子女参与，共同讨论彼此的观点，也相互妥协，以达到亲子间的协调。特别是当父母与年轻的子女之间，有明显的"代沟"，有不同的价值观念与看法，互相争论，互不相让的情况，举行家庭治疗性的会谈，相当有帮助。

当然同胞间有困难，不容易合作，常发生嫉妒或争夺的问题，常牵涉到父母的管教与教养问题，也是接受家庭辅导的理由之一。

3.面对全家性的困难

当一家人共同遇到严重的事故，难于应付；或者全家需做重大决定，但在情感上家人有不同反应、难于处理时，都适合做家庭治疗，商讨共同应付的方针或方向。例如，当全家要搬到不同的社会与文化环境去，对全家人有不同的作用与影响时；有家人患严重且长期疾病，或残障，一家人不知如何处理时，开家庭会议先来处理彼此的情感，再做全家的决定，常是接受家庭治疗的适当时机。

家庭治疗的主要目的，在于有直接观察一家人互动关系的机会，帮助咨询者了解家庭的功能与病情，作为治疗的决定根据。同时，靠全家人的参与，可促成家人的关心与合作，以便能动用家庭的力量、资源与影响力，较快速地解决有关问题。

家庭心理治疗注意"一家"的总结构与组织，家庭的发展阶段，全家的沟通与交流，家里成员间的关系、角色与情感，全家人所持的家庭界限与家庭认同，研讨家庭的功能、问题与适应等等，让家庭成员意识到家里遇到什么困难，一家人如何一起去处理。

（二）家庭治疗的目标

1.协助建立应有的"家庭结构"，发挥家庭功能

一个健康且能发挥正常功能的家庭，一定要有健全的结构与组织。所谓家庭的结构与组织，又可大体从两方面来说。头一方面，是关系到一个家庭里，如何分配权威及担任领导的事。权威乃指使别人受影响，以改变其决定

的方向。譬如，今天想吃什么菜，在家吃，或干脆出去，到馆子吃；今天是否可懒洋洋地躺在家休息，或是该趁好天气，打扫卫生等等，都是家庭里日常要决定的事。为了这些，谁能说服谁，谁能指使谁、影响谁，由谁来做最后的决定，即是家庭里的权威分配与执行的现象。

　　家庭治疗的目标，是协助家人建立适当的家庭结构，特别是关于权威的分配与行使问题。

　　家庭结构的另一方面，是关系到家里成员如何扮演角色、形成联盟与关系的问题。假如这些方面有了问题，也是家庭治疗的目标。通常说来，一个家庭里，其各个成员需要能扮演与其相配的角色，所以父亲像父亲，母亲像母亲，哥哥像哥哥，妹妹像妹妹，这样一家人才能表现各自的本分，才能合适地执行其功能。但假如家庭成员在角色扮演上有异样，便是家庭治疗所关心的地方。譬如，一个家庭里，某个孩子，常被家人指为有问题的人，只要家里发生问题，就被认为是该成员的缘故，让某成员扮演"替罪羊"的特别角色，以免面对全家的问题；或者，与此相对的，让另一成员扮演所谓的"家庭天使"，家里有何好处，都让该成员去沾荣耀。这都是家庭成员关系上的毛病。有了这种现象，便需通过家庭治疗来纠正。

　　2. 促进良好的"家庭关系"，免除人际冲突

　　一个典型的家庭，通常含有几样"次系统"的关系，如夫妻的次系统关系，兄弟姐妹的同胞次系统关系，父子、父女、母子、母女的各亲子次系统关系。这些次系统，各个有其不同的本质与关系性质。假如这些成员间的关系不良好，有误解、纠纷、冲突，就影响一家的心理状态。因此也需通过家庭治疗来协助改善。

　　当一家里有强烈的成员关系冲突，别的成员无法帮助他们平息他们的问题，他们本身也难于获得和解的结果时，常需要依靠家庭治疗来改善其问题。譬如，儿子认为被父亲无理管教，父亲则认为孩子长大，心目中没有长辈，对父母毫无孝敬时，即使母亲想从中插入，调解父子间的紧张关系，有时处理不当，多说一句话，偏袒哪一方，常会火上浇油，越帮越糟糕，这时最好找中立的家庭咨询者，来尝试调解。

　　3. 促进适宜的"家庭沟通"，维持交流功效

　　一家人不相互讲话，不但不能交换情报资料，表达意见或决定事情，更不能体会彼此的情感，难于共乐共苦，互相帮助，并建立浓厚的情感，可说是很大的问题。当然沟通的问题后面，常隐藏着情感的冲突，人际关系的困扰，或者角色扮演的问题等等，需直接处理其核心问题。但有时也可就沟通交流的层次来改善，其他问题跟随着改善。

4. 帮助顺利度过"家庭发展"的阶段，能适应成长

我们已经知道家庭是按阶段发展的，而且，在不同的发展阶段，各有其特殊的课题去解决。假如一家人在发展过程中面临新问题，无法轻易解决，有时得依赖家庭治疗来处理。譬如，一个家庭在前几年一直都过得好好的，但最近生下婴儿，添了家庭成员之后，不但要忙于照顾婴儿，还要面对因新添家庭成员造成的心理困难。

家庭治疗要帮助许多家庭，去预料可能在新阶段所遭遇的心理课题，也准备去接受且适应这些问题，以便能按部就班地发展，度过各个发展阶段。以免在新的发展阶段，遇到毫无预料的困难，而不知所措。

5. 鼓励适当的"家庭团结"，相互供给情感支持

正常的家庭，全家人之间已有适当的情感关系，能团结如一个群体，不但家人之间能同甘共苦，遇到困难时，能提供情感的支持与鼓励，碰到外来的刺激，能合作去共同应付。这乃是"家庭团结"。可是有些病态的家庭，过分地粘在一起，在情感上不许成员与家人分离，也不容许家人成长独立，自行发展。有的，刚好相反，一家人像是一盘散沙，各自干自己的，不管别人，对自己的家人毫无关心，也无情感，一点也不团结，不像是一家人。这两种极端都是病态且是非功能的家庭，是家庭治疗所关心且尝试去改变的目标。

健康的家庭中成员之间有浓厚的情感，相互关心与体贴，一旦遇到什么困难或挫折时，能伸出同情的手，供给支持与关怀，使大家有彼此属于一个团结的家的感觉；另一方面容许每个成员能保持一点自己的私人天地，也鼓励个人往自己的长处发展，并不用总是紧密地在一起，而且，必要时能鼓励往外发展，在适当时机离家一段时间，只保持间歇性的接触来往。这样可密也可分的家庭关系，才是心理健康的家庭。

6. 促进树立适当"家庭界限"，建立"家庭认同感"

一家人有没有对自己的家认同，且产生建立一种心理，喜爱自己的家庭，袒护自己的家。这好比个人对自己要有自我的认识感、一对夫妻对自己的婚姻要有认同感似的。扩大到家庭时，也有家庭认同感，才是通常的心理现象。有时，有些家庭就缺乏这种家庭的认同感，而有的，却相反，过分且强烈地对自己的家庭认同，无法与外人或别的家庭适当往来及保持关系。

7. 协助发挥有效"家庭适应"，能处理解除面临的困难

从家庭的眼光说来，一家人要能知道，用什么共同方式来面对困难，如果每个家庭成员都采取不同且相互干扰的适应方式，不但于事无补，反而妨碍自己家人。如何共同采取相同的适应方式，共同协助，来面对全家所面对的困难，是家庭心理卫生的要素，也是家庭治疗所要观察且协助的目标。心理健康的家庭，能实践自己家庭的适应困难模式，能认识自己家庭应付问题的通常方式，能随时随机做适当的变更调整。

8.协助树立"家庭规范"，促进家庭生活有重心与方向

一个团体要有群体共同遵守的规律与追求的理想，而一个社会要有公民共同遵循的礼节与习俗，并有大家共同了解且注重的文化与价值观念。相同的，一个小小的家庭，虽然人数少，仍要有全家都遵行的家庭仪式，大大小小都遵守的家庭规矩以及大人小孩都了解的家庭生活方式，这样一个家庭才过得像是个家庭。

三、家庭治疗的主要模式

（一）支持性家庭治疗

所谓支持性家庭治疗，跟个人的支持性辅导一样，其主要着重点放在针对遭遇困难的家庭，给予适当的心理支持，以方便渡过所面对的难关。需要支持性的家庭治疗，通常可归属为下面三大类。

第一类是家庭正处于严重的心理打击或创伤，需要特别的支持。

第二类是家庭面对过渡性的困难，如父母决定要离婚，或者子女要离家出国，或者家里因增添家庭成员，而一家人不知所措时，可能需要他人的暂时性辅助与帮忙来度过发展阶段的危机。

第三类是家里有慢性的心理负担，家庭功能受到影响，无法发挥家庭的功能时，需要外来的辅助与协助。譬如，家庭成员得了慢性疾病，或有躯体的残疾及智能上的障碍，受到长期的折磨，家里人不知如何是好时，可能需要辅导者的支持，并寻找适当的外来支持资源，减轻家里人的精神与体力负担。

最后一类就是家庭本身有功能上的缺陷，经过积极的辅导只能稍有进展，基本上还是有困难，需要长期性被支持与辅导的家庭。这种家庭通常是做父母的本身有精神方面的问题，如患有边缘型性格障碍，或者边缘程度的智能，所经营的家庭很不稳定，需要他人随时的支持。

（二）认知行为性家庭治疗

这种家庭治疗模式，是依据个人的行为治疗模式，其着眼点放在可观察到的家庭成员非功能性的具体行为表现，利用学习的原理来督促改善其行为的功能性。譬如，一家人在一起，不到几分钟，就开始吵闹起来，争执不停；行为治疗的重心就是让大家有意识地认识并想去更改此行为反应，并决定嘉奖、处罚的条件，定时操作。成功时，得嘉奖，否则处罚，以促成全家人共同努力更改他们一家的非适应行为。也就是说，其特点乃在于认清且认定需要改善的行为单位，筹划具体的改善方法，运用学习的原则给予嘉奖及处罚，实际促进改善。

最常使用的方法之一，乃是更换座位。当一家人进来会诊室时，家里各

个成员通常会依其个性、成员间的人际关系及与咨询者的关系，而选坐座位。如：关系不太亲近的父母，可能坐得远远的，不想靠近；被母亲宠护的小孩，大概会靠近母亲而坐，甚至想跟母亲坐在同一个椅子上。身体虚弱、常受父母保护的孩子，可能坐在父母两人之间，被左右保护着。假如家人的选座有特殊的模式与意义，不但可用来具体性地指出给家人看，让他们目视并体会他们的人际关系常态；还可用来请家人当场更换座位象征性地更改人际关系。

所谓"家庭形象雕塑"乃是请家人在纸上画出全家人之间的关系，来表现家庭成员所扮演的角色、在家庭中的地位。譬如，由小孩所绘画的家人图形，可能是以一个很大的圆圈表示很重要的母亲，而两三个小圆圈附在此大圆圈附近，表示家里两三个孩子都跟母亲很接近，而代表父亲的中等圆圈却远远在一个角落，表示父亲很少在家。根据这个孩子所画出来的家庭关系的形象，可摆在家人面前，用来讨论他们一家的关系表现，并讨论他们想如何更改其关系形象。当然，每个成员所绘画或雕塑出来的家庭形象不一定相同。咨询者可让家人拿这些不同的雕塑形象来讨论，作为治疗家庭关系与结构的好材料。

行为家庭治疗较适应于家庭里有许多年幼小孩者，因为具体的计划与嘉奖惩罚容易被儿童了解。或适用于不习惯于谈论内心问题的家庭，着手于外在行为，比较容易被接受。

（三）结构性家庭治疗

此家庭治疗的模式，其着重点放在家庭的结构、组织、角色与关系；而其治疗的重点是在纠正家庭结构上的问题。因家庭咨询者治疗了许多家庭以后，发觉有问题的家庭，常有结构上的毛病，于是便关注这方面的治疗，也就建立这种治疗的模式。特别是经济背景不佳的家庭，居住条件较差的家庭，家庭里常缺少父亲，或父亲只偶尔回来，很少发挥功能，要依靠母亲单亲来维持家庭、管教子女时，因其客观条件，已使一个家庭在结构上及组织功能上有缺陷；假如母亲无能为力，较大的孩子就取代父母的职权，或是母亲会过分依赖、宠爱孩子。结果家庭里没有应有的父父、母母、子子、女女的阶级与职务分配，需使用心理治疗的力量来帮助这样的家庭，重建家庭的结构。主要解决的问题有5个。

角色扮演的混乱问题。假如辅导者发现家里人的角色行使有毛病，就针对此问题去纠正。比如，受宠的小孩，其言行不像"家里的小孩"，常出言批评父母，并管父母做这个、做那个，则咨询者要直接告诉小孩，大人的事应由大人自己来管，做"小孩的"不宜管到大人的事；或协助父母开口组织孩子表现不似孩子的言行，要孩子学习尊重大人的权威及尊严。反过来，有些父母,特别是母亲,遇到困难,就不知所措,还要年幼的子女来给她安慰,使亲子角色颠倒的例子,不是健康的亲子关系与角色扮演;这样的母亲还得接受辅导,帮助自己成长。

权威功能的发挥与分配问题。有不少家庭,父亲不是不常在家,便是不太关心家里的事,都交给母亲去教育子女、管教孩子,没有发挥父亲的功能。要不就是相反,只会以严肃的方法来权威性地管制家人,很是霸道,让家人透不出气来,不像个有温暖的家庭的样子。

性别角色的认同问题。若是一个家庭里的孩子性别角色的认同不适当,辅导者就要帮助他们去纠正此问题。比如:哥哥不像男孩,总是躲躲藏藏,躲藏在母亲的裙子后面,就想办法把他叫出来,使他大大方方地像个男孩子;反过来,假如妹妹不像女孩,倒像男孩,总跟父亲到外面去钓鱼、打猎、爬山,则要帮她多跟母亲学做小姑娘的事。

沟通交流的困难。如何能适当地沟通交流是家庭功能之一;假如一个家庭的成员间无法畅通交流,有沟通方面的障碍,也要就此问题进行辅导。

家庭的联盟与认同。一个家庭对自己的家庭要能建立起一个认同,对自己的家有爱心,也有忠诚的感觉,一遇到外来的欺负,就能共同团结去应付外面的压力。假如一家人面临全家共同的困难时,不团结,很分散,甚至不合作,就是缺少这方面的心理功能。

总之,结构性家庭治疗的着眼点是注重家庭的结构与功能,观察家庭的群体行为,就群体所需的各种机能去改善。结构性的家庭治疗有个基本的假设,即:一个家庭要像家庭的样子,父母像父母,子女像子女,各人有该表现的角色与功能,综合形成家庭的结构与机能;否则,家庭就是功能失调,有毛病,要想办法修正弥补,使它像个家。

(四)策略性家庭治疗

策略家庭治疗重视采取"重新架构"或"改观重解"的方法改善亲子关系和父母之间的关系。重新架构是对问题行为进行新的解释,使家庭各成员之间增加相互的理解,从自我挫败中解脱出来。例如有的父母看到孩子问题行为很严重就说自己是"不好的"父母、是"失败的"父母。家庭治疗师向父母指出"情况"和"品质"之间的区别,意思是他们所采取的行动不合适,并不意味着他们是"不好的"父母。有的父母偷看孩子的日记或信件,孩子对父母耿耿于怀,亲子关系紧张。策略家庭治疗师可以告诉孩子"父母是爱孩子的,但是还没有找到正确的办法",这样,就有利于孩子对父母"不恰当的行为"有新的解释,从而减少对父母的抵触情绪。

(五)分析性家庭治疗

精神分析的学理与观念,原本是就个人的精神病理及针对内在精神状态而建立的。可是用在家庭治疗时,可帮助咨询者较深地体会成员的个人心理,了解他们的内在心理如何影响到父母、夫妻、亲子及兄弟姐妹的关系,甚有帮助。可从另一方面来说,假如太注重个人的内心精神状况,有时会相对忽略了成员间的互应关系,也忽视了一家人群体的行为现象。所以要适可而止,否则会偏离家庭治疗的基本观念与原则,变成只做一家人的个人心理治疗了。

精神分析强调一个人的精神活动,包含意识及潜意识的层次。运用到家庭治疗时,可提醒咨询者注意去发掘不仅是家人所说的意识层次的精神材料,还要关心家人的潜在动机、感情与思考,比较有深度地了解全盘的情况。其实,这也是家庭治疗的基本出发点,及超出口头的言语而注重实际的行为与感情。只是分析性地治疗,还要去探索连本人都没意识到的感情与动机的层次。

注重个人的心理发展,并且认为幼小时的经验会影响日后的思考、行为与感情。换句话说,其基本出发点是认为现在的情况跟过去的背景有关。这一点虽然符合家庭病理学家的看法,认为现在家人间的人际关系,往往根源于各个成员本身的幼小经验,但从辅导的立场却不鼓励过分去挖掘过去的经验,而要注意当前的行为情况。只是把个人发展阶段的观念推广到家庭发展阶段的看法,有其特别的贡献。

精神分析的观点是,一个个体是采用各种防御机制来适应所面对的困难。这种观念也可应用到家庭的情形。即整个家庭是采取各种方式来适应所面对的处境与困难。因此,分析性的原则适合用于家庭的层次。只是不采用同样的辅导技巧罢了。总之,与其他治疗模式比较起来,分析性家庭治疗的特点,可以说是治疗着重感情的表达、处理动机与欲望的满足,同时,注重内心的审查与分析。

四、注意事项

(一)以"群体"的眼光分析家庭行为

由于一个"家庭"乃由三人以上的一群家人所组成,所以要以"群体"的眼光来了解并分析家庭行为。不管其他家庭成员的年岁多老或多幼小,都会直接或间接地影响整个家庭的心理情况。

(二)以"系统"的眼光体会家庭现象

所谓系统,是指有相互关系的一个整体。一个整体的一部分有了变化,便会牵连性地影响所联系的其他部分,一波接一波地影响下去,影响全局。

用"系统"的眼光来看一个家庭的动态情况时,当任何成员的心理与行为变成病态时,将被看成其病态的变化会对整个大系统的"家庭"产生一连串的作用；而相反地，假如成员的行为变好，也同样对整个"家庭"起一连串的反应。不只考虑对个人的心理与行为有何变化，即考虑是变坏，或变好之外，也得考虑对整个"家庭系统"引起何种作用与反应。

（三）以"家庭发展"的观念了解家庭问题

一个家庭不是静态的，而是随成员的年岁长大，而经历不同性质的家庭阶段，这称之为"家庭发展"。在每个发展阶段，有其特别的心理课程去面对和完成，也常有特殊的心理问题要去解决应付。能以"家庭发展"的观念来审查家庭的状况，并以发展阶段所面临的课题和困难，来了解一家人所处的境界，是另一个重要观点。

（四）以动态眼光了解"个人"与"家庭"的病理关系

个人的心理问题与婚姻或家庭的心理问题有各种的相互关系。我们需要以动态的眼光，灵活而且确实地了解，到底"个人心理问题"与"家庭心理问题"有何种关系。二者之间的关系不外乎几种：家庭是个人问题发生的摇篮；家庭问题是对个人问题的反应；个人问题是家庭问题的表现；或者个人问题与家庭问题是无关的共存现象等。能正确认识清楚之后，咨询者才能进一步决定如何处理个人与家庭的心理问题。

例如，如果一个小孩常无缘无故地闹情绪，使得本将快分居或离婚的父母因非得照顾这个孩子，再也不谈分居或离婚，夫妻两人继续跟孩子住在一起。由此可知这个小孩利用他的"个人问题"来"粘住"家庭，使快分解的家庭不至于瓦解。这时咨询者便不能轻易地去改善除去个人的问题，而要先去解决父母的婚姻问题；假如个人的问题，只是"替罪羊"性质的话，不宜只处理针对"替罪羊"的问题，而忽略了问题后面的真实问题。

五、关于家庭治疗理论的评价

心理治疗的各个理论都有长处也都有局限性，家庭治疗的理论和方法也不例外。在许多情况下，儿童和青少年问题行为的解决，只是采取家庭系统治疗的方法是不够的，有时候是行不通的。例如，有时父母等家庭成员由于种种原因不能会见家庭治疗师，或特殊的问题行为，如"关于与异性同学交往的问题"，不需要家庭系统治疗。在这种情况下，就应该积极地进行个体心理治疗或团体治疗。家庭治疗专家指出，在解释和帮助有问题的家庭成员时并不一定只应用家庭系统的理论和方法，应该积极地借用其他的心理咨询理论与家庭系统论结合在一起使用。相关的实验也表明，对儿童和青少年某些问题行为的治疗，采取个体治疗和家庭治疗相结合的办法效果比较好。

六、在特殊儿童心理咨询中的应用

家庭对特殊儿童心理健康的影响是举足轻重的，特别是当特殊儿童活动范围受到身心发展的局限时，家庭更是特殊儿童成长的主要环境，家长是他们频繁交往的对象。由于家长对待孩子的障碍认识不一，造成特殊儿童家庭的教养方式、态度具有一定的特殊性。不良的家庭教养方式会对特殊儿童的心理健康带来很大的影响。因此，从家庭的结构和功能的分析、改变出发，营造利于特殊儿童心理健康的家庭环境具有重要的意义。在特殊儿童的心理咨询或心理健康教育的过程中，负责心理咨询的教师引导或建议家长参与，是特殊儿童心理咨询工作的重要环节，可以借鉴家庭治疗的原理来具体实施。

第五节 团体咨询理论

一、团体咨询理论的主要内容

（一）团体咨询的基本含义

团体咨询是在团体情境中提供心理帮助与指导的一种心理咨询与治疗的形式。他通过团体内人际交互作用，促使个体在交往中通过观察、学习、体验，认识自我、探讨自我、接纳自我，调整和改善与他人的关系，学习新的态度与行为方式，以发展良好的生活适应的助人过程。

团体咨询理论主要源于勒温（K.Lewin）的团体动力学。勒温认为，人的心理和行为决定于内在需要与周围环境的相互作用。团体的整体形成与否，关键取决于个体之间的互动与影响。而一个团体的形成与否，关键取决于个体之间的互动与一致。个体间的一致通常受下列因素制约：共同的社会文化背景、态度的相似性及需要的互补。团体一旦形成良好的组织结果和融洽的心理气氛，不仅对提高团体效能、促进人的社会行为有益，而且有助于个体情绪生活的调整和人际关系的改善。近三十年来，结合儿童辅导、游戏治疗等咨询理论，儿童心理咨询领域发展起一套有别于个别咨询的团体咨询理论和技术。

团体心理咨询一般由1~2名领导者主持，根据团体成员问题的相似性，组成课题小组，通过共同商讨、训练、引导，解决成员共有的发展课题或相似的心理障碍。团体的规模因参加者的问题性质不同而不等，少则3~5人，多则十几人到几十人。在几次或几十次的团体活动中就共同的问题进行讨论，相互交流、启发，共同探讨，支持鼓励，使参与者观察、分析和了解自己心理行为反应和他人的心理行为反应,从而改善人际关系,增强社会适应能力,促进人格成长。

团体心理咨询有很多种类。根据团体的形式可以分为发展性团体咨询、训练性团体咨询、治疗性团体咨询;根据团体咨询所依据的理论和方法,可以分为精神分析团体咨询、行为主义的团体咨询、认知—行为团体咨询、交朋友小组;根据咨询中的侧重点不同,可以分为重点放在个体的团体心理咨询和重点放在团体成员的交互作用上的团体心理咨询等等。

(二)团体咨询的功能

也许会有人问:"团体咨询和个体咨询哪个效果更好呢?"有些情况下个体咨询与团体咨询的结合会产生最好的效果,但由于人与人之间以及情境之间的差异很大,所以在选择咨询的方式时还是要具体情况具体分析。对于某些人来说,他们需要来自他人的信息,他们善于通过"听"学到更多的东西。在以青少年为对象的心理咨询中团体咨询的效果是比较好的,因为青少年往往更愿意和同龄人谈话而不是和成年人,对于那些陷入忧伤不能自拔的人来说,团体咨询也具有非常的价值。

团体咨询为参与者提供了一种良好的社会活动场所,创造了一种信任、温暖、相互支持的团体氛围,参与者以他人为镜,反省自己,深化认识,同时也成为他人的社会支持力量。团体咨询有助于培养成员与他人相处及合作的能力,加深自我了解,增强自信心,开发潜能,加强团体归属感、凝聚力。

对于学龄儿童来说,团体咨询具有以下特殊功能:

帮助儿童度过适应转变阶段;帮助儿童参与课外活动;帮助儿童了解自己所关心的事情;帮助儿童了解他人所关心的事情。

二、团体咨询中的各项因素

(一)团体领导者

团体领导者(即咨询人员)如同乐队的指挥,对团体的形成起导向、协调等重要作用。团体的领导者必须具备个别辅导的经验,因为对个体人格特质的了解,有助于团体成员的组织和沟通。团体领导者的基本角色功能是促进团体成员的交互作用,解决人际冲突。领导者可以使用各种技术对团体进行指导,引导团体成员向一致同意的目标努力。随着团体凝聚力的逐步增强,领导者开始弱化自己的角色功能,让团体成员自己来实现自己的目标。

(二)团体成员的性质

就团体成员的异质性来看,将不同人格特质的孩子组织到一起(包括楷模示范儿童),有助于发展性咨询目标的实现。即使出于治疗的目的,在组织儿童心理咨询团体时,也不妨考虑把有强迫行为的儿童、有压抑感的儿童、性格乖僻的儿童、患恐惧症的儿童组合到一块。当然，那些父母离异或死亡、有严重创伤经验、敌对情绪明显、道德品行不良的儿童是不宜纳入上述团体的。当然在针对某个特定主题和目的设计的团体，成员面对的现实问题应具有共同性，如组织那些父母正在离婚或已经离婚的孩子进行团体活动。

团体成员的年龄和性别在组建时也应当考虑。一般来说，同一团体中儿童的生理年龄、心理年龄和社会成熟度应当比较接近，最大的年龄差距不应超过两年。考虑到学龄儿童的性发展尚处在潜伏期，很多学者主张在团体咨询中最好将男女生分开，这样更宜为儿童接受。

（三）团体咨询的规模

关于团体咨询的规模，专家们的看法也不一致，其中支持者较多的一种观点认为，当一个团体只有一名领导者（咨询人员）时，团体成员最好在5人左右；若咨询人员有一位助手（最好为异性，便于同儿童互动），人数可增加到10人左右。另一点需考虑的是，在一个团体中退缩儿童的数目应多于正常儿童；具有攻击倾向及好表现的儿童应尽量减少，以防止对团体的干扰作用。

（四）团体咨询环境

团体咨询的物理环境同游戏治疗室的要求相似，但活动场所可灵活选定，如教室、礼堂均可。咨询场所应适当布置，有足够的活动器材和桌椅，以便吸引儿童的注意和兴趣。

（五）团体咨询的聚会时间和频率

团体咨询的聚会时间和频率应视儿童的年龄而定。通常情况下，低年级学生每次聚会时间应控制在40~60分钟，中高年级学生每次聚会时间可延长到60~90分钟；各年级的聚会次数以实际需要决定，最好是一周活动一次。

（六）建立团体规范

团体成员在相互接触之初的一项重要工作就是建立团体规范，成员通过讨论提出，并严格遵守，这是团体初创阶段的一项重要工作，也是团体咨询得以顺利进行的保证。团体规范的基本内容有如下几项。

保守秘密。在团体活动中成员尽量敞开心扉，但在团体活动中了解的信息必须保守秘密，今后不传播、不评论，不在团体外部做任何有损成员利益的事。

坦率真诚。团体活动中成员应以坦率、真诚、信任的态度相待，不掩饰自己的真情实感，对他人的表露提供反馈。

不与外界接触。团体活动期间，成员应把注意力集中在此时此地，尽量少与外界接触，以免影响情绪，干扰活动。打电话、听广播、听音乐、看报纸等都对团体活动造成干扰。

避免与少数人交流。活动中应尽量争取机会和团体内每一个人都有交流的机会,避免只与自己喜欢的人交流。

三、儿童团体咨询的具体实施

在儿童团体心理咨询的具体实施中,主要应注意几个问题。

(一)制定好团体行为规则

在团体咨询刚开始时,咨询人员应在相互介绍的基础上,让儿童自由表达他们参加团体的理由以及个人的打算,然后再和团体成员一起讨论制定有关规则。儿童团体中规则应更详细,除了上述的几项规则之外还应包括下述几点。

互相帮助。参加团体的目的是为了彼此之间的帮助,因此作为一名团体成员,必须认真倾听别人的谈话并尝试进行帮助,不准独自占用谈话时间。

每次只限一个人发言。不用举手,别人讲完后即可接着发言。

咨询人员是领导者,也是团体中的一员。咨询人员的主要作用是维持团体气氛,使讨论不离题,并对疑难问题予以澄清或解答。咨询人员是积极的倾听者。

围绕主题讨论。当一个题目被提出来进行讨论时,团体成员要始终围绕这一题目进行讨论,指导全体成员一致同意换别的题目为止。

团体咨询的最终目的是帮助团体成员对自我有更深的了解,并且对个体是如何影响他人的有所体会和收获。

(二)组织好游戏活动

儿童团体咨询与成人团体咨询的不同处主要在于:前者除了谈话、讨论外,必须有相应的游戏活动予以配合。儿童团体咨询中最好是先谈后玩。因为儿童在开始阶段较能集中注意,也愿意坐下来谈谈自己感兴趣的事情。如果先游戏或先活动,然后再引导他们坐下来讨论,一些儿童特别是有不良行为的儿童则难以做到。但儿童有时并不能带来他们想要谈论的话题、故事或短文,需要咨询者(即领导者)应用玩偶、绘画及其他游戏来开始咨询活动,帮助孩子们进入状态。不少学校心理咨询者反映在儿童团体咨询中有过多的乐趣和游戏,没有足够的深度。当儿童年龄较小时,要增加团体咨询的深度是比较困难的。这就需要咨询者对咨询目标有一个深刻和准确的把握,围绕主题组织不同的活动,将团体成员的注意力保持在一个主题上,使每个成员都有收获。

在游戏或活动中应当注意:游戏或活动的内容应与团体讨论的主题有机配合;游戏或活动是深化儿童的认识,调动儿童兴趣的手段,不是团体咨询的目的;如果个别儿童不遵守纪律,应禁止其参加下一步的游戏或活动,以保证整个咨询的成效。

对于青少年团体咨询来说,由于一些成员并不是自愿到这个团体中来,是由于老师或父母的安排被动参与,此时在最初的几次咨询活动中,咨询者必须设计有趣且切题的活动,用角色扮演、道德两难处境练习、句子完成等活动方式激发成员的参与兴趣。允许成员有时间发牢骚也是个不错的办法。

(三)确定活动的时间长短和参加人数

确定活动的时间长短和参加人数应当与成人团体不同。对儿童来说30~45分钟的团体活动是比较合适的,最佳的儿童团体的参加人数是5~6人。如果是课堂指导的话,可以增加到30多人。青少年团体的活动可以持续40~90分钟,任何成长、支持或治疗的青少年团体都应控制在8人以下。

四、关于团体咨询理论的评价

(一)团体咨询的优越性

与个体心理咨询相比,团体心理咨询有着许多优越性,特别适用于学校心理咨询。

1. 团体心理咨询效率高

个体心理咨询是咨询员与来访者一对一地进行帮助指导,每次咨询面谈需要花40~50分钟的时间;而团体心理咨询是一个指导者对多个团体成员,即一个指导者可以同时知道多个来访者,增加了咨询人数,可节省咨询的时间与人力,符合经济的原则,同时也可以缓解咨询人员不足的问题。

2. 与个别心理咨询相比,它提供了更为典型的社会现实环境,咨询效果易巩固

这就产生了两个效果,一是它使团体的指导者(咨询员)能够更好地研究来访者的社会相互作用模式;二是它有助于来访者的社会化。

3. 通过将具有不同背景、人格和经验的人组合在一起,为每一个参与者提供了多角度的分析、观察及情感反应的机会

在团体心理咨询中,来访者通常可寻求自己感觉有益的反应,有时指导者会鼓励其他成员给出有益于某一成员的应答。

4. 特别适用于人际关系适应不良的人

团体心理咨询对于人际关系适应不良的人有其特别的作用。一般青少年缺乏社会生活的经验,在学校或社会里常发生人际关系方面的冲突或逃避与人接触,可通过团体心理咨询得到改善。

(二)团体心理咨询的局限性

1. 在团体情境中,个体深层次的问题不易暴露;
2. 在团体中,个体差异难以照顾周全;

3.在团体中,有的成员可能会受到伤害;

4.在团体中获得的一些关于某个人的隐私时候可能无意中泄露,会给来访者带来不便;

5.团体心理咨询对指导者的要求高,不称职的指导者会给来访者带来负面影响;

6.团体心理咨询不是适合所有的人,那些极端内向、害羞、自我封闭的社交障碍者不宜参加。

我们在具体运用的时候,可以采用一些措施,使团体心理咨询的优点充分发挥出来,局限性降至最低。例如,来访者要有充分的心理准备;指导者要掌握团体心理咨询的理论与技巧,充分尊重每一位成员;团体咨询开始前要有明确的纪律等。

在实际应用团体咨询理论过程中还可能出现两个问题,需要咨询者注意。

第一,团体咨询理论是针对直接咨询过程提出来的,在间接咨询为主、直接咨询为辅的小学心理咨询中,其实用范围有一定局限。

第二,西方的团体咨询理论主要是就小团体的情况而言。而我国的学校心理咨询中供需的矛盾较大,如完全照搬西方的做法,就必然会忽视和拖延了一部分学生心理问题的解决。建议在团体成员处于同质或半同质状态,咨询对象自愿,问题较易于解决且咨询条件许可的情况下,团体规模可扩大到40人左右甚至更多。这样可以更好地发挥团体咨询经济、快捷的优点。

五、在特殊儿童心理咨询中的应用

团体咨询理论对解决特殊儿童的人际交往、自我认识不足等问题,同样具有良好的效果。通常对具备一定的交流能力的特殊儿童来说,是完全可以组织他们参加心理成长小组的活动的。在特殊儿童心理咨询中的具体应用可参考第六章的内容。

第六节　生活分析理论

一、生活分析理论的含义

生活分析是日本筑波大学心理学教授、日本学生咨询学会会长松原达哉于1985年创立并付诸实践的。日本自完成经济高速增长之后,跨入了发达的工业国的行列,国民生活水准及生活环境起了质的变化。优裕的生活方式、舒适的生存环境以及大批核心家庭的涌现,使得年轻一代的教育出现了许多与上一代人截然不同的问题。父母在教育子女时多采取过于保护、过于干涉的态度。使孩子欲望得不到满足，耐性缺乏，他们的表现可以用"三无"来描述，即无热情、无动力、无气力。缺乏学习热情和积极性，生活没有目标、做事无精打采，常常一副懒洋洋的样子。在这样的背景下成长起来的儿童，往往缺乏自我克制力，精神萎顿麻木，缺少父辈这种坚韧不拔、自强不息的精神。这种情况使许多教育家忧虑，也为学校心理咨询工作提出了新的严肃的课题。为了帮助年轻一代克服自身弱点，学会有规律的生活，日本一些教育家、心理学家研究出一些针对性较强的理论和方法，生活分析理论即为其中之一。针对这种情况，松原教授迫切感到应该有一种方法能够让缺乏学习动力和学习热情的学生通过自己分析，反省现在的生活行为，使他们能够有目的、有积极性地生活。

在我国，随着独生子女进入大学，也出现了一些"三无学生"。加上高考竞争激烈，中学生的主要精力用于应付高考，把考入大学作为自己的最大目标，而一旦进入大学，这个目标实现了，新的目标尚未树立起来，极易变成"三无学生"，即"没劲派"。松原教授的生活分析咨询法符合目前我国部分学生的思想弱点，而且针对性及可操作性都很强，不失为一种好方法。

所谓生活分析就是来访者在咨询人员的指导下，对自己当前的生活内容进行有条理的分析和反省，通过这种分析、反省过程达到自我检查、自我激励的目的。

二、生活分析理论的特点

生活分析理论具有以下10个显著特点。

（一）注重生活行为的分析

传统的思辨心理学注重研究人的内心，现在的实证心理学注重研究人的行为。生活分析理论以实证心理学作为自己的研究起点，强调对生活的全盘思考和系统分析。

（二）强调对现在行为的科学分析

人的行为有过去、现在和将来之分。回溯以往，查找原因，固然可以起到理清头绪的作用，但它不能有效地描述当前的情景。迷恋于将来行为的描绘无助于现实问题的解决。因此，紧紧地把握现在的情景，对学生当前的懒散、困惑给予可操作的实际指导，是生活分析理论的侧重点。

（三）具体化

松原先生认为，懒散的学生并非不清楚学生应当以学为主，但他们的生活、学习目标比较模糊，有时又分不清轻重缓急，所以不少学生把时间浪费在看电视、玩电子游戏机上。对这些学生单靠笼统的规劝是不能奏效的，必须给予具体的示教和指导。要让学生具体地了解"现在""在这里""应当做什么""应该怎么做"。

（四）数量化

现在的学生从中小学就接触计算机,数量化的概念明确,有量化分析的习惯。因此,将学生的生活行为采用打分的形式予以量化,使学生对其重要程度一目了然,是符合学生的兴趣和习惯的,是必要的、可行的。

（五）尊重学生的自发性、自主性

生活分析绝非单方面的指令、强制,而是以对学生自发性、自主性的充分尊重为基础的。从咨询本身的效果来说,如果学生本人连求询的意愿也没有,生活行为的再详细分析也无济于事。可见,尊重学生、启发学生在生活分析中起重要作用。

（六）目标的视觉化、明确化

在生活分析的过程中,要求学生把自己的行动目标(大目标、小目标)一条一条写在纸片上,这种写的过程本身就是一种视觉化、意识化、条理化、明确化的过程。对学生而言,直观性强、目标明确的事情更容易操作和自我监督。

（七）自觉洞察

采用一个个视觉化、数量化了的目标排列系统,有助于学生的自我了解、自我洞察。目标的量化分析可以使学生知道当前哪件事情是最重要的,今天自己的完成情况怎样,下一步应该怎么做。

（八）个别化

学生千人千面,兴趣、能力、性格、价值观念、成长过程各不相同。只有充分考虑学生的独特个性和特殊烦恼,采取个别化的、针对性强的辅导措施,才能达到生活分析目的。

（九）反馈学习,增强自立

生活分析是定期进行的,每次都要写出执行情况的报告。小目标一经完成即给予鼓励,完不成的则要批评、督促。这种反馈学习可有效地促进学生的成长,增强他们的独立精神和自立能力。

（十）通过评价可强化动机

在执行计划的过程中,每完成一项即用彩笔勾画,这种方式使得执行计划者获得满足、充实和愉悦,多次反复体验显然可提高自信心,强化行为动机。当执行计划的学生和咨询指导人员共同进行这种分析、反省和评价的时候,效果更加显著。

三、生活分析法的实施步骤与要求

（一）所需材料

为了制作生活行动分析图，咨询者需准备下列材料。

1. 长3.5厘米、宽1.5厘米的小纸片20~30张。
2. 分类用纸片7~8张。
3. 作图用纸2张（贴纸片用）。
4. 顺序表。
5. 格纸2张，用做最重要目标生活行动日程表。

（二）方法与步骤

1. 填纸片

咨询者对寻求学生展示纸片及顺序表，并告诉学生：把你应该做和打算做的事情一一填在小纸片上。要一件事、一件事地填，每个纸片写一件。如英语学习，每日记5个单词；看电视，每日控制在1小时左右。学习、娱乐、交友、锻炼、参加社会活动等方面的内容都可以填。

2. 分类

将所填的纸片分成学习、应考、保健、交友、课余爱好、家庭生活、其他等类别，每一类别的纸片不超过8张。如超过8张可按××类（2）××类（3）排列。

3. 命名

分类之后，要把各类别按其内容标上名称（填在分类用纸片上）。

4. 打分

根据小纸片上所填事情的必要性、可行性打分。必要性是指目标对于自己的重要性和急需程度。可行性是指完成此项行动目标，自己的时间、能力、意志力、身体状况、经济条件等方面是否允许。必要性用N代表，可行性用P代表。根据公式（N+P）/2=M计算出两项的平均分数，写在小纸片上。注意：打分时满分为100分。

5. 按顺序排分，制成生活行为分析图

根据平均分数（M）的高低，从高向低依次排列。从高向低意思是说，各类别（横向）排序由高分到低分，每一类别内的事件（纵向）排序也是由高分到低分。随后，将排好序的分类用纸和填写事件的小纸片分别贴在顺序表上，这样，一张生活行动分析图就制作完成了。

6. 选出两项最重要的目标

从已完成的生活行动分析图中找出两项个人打分（平均分数）最高的，作为最重要的行动目标。

7. 制作最重要目标生活行动日程表

此日程表的制作是加强对最重要目标的检查督促。可利用事先备好的格纸来做。

8. 实施结果每周一评

在实施生活行动分析图时，要以两大最重要目标为中心，同时兼顾其他目标。实施结果每周一检查，每月一评价。凡已实现的目标均将实现日期记在生活行动分析图上，并且用浅色彩笔将已实现的项目抹去。

9. 制作新图表

生活行动分析图一般每月制作一张。上个月未完成的项目在下个月继续标出，同时加写新的项目。如连续数月行动计划无变化，可不必制作新图。要视情况灵活决定。

10. 长期评价

半年或一年后要对完成目标的情况进行长期评价。评价可由咨询者和求询学生共同进行。对于按计划完成的项目要予以表扬，没有完成的则应设法查出原因并就今后的努力方向（包括方法、步骤等）给予具体指导。

四、关于生活分析理论的评价

生活分析理论和方法不适对小学生的直接咨询，因为其应用过程对思维活动的要求较高，小学生的思维发展水平还达不到这一程度。如果孩子的问题属于缺少朝气和热情，生活缺乏条理和规划，可以向家长介绍这一理论和方法，以家长为中介，指导孩子养成良好的生活习惯和条理性是可行的。

间接咨询是小学生心理咨询的主要形式之一，家长或教师在间接咨询中起重要的媒介作用。学生的问题涉及贪玩、缺乏自我控制能力、生活杂乱无章时，可以向学生家长或教师介绍生活分析的理论和方法，要求他们按照其中的基本精神，指导孩子或学生重视生活目标的选择和行为的评价，养成良好的生活习惯特别是条理性。

我国小学生的学习负担较重，易受社会上流行娱乐的吸引，加上小学生自控能力较弱，一部分学龄儿童迷上了网络等现代娱乐工具，厌学、逃学或贪玩、不用功学习的现象日渐增多。应用生活分析理论，在咨询过程中对家长、教师予以指导，并通过家长和教师影响孩子或学生，使学习、家庭和社会都形成重学重教的气氛，其意义已超出了对学生个人传授一种生活方法的价值。

生活分析理论及其方法主要缺点是过于琐细，不但小学生本人难以逐一实施，就是学生家长自己恐怕也会因为过于麻烦、费事而中途放弃。因此需要咨询者正确把握这一理论的精神实质，将其方法适当简约，以经济实用的方式编制生活行动计划图，在明确目标、督促检查、激励强化上下工夫。

五、在特殊儿童心理咨询中的应用

生活分析理论对于解决高年级的听觉障碍儿童和视觉障碍儿童的学习习惯不良等问题也一样适用。

对于有一定认知能力，但是缺乏自控力、不能良好地自我管理、学习习惯不良的特殊儿童来说，制作和实施生活分析图是帮助他们自我管理的具体可行的办法。在实施过程中要根据特殊儿童的认知水平，把简约的文字通过图片等形式表现出来，使其更适合特殊儿童心理咨询的需要。

表4-2　解决儿童心理问题过程中各种心理咨询技术的使用比较

分类	不适应、问题行为	心理咨询、治疗技术								
		游戏疗法	沙盘游戏治疗	艺术疗法	音乐疗法	行为疗法	自律训练法	催眠疗法	团体辅导	个别咨询
人际关系问题	自闭症	○			○	●		○		
	缄默症	●								
	人际关系紧张、恐怖	○		○		○	○			●
	攻击、破坏倾向	○	○							
适应问题	内向、孤立、胆小	●	○						○	○
	注意缺陷、多动	●				○				
	情绪不稳定	●						○		
	反社会行为	○							○	○
学校学习生活问题	学校恐惧症	●								
	厌学症	○				●				●
	学习困难、障碍						○			
神经症问题	夜尿症	○		○				●		
	神经性不安						○			
	强迫倾向									
	口吃	●					○			
心身问题	神经性头痛、呕吐等						○			
	进食障碍					○				●
	呼吸急促、紧张性胸闷	○			○					
	夜惊、失眠等	●		○				○		

注："●"表示经常使用的心理咨询、治疗技术，"○"表示有时使用的心理咨询、治疗技术，空白表示不使用。

思考题

1. 儿童辅导理论的特点和主要内容是什么？
2. 逻辑结果理论与惩罚的不同体现在哪些方面？
3. 逻辑结果理论的内容是什么？
4. 游戏治疗理论的实施原则有哪些？
5. 游戏治疗的主要形式有哪些？
6. 家庭治疗适用于解决哪些问题？
7. 团体咨询的特点有哪些？儿童团体咨询应注意哪些问题？
8. 生活分析理论是用于解决哪些问题？

第五章 视觉障碍儿童的心理咨询

本章论述了影响视觉障碍儿童心理健康的主要因素，目前视觉障碍儿童表现的主要心理问题和盲校维护视觉障碍儿童心理健康的现状。有针对性地提出了维护视觉障碍儿童心理健康的建议。

第一节 影响视觉障碍儿童心理健康的主要因素

2006年全国残疾人第二次抽样调查结果表明，我国现有视力残疾1233万人，占残疾人口总数的14.86%，比第一次抽样调查的人数增加了400多万人。由于视觉缺陷带来了生活不便与障碍，影响了有视力缺陷的儿童的心理健康。视力缺陷与儿童个性的形成并没有必然关系，并非视觉障碍儿童就一定会面临更多的心理问题。但与普通儿童一样，视觉障碍儿童在心理发展的过程中也会出现各种心理问题，需要进行自我调适和他人提供帮助。由于视觉障碍儿童的生理缺陷，其表现出来的心理问题也具有一定的特殊性。

一、社会环境

影响视觉障碍儿童心理健康状况的因素很多，归纳起来不外有以下几种。

（一）融入人际环境的困难

视觉障碍儿童与明眼人相比，适应周围的环境会遇到较大的困难，其中有些困难是明眼人难以想象的。例如，明眼人在交流过程中运用言语和非言语的方式进行交流，通过目光示意，用面部表情表示自己的态度或回应等等，普通儿童在做事时能从他人的面部表情、动作暗示，就知道自己怎样做是对的，可得到鼓励，怎样做是错的，会被指责，从而调节自己的行动。视觉障碍儿童难以辨认或获得这些非言语信息的提示，也难以用正确的表情和身体姿态来表达内心的感受。这就给视觉障碍儿童和明眼人交流带来很大的障碍。

有些喜欢恶作剧的儿童看到视觉障碍儿童还会故意大声嘲笑他们，甚至设置障碍捉弄他们。类似这样的经历很严重地损伤了视觉障碍儿童的自尊心，导致有的视觉障碍儿童不愿和普通儿童一起玩耍，甚至对他人怀有疑惧心理。

（二）适应物理环境的困难

在适应生活中的各种环境中，视觉障碍儿童常常会体验到无能为力的感受，久而久之便会产生自卑等消极情感。如在过马路时，视觉障碍儿童难以从红绿灯的变化中获得相应的通行信息，而目前一些大城市的十字路口配合红绿灯使用音箱，用音箱中发出的长短音提示有视觉障碍的人信号灯的变化，这一举措表现了社会对特殊人群的关注。但在现实应用中，由于表示不同行走方向信号的音箱都装在一根柱子上，在嘈杂的马路上辨认音箱中的声音信号和行走方位的关系难度较大。

大部分视觉障碍儿童的成长环境局限于盲校、家庭这些狭小的地方，缺乏与外界的交往，不利于个性的健全发展。视觉障碍儿童学习、生活环境的封闭性，学习内容脱离实际，这些问题都会导致他们的闭锁心理。目前国内盲校的教材还停留在照搬普通学校教材的基础上，教学内容明显脱离盲生实际，这对正确引导教育视觉障碍儿童带来极大困难，不利于视觉障碍儿童的身心发展。①

二、家庭环境

（一）家长的态度

父母和家庭成员对视觉障碍儿童的态度直接影响亲子关系，影响到视觉障碍儿童个性的发展。绝大多数视觉障碍儿童入学前都生活在家里，因此家庭环境对他们的影响更为重要。

家长对待视觉障碍儿童的态度可分为5类，对儿童的成长起到不同的影响。第一类，接受现实型，正确对待儿童，教给儿童能自己努力克服困难的方法，鼓励他们进行自己感兴趣的活动，培养他们对事物的兴趣，培养独立自主的能力，在这样的家庭环境中长大的视觉障碍儿童一般身心健康，积极向上，学习、生活自理和交往能力都较强。第二类，逃避现实型，不承认视力缺陷对儿童的消极影响，力求证实他们和普通儿童一样，对孩子寄予过高希望，提出过高要求，给儿童带来较大的精神压力，由于常常无法达到家长的期望，儿童会有很深的挫折感。第三类，过度保护型，对孩子出于怜悯而过分保护，包办孩子的一切事务，导致儿童身心发展迟缓。第四类，内心厌弃型，声称对孩子负责，实际是掩饰自身内心对他们的厌弃，这样的父母常说："只要他活一天，我就养他一天。"他们过分地强调失明的消极影响，认为失明的孩子只能靠人养活而没有独立能力，甚至希望孩子能死在父母之前，这种态度会造成孩子消极依赖的思想，认为自己是家庭的包袱，永远无法改变自身的命运。第五类，公开厌弃型，父母公开地对视觉障碍儿童表示厌弃，儿童在家庭中得不到温暖、安全感，更谈不上身心正常发展。

---

① 黄柏芳：《浙江省盲人学校在校学生心理健康状况调查报告》，《中国特殊教育》，第39～42页，2004年第3期。

20世纪90年代中期的一项相关研究表明，①盲童心理健康问题与家教态度类型的关系为：在厌弃型及过度保护型家庭态度中成长的盲童所出现的心理健康问题远较其他类型为多，检出率最低者为接受现实型。说明家教态度对盲童心理健康影响明显。接受现实型家庭有利于培养盲童面对现实，自强自尊的性格和适应社会的能力，各种心理问题出现较少。回避现实型则易使盲童向两个极端发展，一是使盲童过于自信，攻击性强，好冲动。另一种结果则是盲童面对父母过高的期盼而加重了心理负担，变得自暴自弃、孤独无望等。过度保护型则易导致盲童在体格、精神、情感、社会能力上发育迟缓，加剧了各种心理障碍。厌弃型则会给本来就潜藏不健康因素的弱小心灵雪上加霜，使之更加焦虑、自卑、冲动、退缩等。有的学者曾用"假性发育迟滞"一词，来说明由于家长及周围人的失望以及对失明的成见，造成的盲童精神发育迟滞。把家长与盲童之间的相互作用看做一个恶性循环，孩子的失明及其他一系列问题，给家长造成精神压力和情绪困扰，使父母对孩子失去信心，过分保护或遗弃。这些做法使盲童发育迟滞，产生一系列情绪问题，反过来又加重了家长压力。

2001年有研究者抽取山东省100名盲童（其中男生63人，女生37人），平均年龄为12~15岁，与100名正常儿童的孤独感、社会支持情况、父母教养方式做了对比。②发现盲童孤独感与父母的情感温暖呈显著的负相关。由此可见，父母与视觉障碍儿童之间的不良相互作用会造成恶性循环，儿童的失明和其他一些问题给家长造成精神压力和情绪困扰，使家长对儿童采取了过分保护或不闻不问的态度，这些不适当的做法造成了视觉障碍儿童发展迟缓，反过来更增加了家长的压力。只有建立良好的亲子关系才能避免和摆脱这种恶性循环。

（二）家庭教养方式

相关研究表明，盲童父母在"过分干涉与保护""惩罚严厉"上显著高于正常儿童的父母。视觉障碍儿童的父母之所以过度保护孩子可能是由于不敢让孩子像正常儿童那样行动，担心其受人欺负，也不愿他们与社会上的人过多交往有关。盲童家长对盲童付出较多，无论是经济还是精神上的负担都较重。当盲童犯错误时，父母的失望感会比正常儿童父母大，因此会严厉惩罚盲童，有的父母也存在厌恶、嫌弃心理，当孩子犯错误时，便会更严厉地惩罚。

---

① 卞清涛等：《237名盲童学生心理健康问题的研究》，《中国行为医学科学》，第144~145页，1997年第6卷第2期。

② 李娟等：《盲童孤独感与父母教育方式、社会支持的研究》，《中国心理卫生杂志》，第394~395页，2001年第6期。

三、视觉障碍儿童心理特点

（一）本人对待视力缺陷的态度

视觉障碍儿童能否以正确的态度对待自己的生理缺陷，是影响他们个性发展的内因。伯斯德把盲童对待失明的态度分为4种类型：第一种，接受现实，对缺陷采取积极的补偿措施，愿意谈论残疾带来的各种问题，客观地考虑哪些是能做的，哪些是难以达到的。集中精力于他们可以做的事，在向目标进取中表现出正常的竞争精神；第二种，拒绝接受现实，不承认残疾带来的限制，过于自信，认为盲人与健全人完全一样，甚至优于健全人，对别人的批评表示怨恨，在挫折面前这种过度自信可能转变成缺乏安全感和强烈的自卑感；第三种，防卫性心理反应，把失败归咎于家庭、教师或社会，他们总感到委屈，经常表现得愤懑不平；第四种，在困难、挫折或烦恼面前畏缩回避，不愿与社会接触，性格孤僻，爱读书，听收音机，沉溺于幻想和自怜，这些情感在青春期表现得更为明显。这一类型的表现是家长或周围人的厌弃态度的反应。

（二）视觉障碍儿童自我概念的发展

自我概念是指个体在与环境的交互关系中所形成的对自己的知觉、态度与评价的综合体。它包括自我认知和自我评判两个方面。正确的躯体形象是良好自我形象的核心，也是自我认知的起点。不良的躯体形象将导致自我形象扭曲。视觉的缺陷使得盲童自我概念的形成与发展可能受到不利的限制与影响。他们的举动清晰地呈现于别人面前，自己处于被动低劣的地位，于是盲童会有挫折感、孤独感，被外界误以为能力不足导致忧虑、退缩、自卑。

（三）视觉障碍儿童的认知评价水平

特别是对盲的接受程度。由于自我概念发展受到限制，盲生缺乏对自我的正确认识，不能找准自己的位置，缺乏明确的目标。于是对事情的利弊趋于夸大的想法，常用否定、怀疑的态度对待他人；或期望值过高，或自暴自弃，低成就、低动机，将失败、低劣的社会地位等一切不好的遭遇归咎于盲。

（四）视觉障碍儿童的耐挫力

学生产生心理障碍与其失败经历有关，与他在挫折面前无能为力有关。如一有挫折，就怀疑自己的实力、能力、智力；在挫折面前容易丧失自信心、自制力，丧失前进的目标。盲生在生活、学习、工作中所遭受的挫折远比同龄明眼学生多。他们须有更坚强的耐挫力。

第二节 视觉障碍儿童心理健康现状分析

一、视觉障碍儿童常见的心理问题

美国教育家托马斯·卡斯佛（Thomas D. Cutsforth）曾指出：一般人往往误认为眼盲只代表唯一感官的丧失或损伤，其实，眼盲明显地改变和重组了个体的整个心理生活，这种挫折发生得越早，越需要重组工作。在以自卑、幻想、焦虑等为特征的心理问题上，失明发生时年龄越大，调整适应越差，特别在社会能力上，因而，他们表现的上述心理问题较突出。由于女生大多有感知细腻、思维具体、情感脆弱和性别上的依赖性等心理特点，在遭受失明创伤时，她们内心冲突的机会比男生更多。因此应对盲童从小进行生活自立的训练，培养起自强、乐观的性格。对大龄失明者和女生的心理健康须倍加重视。

（一）不良的情绪体验

1. 孤独感

孤独感是有视觉障碍的人中普遍存在着的一种情感体验。有视觉障碍的人由于行动受限制，又不能看到自身行为的结果，因而总是显得很被动，加上不能通过视觉进行有效的学习和模仿，不能用体态语言与人沟通，这就影响了有视觉障碍的人与普通人的交往。因为看不见，有视觉障碍的人不能像普通人那样看电影、打球、外出旅游……有些有视觉障碍的人经常处于唯恐有失的紧张状态中，怕明眼人讨厌自己，怕给别人添麻烦，不愿与明眼人交朋友，因而不得不长期把自己关在家里。他们强烈地感到不被别人理解，久而久之，孤独感就会油然而生，并且随着年龄的增长日益增强。孤独感是视觉障碍儿童特别是盲童非常典型的心理特征，一项探讨盲童孤独感及其相关因素的研究[1]表明：盲童的心理健康状况值得关注。该研究结果表明，盲童孤独感的得分显著高于普通儿童孤独感的得分。研究表明盲童孤独感与父母教育方式、社会支持都有一定的关系。要减轻盲童的孤独感，盲童父母还是学校、社会都必须重视盲童的心理素质教育，把培养健康的心理素质作为重要教育目标。

2. 自卑感

有视觉障碍的人由于生理缺陷，几乎都经历过自卑的痛苦。他们在学习、生活和就业等方面所遇到的困难要比普通人多得多，有时从他人（甚至

---

[1] 李娟等：《盲童孤独感与父母教育方式、社会支持的研究》，《中国心理卫生杂志》，第394~395页，2001年第15卷第6期。

亲属）那里又得不到正确的帮助，甚至会受到歧视或遗弃。特别是社会上一些人对有视觉障碍的人还没有正确的认识和评价，不能采取有效的措施帮助有视觉障碍的人发挥自身的才智和潜能，使之成为与普通人一样的社会成员。这些，都可能使有视觉障碍的人产生自卑感。屡屡的失败会使有视觉障碍的人产生比普通人低一等的想法："我是有视觉障碍的人，干什么也比不上普通人，将来也不会有什么前途和出路。"有的有视觉障碍的人，无论做什么事，都觉得所有的眼睛在盯着自己，人们随时都在准备嘲笑自己。稍一做不好，就觉得自己太笨。不相信或认识不到自己的能力，不相信自己能学有所成、学有所用，总感到生活没有意义，有的甚至轻生、厌世，从而表现出不敢树立远大理想，不敢谈为祖国做贡献。只想将来能有个职业，能谋生就不错了。极少数有视觉障碍的人走向另一个极端，反而会以妄自尊大的形式表现出来，看不起这，瞧不起那，常常说："我要不是有视觉障碍的人，就能……"为自己的不努力找借口。

3. 内疚感和怨恨感

有的有视觉障碍的人因自理能力较差，仍然需要父母或家人的照顾。看到自己的残疾使父母背上了沉重的包袱，承受着巨大的心理压力，觉得很对不起父母；有的有视觉障碍的人或因找不到工作，或因自己的社会经济地位低而无力报答父母的养育之恩，心中充满歉疚；有的有视觉障碍的人身为父母，看到孩子因为自己的残疾被人嘲笑、受人欺负，觉得很对不住孩子，把一切责任都归咎于自己的残疾。如此种种，都会使有视觉障碍的人产生内疚感。

当然，也有少数有视觉障碍的人认为自己的失明是由于父母或家人对自己照顾不当，或是因为母亲孕期服药，或是因为治疗不及时所造成的，父母应该对自己的失明负责任，因而他们对家长产生怨恨情绪，乃至迁怒于周围的人。

另外的研究中，根据心理健康测验（MHT）结果，视觉障碍儿童的心理健康问题检出率由高到低分别是冲动、恐怖和身体症状焦虑，这些不良的情绪体验也严重地影响了视觉障碍儿童的心理健康。

（二）人格发展方面的问题

另一项探讨视觉障碍儿童的人格与心理健康的特征及其相互关系的研究[①]结果显示：视觉障碍儿童中人格特征的抑郁和社会向性得分较高。由于长期不良的情绪体验，参与社会活动的机会较少，不利于视觉障碍儿童正确地认识自我和认识外部世界，在人格形成过程中遇到较多的障碍。如：

---

① 李柞山：《视力残疾儿童的人格与心理健康的特征及其关系研究》，《中国特殊教育》，第79~83页，2005年第12期。

依赖性和反复无常性。我国有视觉障碍的人在家庭中一般都能得到生活上的关怀和经济上的帮助。有些盲童的家长由于自己的内疚感,不愿让"可怜"的孩子过早、过多地承受生活的压力,事事包办代替,使得盲童成年后缺乏生活自理能力,不能独立处理生活中遇到的问题,不能承担必要的责任和义务。加上有视觉障碍的人需要明眼人帮助熟悉陌生的环境,而社会上大部分地区还没有便于有视觉障碍的人使用的无障碍公共设施,使有视觉障碍的人缺乏安全感。因此,有些有视觉障碍的人把明眼人的帮助看成是理所当然,喜欢得到明眼人的同情和保护,喜欢他人对自己提供帮助,害怕、担心别人冷眼看待自己,对同情、帮助自己的人倍感亲切并表现出极大的信任,把他们作为精神的依托。过多的依赖,使有些有视觉障碍的人不愿独立做事,放松了对自己的要求,很容易原谅自己。有视觉障碍的人一旦意识到自我存在的价值,一旦淡漠了失明的痛苦,便有了自强自立的愿望。他们总愿意把常人看来不可能的事想成可能,幻想现实中的困难消失。做出一件出人意料的事就高兴,一旦幻想破灭,又一败涂地。性格脆弱,自己支配不了自己。如有的有视觉障碍的人喜欢唱评剧,就一心想去评剧团当演员,一旦去不成,就心灰意冷觉得自己什么都不行,甚至对自己产生绝望之感。表现出情绪大起大落,行为忽左忽右的极端反常。

片面性和猜疑性。有视觉障碍的人由于视觉障碍,感知事物不完整,接触事物不充分、不准确,所以看事物往往出现主观性、片面性,先入为主,不易更改;不相信抽象的说教,而相信具体、形象。猜疑心重,不相信未经亲身体验的事,易造成主观成见。

二、视觉障碍儿童心理健康教育现状[①]

由于多数视觉障碍儿童在盲校就读,其心理健康的维护也多由盲校来完成,所以下面着重介绍盲校开展心理健康教育的情况,提及视觉障碍儿童时有的简称为"盲生"。自《关于加强中小学心理健康教育的若干意见》颁布以来,很多盲校开始注意学生的心理健康问题,心理健康教育工作也逐渐从盲目走向科学,从不自觉走向自觉。一些盲校在课程计划中开设了心理健康教育课程,为学生建立心理健康档案,对学校教师进行心理健康教育培训,组织教师参与相关科研工作等等。例如,武汉市盲校开展了应用心理量表调查了解盲生心理健康状况,为个别盲生提供心理辅导等工作。但与普通中小学和聋校的心理健康教育工作相比较,盲校在这方面的工作还有很多有待提高的地方。

---

① 雷江华等:《盲校心理健康教育的现状及其对策》,《中国特殊教育》,第59~64页,2004年第10期。

（一）目前盲校心理健康教育中存在的问题

1. 缺乏专职心理健康教育教师

很多盲校的心理健康教育教师不得不由生活老师、班主任、校医、政治教师、体育教师或其他科任教师兼任。例如，在沈阳、北京盲校心理健康教育教师由医生和体育教师担任，武汉盲校心理健康教育教师由政治教师或接受过医学教育的教师担任。即使是参加国家盲教育《体育与健康》课程标准起草与撰写的人员也是医生、体育教师以及盲校的其他科任教师组成。尽管其他科任教师或多或少地接受过心理健康教育培训，但兼任心理健康课程教学也有可能将心理健康教育课上成"思品课""活动课""心理测验课"。

2. 缺乏残疾儿童心理健康教育教材

一些盲校使用普通学校的心理健康教育教材，这些教材主要是针对普通儿童设计的。对残疾儿童（包括盲童）的特殊性涉及不多，上课时很多内容需要重新组织，给心理健康课教学增加了难度。

3. 缺乏盲生心理健康调查量表或相应常模

因国内外尚无有视觉障碍的人专用的心理测量量表，盲校心理健康教育教师发现盲生的心理问题往往依靠个人的经验，或借助正常儿童的心理健康测量量表进行测验。

首先，依照个人工作经验来判断盲生的心理健康状况缺乏科学性。尽管教师通过盲生出现某种行为的次数、某种行为造成后果的严重性、行为动机的优劣、心理行为是否由于生理缺陷导致等方面来进行判断，但是教师很难精确把握。

其次，正常儿童心理测量量表用在盲童的心理测试过程中困难较多。主要表现在：量表中有些项目不一定适合盲童；测试费时费力，如运用吉尔福特的Y—G性格测试时，花费了比正常儿童高出6倍的时间；专业性极强，操作难度大，技术要求高，一般的辅导教师不易把握；盲童对测试题目不理解等等。

再次，没有适用于盲童的常模，使用通用的普通儿童的常模或分数解释不一定能真实反映盲童的心理健康状况。

4. 心理健康教育档案缺乏规范

有些盲校的心理健康档案只记载了盲生的气质、个性、性格，但缺乏学生心理问题直接表现的生活事件及访谈记录；有些档案就是将学生打架等事件记录在案，将道德问题视为心理健康问题；有些档案仅将心理测试的量表装在档案袋里，缺乏必要的分析等等。

5.心理健康教育课程设置不完善

盲校心理健康教育课程设置不完善表现为：

课时不足。一般一周0.5~1节，明显少于普通学校的一周2节，有时被其他课程和活动所占用。

偏离目标。有些教师将心理健康课上成了"说教课""活动课"等，偏离了心理健康教育教学目标。

课程实施的质量有待提高。心理健康教育课程的教学尚处于摸索阶段，任课教师未经过系统心理健康教育培训，拿着不是专门针对盲生心理健康教育的教材施教，影响了心理健康课程的教学质量。

6.心理健康教育活动的组织欠规范

心理健康教育课是心理健康教育活动的主要形式之一，把心理健康课交给了政治教师、体育教师或校医等来组织，这些教师接受任务匆忙上阵，各自为政，加之没有适用的教材，只好信马游缰，摸着石头过河。有些盲校把心理健康教育课上成思品课、活动课、心理测验课，有许多学校还把开展心理测验作为主要内容，将心理健康教育等同于心理测验。似乎只有在学生中进行繁多的心理测试，才能给学校带来蓬勃发展的心理健康教育的光环。把贴近盲生生活，解决盲生心理问题的心理健康教育与心理辅导工作置之脑后。

(二)原因分析

盲校开展心理健康教育还处在起步阶段，受多种因素的制约。

1.观念的制约

观念是行动的先导，只有树立了正确的观念，才能使行动切合目标。目前盲校教职员工对心理健康教育的认识存在几个误区。

误区一：心理障碍是一种疾病，只有医生，或者心理医生才能解决。

对于什么是心理障碍，如何诊断与解决，需要通过学习和培训才能有所了解。相对于西方国家，我国的心理咨询工作开展得较晚，不了解相关知识的人往往认为有心理障碍就是有"病"，而且比身体生病不光彩，甚至讳疾忌医。但在相关的调查[①]中发现：教师知道心理健康教育含义但没有深入了解的，占66.7%；14.8%的人看过心理健康教育的书籍；县、市设有盲班的特殊教育学校的校长对心理健康教育不太清楚的，占90%。可见一线教育工作者特别是校长、教师对心理健康教育的基本理论缺乏必要的了解与研究，对心理障碍的认识，对心理健康教育的重要性缺乏了解。

误区二：生理缺陷必然带来心理缺陷，断定所有盲童都存在心理问题。

一般认为，生理缺陷可能带来心理缺陷，但两者并不存在必然的因果关

---

① 雷江华：《盲校心理健康教育的现状及其对策》，《中国特殊教育》，第61页，2004年第10期。

系。生理发展的迟缓不必然带来心理发展的障碍,生理发展的加速不必然带来心理发展的超前。如果过于强调生理发展对心理发展的必然影响,就会导致家长、教师以及相关人员从残疾儿童的生理缺陷出发,认为残疾儿童必须先治好其缺陷,才能接受心理教育,导致在观念上"重医疗轻教育",片面强调生理发展对心理发展的制约作用。

某盲校通过心理量表测验结果表明:盲生心理问题集中在抑郁性、情绪变化、自卑性、进攻性等方面。其中最严重的是抑郁性,占21.9%,情绪变化占15.6%,自卑性占15.6%,神经质占25%,多虑占28%,攻击性占9.4%,非活动性占34.3%,内向性占34.3%。因为没有进行相应的心理干预,这些盲生的心理问题经过几次教师的说教帮助之后仍无起色,更使得部分老师认为要改变盲生的心理问题关键是改变盲生的身体缺陷。

误区三:心理健康教育课程可有可无。

盲校的心理健康课程属于副科,课程实施时间、条件得不到保证,由于未将心理健康教育课程纳入学校整体的教育教学计划,更谈不上将心理健康教育渗透到学校工作的各个方面。有的学校人手不足,索性就不开设心理健康教育这门课。有的校长还认为盲校开设心理健康教育课是不务实的一种做法。在这样的教育氛围中,真正能在教学中坚持进行心理教育的教师不多。有的教师由于不了解学生心理问题的成因,采取了不适当的解决办法,伤害了学生的自尊心和自信心,有可能给学生的一生带来消极的影响。

误区四:心理健康教育就是德育。

有的教师认为心理健康教育与思品课、政治课没有多大区别,目前一些学校心理健康教育课,还是应用说教的方法进行。如果不区分心理健康教育和德育的界限,难以保证心理健康教育的效果。

2.经费不足

心理健康教育工作与学校的其他教育教学活动一样,都需要相应的经费支持。开发校本教材缺乏资金支持,是导致教师参与积极性不高的原因之一。建立心理健康档案、开通心理热线、设立心理辅导室等所必需的硬件设施(如电脑、录音机、磁带等)、软件设施都需要经费支持。增加心理教育教师人员编制必然加重学校因支付工资福利所带来的经济负担。心理健康教育的经费保障机制直接影响到盲校心理健康教育工作的开展。

3.缺乏相关研究成果的支持

从已有的研究成果来看,缺乏针对盲生的心理健康教育或心理问题的研究,心理健康课程的开设缺少理论支持。在实践中开展研究的成果也较少,难以为盲校心理健康课程的开设提供实践的依据。现有研究成果中调查分析较多,但缺乏系统性。盲校的心理健康教育课堂教学模式是在照搬普通学校心理健康教育课堂教学模式，甚至内容也没有多大调整，很难充分考虑到正常儿童与特殊儿童的群体差异。

第三节 视觉障碍儿童心理健康维护的对策

由于多数视觉障碍儿童在盲校就读，盲校虽然在学生的心理健康维护方面的工作还比较薄弱，但目前还没有其他专业机构具有着手维护视觉障碍儿童心理健康的有利条件，盲校仍是维护视觉障碍儿童心理健康的主要机构，因此，在探讨视觉障碍儿童心理健康维护的对策时，主要针对盲校的相关工作提出一些建议。

一、视觉障碍儿童的心理健康维护要从早期教育开始

重视视觉障碍儿童的学前期教育，确立从小就开始用适宜的方式方法进行心理健康维护的新观念。

在针对不同年级盲生的心理健康状况的调查中，低年级的盲生表现出较多的心理问题。低年级学生的认知水平还较低，他们的认知水平很大程度取决于学前期受教育状况及家庭教育水平。盲童由于视觉损失，认识世界的信息来源较健全人狭窄，所以其认识世界有许多障碍，影响了他们认知水平的发展。提示教育者要重视低幼盲童的心理健康教育。

盲童的一些不良习惯往往是由于家庭教育不当造成的，过分的娇宠或放任不管，爱恨表达不当都会对盲童幼小的心灵产生影响。注意开展盲童的学前期教育，使盲童逐渐养成良好的日常生活、语言、行为习惯，培养初步的认知能力，对其个性的健全发展将会产生巨大的影响。应注意提倡在活动中融合心理健康教育的内容，多创造盲童自己动手实践的机会。

（一）建立良好的亲子关系

加强亲子教育使盲童得到关爱，获得心理上的满足快乐，克服盲童心理焦虑状态。

（二）进行平等教育

在与盲童的交往中成人始终以尊重、欣赏、肯定、爱护的姿态出现，保持孩子的快乐之心，让他们获得自信。自信对每一个孩子的一生来说都是非常重要的。

（三）加强行为习惯的教育

良好行为习惯的养成对盲童尤其重要，能完成日常生活的自理，不仅能培养孩子的独立自主能力，获得"我能行"的自我效能感，获得对环境和生活的控制感也是非常重要的。

二、开展心理健康专题教育和心理辅导

要做好心理健康专题教育和心理辅导，需要加强心理健康教育教师队伍的建设，由专职、专业的教师来担任心理健康教育课程的实施任务，保证心理健康教育的效果。

（一）完善学生心理健康教育档案

盲校为盲生建立心理健康教育档案的目的在于全面系统地搜集、整理分析资料，及早发现盲生在学习、生活与人际关系上的问题，以便能够及早地、有针对性地开展心理健康教育与辅导。其主要内容应包括：个人和家庭的基本情况，入学时的健康、学业、奖励等材料，入学之初的心理测试（智力、性格、情绪等方面）、调查问卷结果及其后来重大的、突发性的、对学生有较大影响的生活事件及其简要分析、家访记录、典型作品（作文、周记、自传等）及各科教师的意见等。

（二）开发心理健康教育教材

国家尚未针对残疾学生心理健康教育编制出相关教材，各地学校应立足现有资源开发地方教材和校本教材，以便在本地区或本校顺利地开展残疾儿童少年的心理健康教育。盲校教师还可以通过行动研究和合作研究，以便于及时发现心理健康教育问题，特别是课堂教学中存在的问题。并能通过自己的科学分析，找出解决问题的途径。为他人的工作提供理论或行动借鉴和支持。

（三）对盲童进行心理辅导，满足盲童人格发展的需要

盲童的心理健康问题应受到教师和家长关注，及时采取积极的措施预防、干预和矫正。在盲校开展心理健康专题教育，对盲生进行心理辅导，能减轻盲生的心理压力，提高盲生的社会适应能力，促进盲生自我概念的发展。

（四）加强盲校心理健康教育规律的研究，建立完善的工作机制

此类工作包括编写心理辅导教材，开设心理辅导课，配备心理辅导教师（专职或兼职）等，以保证心理辅导工作科学、系统、循序渐进地开展。盲校开展心理健康专题教育，对盲生进行个别或团体心理辅导，既是盲童心理发展的需要，更是实施素质教育的需要。

三、结合学科教学实现心理健康教育的功能

心理健康教育应渗透于学校的各学科教学当中。心理健康教育如果脱离教学只靠单项的课外活动来开展，收效是极其有限的，也难以促进学生整体心理状态的全面发展。只有将它纳入教学渠道中，才能调动全体教师参与

的积极性,共同承担和配合完成心理健康教育的任务。

教学中的心理健康教育,还表现在教学态度上。教师的教学态度决定了课堂教学的心理气氛。教师对学生的尊重、理解、激励和耐心引导,可以减轻或消除学生的学习心理压力,帮助他们建立自信心和进取心。同时,学业上的成功感容易使学生悦纳自我,认识自身价值,从而避免出现学习畏惧症等不良心理倾向。

(一)利用学科教学的思想性影响盲生的心理健康

例如学科思想性较强的语文课,教材中选编了大量古今中外优秀文学作品,了解作品中再现的社会生活和塑造的各类典型形象,培养健康高尚的审美情趣,树立远大的理想和克服视觉缺陷的自信心。

(二)综合各学科的特点开展心理健康教育

视觉缺陷影响了盲童对社会事物广泛深入的认识和理解。但他们在学校的各门课程设置中可以接触到人文地理、宇宙微观,可以通过课堂的学习来获得对外部世界的认识。在了解人生、拓宽视野的过程中树立正确的世界观和人生观,形成良好的自我意识和评价能力,克服不了解外界带来的焦虑不安。

(三)创设教育教学环境进行心理健康教育

1. 利用学科教学方式多样地对盲童开展心理健康教育

教师可以利用"我要扼住命运的咽喉,决不向它屈服!"等名言警句,陶冶他们的情操,开阔他们的胸襟,也可以利用社会课深入社区活动,让盲生了解社会,增加他们的阅历,让他们能应对生活的难题,还可以利用音乐课,让盲生通过歌唱来抒发感情,获得美的感受。

2. 建立良好的师生关系

建立互相信任、和谐、宽松的师生关系,使学生精神愉快、轻松地学习。教学过程不仅是传授知识的过程,更是师生在理性、情感的互动过程。要激发盲生强烈的求知欲望、积极的思维活动和健康的心理状态,最好的办法就是建立良好的师生关系,这种关系的建立取决于教师,教师的情感状态可以使盲生受到潜移默化的影响。所以教师本人也应该是心理健康、生活态度积极向上的人。

在学科教学中对学生的心理健康教育对学科教学本身也具有增效性。端正盲生的学习态度,激发盲生的学习需要、动机和兴趣,充分调动盲生学习的主动性、能动性和创造性是盲校心理健康教育的重要内容。因此,科学而富有成效的心理健康教育能使盲生在学科教学过程中始终处于被激励状态,保持学习的积极性。心理健康教育对学科教学的增效作用表现为:一是可以优化盲生的智能品质,发展盲生的智力和能力;二是可以帮助盲生培养积极情绪,调节和消除不良情绪,保持愉快的心境,提高心理健康水平;三是可以使盲生更好地适应周围环境,学习更加富有目的性和计划性,提高效率。

(四)在学习活动中指导盲生学会表达内心世界,实现心理自我调节

例如语文教学中的作文就是一种让盲生表达自身想法的学习活动。如针对盲生对前途过分焦虑、缺乏自信心的心理,写《我的烦恼》《我的理想》等,引导盲生接受现实,正视残疾,树立奋斗目标,克服生活迷茫的悲观心理;针对盲生自卑、孤独、冷漠、孤僻的心理,写《心灵大碰撞》系列作文,让盲生专写人际关系(如师生关系、家庭关系、同学关系),表达内心的种种矛盾冲突;结合学校的文艺、体育活动,设计《我心飘扬》系列作文,让盲生写自己成长过程中的进步、成就感和喜悦之情,强化成功体验和自信心,激发起乐观向上的积极情绪。

班主任老师还可以鼓励学生写日记、周记,随时记录自己的真实感受,在受到不良情绪影响和干扰时,及时地通过书写宣泄,一定程度上减少了消极的心理体验,同时也有利于教师及时把握学生的心理动态,适时进行疏导、教育。

四、学校应全面渗透心理健康教育

学校应调动团队、班主任、生活老师和其他教职工等多方面力量,从开展专项教育活动到学生的日常生活当中,无一不注重渗透心理健康教育。应加强对学校其他人员的心理健康教育知识与技能培训。心理健康教育应当成为一种理念,融入到整个学校工作中去,融入到所有教师的所有行为中。心理健康教育培养的是学生的心理素质,是心理的"养育',需要靠育人环境中所有人的滋养。学校每一个教职员工都有责任和义务对学生进行心理健康教育,而不仅仅是心理辅导教师进行一些专门课程或活动就算是进行了心理健康教育。一个学校的领导和教师心理健康的意识、观念是否正确,有没有积极的态度远比掌握任何具体的方法、技巧都更重要。只有在全体领导和教师中树立了正确的心理健康教育观念,才能避免心理教师"孤军奋战"的局面。

(一)在班级管理中渗透心理健康教育

班主任在心理健康教育中具有相当重要的作用。班主任的教育观念、心理教育的意识和能力,对学生有深刻影响,往往成为学生发展健康心理的启迪者和榜样。班主任应尽可能把德育与心理健康教育结合起来,发展学生良好的自我意识,培养学生的自我教育能力。

(二)成立心理咨询职能部门,协助学生解决心理问题

1.接受学生的个别咨询并进行心理辅导,逐步培养学生主动求助的习

惯,并做好记录整理归档。

2.定期调查研究学生的心理健康状况,同时针对学生的存在问题和接受能力,开设心理健康教育课程、心理讲座、系列广播宣传等,介绍心理常识,指导学生自我调节。

（三）在教育教学的工作中尊重、平等地对待视觉障碍儿童,营造良好的教育氛围

五、争取家长配合以保证心理健康教育实施的连贯性和高效性

盲生的心理健康受家庭的主要影响很大，很多盲生的心理健康问题都与家庭有关。特别是家长的态度对盲童身心发展会产生较大的影响。有的父母能正视盲生的生理缺陷,冷静考虑教育方法,采取有效的缺陷补偿措施。有的父母则对盲童态度冷漠,甚至视为累赘。盲童由于得不到父母抚爱和家庭温暖,容易产生多疑、孤僻等心理。

家庭是学校教育重要的支持力量,家庭教育与学校教育力量的协调,可使教育成效事半功倍,反之,会导致多年学校教育的成果毁于一旦。教育工作者要注意根据现有的条件和实际情况来对家长进行必要的教育,促使其以正确的态度配合学校的心理健康教育。

学校心理健康教育可以通过家长学校进行心理知识的渗透和传播,以取得家长的支持和配合。其中主要有两个方面的考虑：一是通过家长学校向家长渗透心理健康方面的知识,可以提高家长的心理健康意识和认识水平,使家长对盲生的心理健康问题予以重视,促使家长在日常生活中对盲生进行心理健康教育;二是家长自身的心理健康问题直接影响着学生的心理健康。

实施中注意做到与家长建立良好的沟通,平等地对待家长,尽量与家长保持联络,共同讨论如何解决学生的心理问题或情绪困扰。其次,在每个学期期末的家长会上,组织一些专题讲座或报告会,为家长提供教育方法,并注意调查了解学生在家的情况。开办家长学校,专门向家长讲授盲童的生理、心理特点,传授家庭教育的方法。也可组织家长相互交流教育子女的心得和经验,以增强教育效果。

附录1：盲校一年级学生的心理疏导[①]

对普通学生来说,也许那仅是意味着与家长分离一天的时间,而对到盲校上学的绝大多数视障学生来说,却意味着少则一周,多则两到三个月的分离,这对于一个从未离开过父母的孩子来说,无疑是个巨大的考验。

---

① 改编自邢玉：《淄博市盲人学校》,http://www.vi-edu.cn/,2006年4月3日。

如何让视障儿童尽快适应学校生活，是老师们面临的首要问题。主要出现的心理问题及解决措施如下。

1. 心因性躯体不适

Z聪明伶俐，长相俊秀。入学时年龄为8岁，弱视。从小因视力不好，平时活动较少，身体较弱，受到爷爷、奶奶、爸爸、妈妈及各方亲友的精心呵护；又加之自己跟着电视学唱歌，唱得有板有眼，更使其祖辈、父辈、亲朋好友对其宠爱有加。他也很清楚家长对他的宠爱，在家里，如果家长让他做什么事情，他又不想做的话，他就装病来吓唬父母。

入学第二周，夜里11点他坐在床上，眼睛直直的，嘴里呼呼地往外吐气。说自己很难受。过了两天，他又说头痛，耳朵发热。

解决措施：

老师给予充分的关注。在Z说自己不舒服时，老师及时赶到身边，安抚他的情绪，鼓励他。

联系家长，帮助孩子平稳度过分离的不适时期。当Z反映耳朵不适，不能排除其他身体疾病时，由父母带他回家看病。为了能让他安心学校生活，家长与其在家里说好，妈妈留下陪他，到周三回家。如果他在学校里能够安心学习，不哭不闹，周五父母再来学校接他。到了周三早上，他妈妈送他到教室交代好，就走了。老师对他说："答应别人的事情就要做到，你能不能做到呢？"他轻声说："能。"老师又说："好，那老师就看你的表现了。"

及时鼓励他的点滴进步。剩下的几天他没有哭，教师及时表扬了他，鼓励他以后要更坚强一些，要成长为一个小男子汉。此后，虽然有时他还是说哪里不舒服什么的，但能坚持正常上课，情绪也比较稳定。学习成绩优秀。

2. 哭闹

J，入学年龄是6岁半（盲校的入学年龄应是8岁），全盲，家庭条件较好，自理能力较强。从小跟着姥姥长大。因为姥姥担心他没有视力，怕同龄的孩子欺负他，几乎没有跟同龄人交往的经验，自我中心表现得尤为突出。

入学第一个星期，J天天哭，上课哭，下课也哭，哭得课都没法上。他高兴时，也是有说有笑，一蹦一跳的。

10月15日是国际盲人节（星期三）。为了让学生热爱学校，尽快适应学校集体生活，晚上在班里举行了庆祝活动，不仅买了许多好吃的东西，每个学生还表演了或多或少的节目，他也表演了节目。那天晚上他的表现很好，而且第二天能安静地学习，学的东西记得很好。周五是家长接学生回家的日子，虽然表现有些走神，可是没有哭闹。

接下来那周，周一、周二表现得很安静。周二晚上他问老师："明天还那样吗？"他以为每周的星期三都唱歌、游戏呢。老师告诉他："那是过盲人节,明天不是节日。"他很失望。到了第二天,又哭起来了。

解决措施:

入学前,孩子的主要活动是游戏,进入小学后,儿童的活动转为以学习为主。但我们不能一下子剥夺孩子的游戏,而应将学习活动与游戏活动有机地结合起来,给小学生一个逐步适应的过程。因此,学习中,只要碰到适合游戏或者活动的内容,如《我爱爸爸妈妈》《过桥》等等,都不忘让学生站起来活动活动,或者做个小游戏,来活跃课堂气氛,加深学生对学校生活的感情。

由于课堂上经常采用游戏的方法进行学习,大大稳定了他的情绪,一个学期下来,哭闹的情况基本得到控制,学习效果也越来越好。

3.退缩

T在家里属于虽然家长疼爱,但没有进行智力开发。T的入学年龄是11岁,弱视,自理能力较强,爱助人。由于在家里没有家长教育,又没有上过幼儿园,对学习活动没有初步的认识,因此课堂上常常发呆。问其在想什么,回答是没想什么。不论老师提问简单的问题,还是有一定难度的问题,他都不举手,表现非常迟钝,甚至麻木。可是课下玩起来却表现得很活泼。

解决措施:

给予他体验成功的机会。老师们协商后决定,课堂上遇到非常简单的问题,不管他是否举手,都叫他。当他能回答上来的时候及时表扬、鼓励,课堂上也能看到他举起的小手了。

改变课堂学习方式,激发他参与的兴趣。一些用词语说话、用字组词等练习,就让同学们比赛,看谁说的句子多,组的词语多,课堂上热烈的气氛也调动起了他的积极性,他也能积极举手了。

帮助他克服学习中的困难。由于在家常常帮家长做些粗活,T的手很粗糙。小小的手,让人一摸上去,感觉很粗糙,又瘦又硬,一点不像那么大孩子的手。他的触摸能力很差,开始时用图钉做的教具来认识和触摸点位,还能摸得出来,后来改用钉子板,就摸不清楚是几个点,更摸不出是哪些点了。为了尽快让他的触摸能力提高上来,以适应盲文的学习。对他使用的教具,由图钉做的六点子,到钉子板,再到老师手写的独立的盲文字母,课上、课下让他多摸、多练,终于达到了摸读盲文课本的目的,这也大大提高了他的学习兴趣,课堂上能积极参加到学习活动中来了。

附录2:视障儿童恐惧症咨询案例①

1.个案基本情况

W,男,17岁,初中二年级学生,左眼视力0.05,右眼视力0.01,外出能独

① 改编自刘文宣主编:《心理咨询技术与应用》,第327~331页,宁波:宁波出版社,2006年。

立行走,在盲校学生中视力较好。

2.问题表现

夜深人静时,W总感到害怕,感到胸口很闷,似乎有什么东西压着他,心里常常想一些害怕的事,越想越怕,越想越睡不着,导致失眠。晚上不敢独自一人待在黑暗的地方,也不敢在黑暗的地方走路,总好像有什么在跟着自己,心里常常有莫名奇妙的恐惧感。W学习成绩中等,平时少言寡语。在陌生人面前,在陌生的环境里不敢表现自己,很少主动与他人交往。

3.背景资料

W来自农村,父母都是农民,有一个妹妹,他是家里唯一的男孩,因此父母对他抱有很大的期望,希望他能出人头地。他平时单独在黑暗的地方会感到害怕,晚上睡觉的时候会感到害怕,听别人讲些吓人的事情也会感到害怕,村里有死人的时候更让他害怕。

4.原因分析

(1)从小在农村听别人讲妖魔鬼怪的故事,在幼小的心灵中留下深刻的印象。

(2)父母对他过高的期望,给他带来沉重的心理负担,生怕自己使父母亲失望,成绩不如意的时候总感到害怕。

(3)平时的交往活动较少,不会主动与他人交往,因此见到陌生人、在陌生的环境里总是胆小怕羞。

(4)除了学习之外没有其他兴趣爱好,容易胡思乱想。

5.咨询措施及过程

采用认知辅导和行为训练相结合的板房,采用系统脱敏、肌肉放松训练,情景训练等。整个咨询过程为10周,分3个阶段。

第一阶段1周,通过认知辅导找出恐惧的原因,分析恐惧的危害;

第二阶段8周,用系统脱敏法和肌肉放松法、情景训练,矫正其怕生怕黑等恐惧行为;

第三阶段1周,巩固成果,采用认知疗法,认识不恐惧的好处。

思考题

1.视觉障碍儿童的心理健康现状是什么?受哪些因素的影响?

2.请对视觉障碍儿童的心理健康维护提出自己的意见和建议。

第六章 听觉障碍儿童心理健康现状分析

本章论述了影响听觉障碍儿童心理健康的主要因素，目前听觉障碍儿童表现的主要心理问题和在聋校进行心理健康维护的现状。有针对性地提出了维护听觉障碍儿童心理健康的建议。

第一节 影响听觉障碍儿童心理健康的主要因素

听觉障碍儿童心理问题的研究是特殊教育工作者一直关注的问题。文献查询结果表明，研究较为集中在听觉障碍儿童人格特征的研究方面。西方的研究结果表明：听觉障碍儿童的人格特征基本表现为固执性、自我中心、缺乏自我控制、冲动性、对挫折的承受能力低、易受他人暗示等，听觉障碍儿童的社会情感很不成熟，社会适应能力差。吴艳红与梁兰芝（1994）采用陈仲庚修订的艾森克人格问卷对80名中国听觉障碍儿童进行施测后得出听觉障碍儿童精神质（倔强性）明显高于健听儿童，神经质（情绪性）明显低于健听儿童，自身隐蔽与掩饰性与健听儿童无明显差异。有些研究还指出听觉障碍儿童的道德判断能力较健听儿童低。此外近几年来听觉障碍青少年频频出现的犯罪行为也受到研究者们的关注。结合听觉障碍儿童的身心成长的环境，分析出现影响听觉障碍儿童心理健康的原因主要有如下几方面。

一、社会因素

（一）社会条件的限制

部分社会大众对听觉障碍者带有偏见。听觉障碍儿童可能较健听人遭遇更多的人际、学习就业及其他生活挫折，而不利于其情绪与社会适应能力的发展。社会对听觉障碍儿童可能持异样的眼光，因此大众也容易根据少数听觉障碍人不适当的社会行为，过度类化为一般的听觉障碍儿童的普遍现象。

残疾人教育滞后于普通教育也影响了听觉障碍儿童的心理健康发展；缺乏残疾人平等参与社会生活的条件和环境，社会上成年残疾人的不良思想和行为对听觉障碍儿童有着一定的影响和诱惑作用。

（二）不良信息的影响

在当今知识信息时代，人们获取各种信息的渠道便利快捷，孩子们也深受影响。在拓宽视野、丰富知识面、娱乐生活的同时，一些言情戏说的影视作品、打打杀杀的动画片是孩子们在电视上常常看到的节目。由于听力有障碍，听觉障碍儿童的眼睛就成为最主动、最活跃、最重要的感觉器官，他们从外界获取信息很大程度上依赖视觉，而且视觉记忆保持得比较好。内容低劣粗俗的图书、光盘，充斥着听觉障碍儿童的眼睛和心灵。这对于身心稚嫩、辨别是非能力较差的儿童来说，很难忘掉内容不良的视觉信息，对他们心理健康发展产生不良的影响。

二、家庭的影响

（一）家庭教育方式

部分家长出于失落感、低下感等心理，有意无意地限制儿童外出，力图使儿童处于自己的安全保护下而不受外来的"欺负""污染"，使听觉障碍儿童成了现代意义上的"阁楼儿童"，这实际上是堵塞了儿童认识自我，发展和培养其社会交往能力的一条重要途径。

家长限制听力残疾儿童的活动，使得他们的生活范围狭窄，缺乏与同伴交往的机会和经验。又由于听觉障碍和语言发展迟缓的特殊性，导致听觉障碍儿童与健听儿童相处时说不清、听不懂，无法与人沟通，会出现经常无意识地违反了大家共同遵守的行为准则和规范的现象。他们的交流方式与行为方式是大多健听儿童不能理解和接纳的，所以听觉障碍儿童很快被孤立于伙伴范围之外。他们逐渐地丧失了对活动或事物的兴趣，没有自信，进而自我封闭。

（二）家长的态度

家长对于孩子听觉障碍的事实要么过多地把注意力放在听觉障碍是不可逆转的事实上，忽视听觉障碍儿童个性的发展，要么就不愿承认听觉缺陷的事实，希望他们像健听的孩子一样生活和学习，较为突出的教养态度是：我的孩子和健听孩子一样好，甚至比他们还要好。在解读家长的这种教育态度时，不能一味地赞同，需要从两个方面去理解：首先，听觉障碍儿童与健听儿童一样具有心智发展的潜质；其次，由于听觉障碍儿童在感知和接受外部信息时受到一定的限制，他们在完成生活和学习任务时需要更多的努力和帮助。有的家长不能正确认识自己的孩子具有的听力缺陷，在牺牲自己的生活和事业来帮助孩子康复的时候，同样抱着望子成龙的期望，希望孩子能克服听力的缺陷，像健听孩子一样完成各种生活和学习任务。他们急切地想要看到每次语言训练之后孩子的进步和变化，一旦短期内不能看到进展，就急着给孩子换另一个"更好"的教育机构。于是家长和孩子就在各种机构之间辗转，孩子一边要完成语言训练，一边还要适应新的环境，这就给孩子带来很大的心理压力。

三、自身生理缺陷带来的认知障碍、交往障碍

由于自身的听觉缺陷和语言障碍使得他们不能很好地与他人进行语言交往,他们不但无法与健听人建立适当的关系而且容易对人产生误解。由于语言能力的限制,听觉障碍儿童对于抽象的社会道德意识的理解,较健听儿童差。例如:有的听觉障碍儿童当自己的生活用具用完或丢失了,看到别人那里有,不征求他人同意就把别人的东西拿来用,认为:"我的没有了,他有,我拿了他的就公平了。"可见他们对"公平"的理解是相当肤浅的。

自我概念具有三大功能:保持内在一致性,决定个人对经验怎样解释,决定人们的期望。因此,自我概念对人的心理健康会产生重要的影响。听觉障碍学生作为一个特殊的群体,听觉缺陷、语言障碍等生理缺陷会对其自我概念和心理健康水平造成消极的影响。一项研究[1]表明:自我概念对7~9年级的听觉障碍学生的心理健康有显著的影响。研究采用自我概念量表和精神健康测验作为评估工具,分析听觉障碍儿童的自我概念与心理健康的相关程度。听觉障碍学生的心理健康测验得分几乎与所有的自我概念因子分(躯体外貌与属性因子除外)及自我概念总分显著负相关。对于不同的心理健康问题起到显著预测作用的自我概念因子不同,其作用的大小也存在差异,其中作用最大的是行为和焦虑因子。7~9年级听觉障碍学生虽然年龄已超过正常儿童的初中阶段,但由于听觉障碍和语言障碍,接受信息困难,思维、情绪等心理过程和个性心理的发展受到影响。他们所处的初中阶段是个体从幼稚迈向成熟的关键阶段,个体对自我的认识已不满足于停留在表面,希望对自我有一个深层次的、质的认识。这个深层次的、质的认识的形成是一个复杂的过程,如有偏差就会导致各种心理行为问题。听觉障碍学生由于生理上的缺陷、社会的鄙视和某些家长和老师的教育不当,导致自我概念水平较低,很容易产生自我贬低、恐怖、焦虑、过敏、行为不当和社会适应不良等问题。

第二节 听觉障碍儿童心理健康现状分析

一、听觉障碍儿童的主要心理问题

听觉的损害和语言的缺陷对听觉障碍儿童的学习和认识活动以及个性的形成和发展有很大的影响,在情绪、个性及行为等方面都会出现一系列的心理障碍。1997年一项相关研究认为:情绪反应测定结果表明听觉障碍儿童

---

[1] 王玲凤:《聋学生的自我概念和心理健康状况的研究》,《中国特殊教育》,第44~47页,2004年第5期。

主要表现忧郁和焦虑情绪者多。① 另一项研究表明：聋哑学生普遍心理素质较差，常表现出孤独、胆小、害怕、退缩，不愿和其他孩子交朋友，更不愿到公共场所去，宁愿独居一处，有的爱冲动，缺乏对别人的感情。② 相对于视觉障碍儿童，听觉障碍儿童在与人交往的过程中表现出更多的问题。海伦·凯勒曾经说过"盲造成人与物之间的相隔，聋造成人与人之间的阻隔。"

近年来，听觉障碍儿童的心理健康状况已经受到一些学校和教育工作者的重视。他们主要开展了一些关于听觉障碍儿童心理健康状况的调查工作，这些研究所采用的调查工具通常是目前国内为研究心理健康状况引进修订的问卷。如调查听觉障碍儿童的心理健康状况一般采用临床如状自评量表（简称SCL—90）、艾森克个性问卷（简称EPQ）、心理健康诊断测验（MHT）和中学生自卑心理自我检测问卷等。

邓文（1997）、蔡希美等（1998）和杨素华（2001）都曾采用SCL—90对听觉障碍儿童进行测试，结果表明，听觉障碍儿童在阳性项目数与各因子分上都显著高于国内常模。汤华（2000）对74名初中的听觉障碍儿童采用SCL—90进行测评，结果表明听觉障碍儿童的SCL)—90的总分及大部分因子分均高于常模组。其中躯体化、恐怖、精神病性、强迫症状、人际关系、焦虑因子分显著高于常模组。这些研究结果从一定程度上表明了听觉障碍儿童的心理健康水平显著低于正常人。听觉障碍儿童的社会性发展比普通学生发展水平低。随着年龄的增长，听觉障碍儿童的交往水平有越来越低的趋势，而普通学生的交往能力随年龄的增长在逐渐增强。

上述的研究从不同的侧面表明，听觉障碍儿童的心理健康状况已经处于十分危险的境地。同时，这些研究结果帮助我们较为正确地了解了听觉障碍儿童的心理精神卫生状况，为听觉障碍儿童心理健康教育提供了科学的依据。

（一）对自我的不良认识

自卑而孤僻。由于听觉能力一定程度上的丧失，影响了听觉障碍儿童的生活和学习。儿童在早期的学习中主要通过观察和模仿他人的言行，学习适应社会的基本技能。但由于听觉障碍儿童在与人沟通的过程中障碍重重，使得他们感觉很难融入社会生活，进入同龄人的交往圈子。加之在学习中遇到的困难，毕业后就业的限制及社会传统的偏见，使之丧失自信，遇事退缩，有的甚至自暴自弃。他们往往因为自己听力的残障，认为自己永远比健全人差。由于自卑心理和与健全人沟通的障碍，使得听觉障碍儿童不愿和健全人

---

① 徐连珍：《聋哑儿童身心健康状况调查》，《安徽预防医学杂志》，第57~58页，1997年第3卷第3期。
② 杨坤芬：《浅谈聋哑学生的心理素质及相关问题》，《玉溪师范高等专科学校学报》，第9~10页，2000年第16卷第2期。

沟通,喜欢独处,长此以往,形成不合群的性格。

一些教育工作者采用自编问卷和访谈的方式对听觉障碍儿童的心理健康状况或心理健康的某一方面:如社会交往能力、自卑等进行了调查。慕淑萍(2000)对宁夏聋校初中学生进行心理健康的调查表明:多数听觉障碍儿童存在自卑心理,缺乏自信心,不少听觉障碍儿童有较严重的孤独倾向,存在焦虑、疑心、防范的心理等。

(二)对外界事物的不适当反应

敏感而多疑。他们对周围事物非常敏感,不管与自己有无关联,都会表现出猜疑和焦虑情绪。这是因为听觉障碍儿童生理上的缺陷造成对客观事物认知不全面,容易产生错觉,加上语言沟通的缺陷,使听觉障碍儿童的思维还停留在动作思维和具体形象思维阶段,抽象逻辑思维水平较低,对身边的事物、人际关系难以做出正确的判断和推理。

任性而依赖。大多数听觉障碍儿童身上存在这样的不良心理特征。由于听觉障碍儿童在家庭中作为弱者总是受到过多的照顾,有相当一部分父母,对孩子听力的残障有深深的负罪感,认为孩子的耳聋是自己疏忽造成的,就千方百计补偿孩子,对孩子百依百顺,溺爱放纵。造成有些听觉障碍儿童执拗任性,想干什么就干什么。在生活上、心理上都很依赖父母,希望父母寸步不离,凡事包办代替,即使一些力所能及的事,也不愿做。由于家庭成员对听觉障碍儿童的关注和过度保护,容易养成听觉障碍儿童强烈的自我中心意识和依赖性,缺乏自立自主能力。

(三)不良的情绪体验

情绪不稳定,难以控制自己的情绪,容易急躁冲动。个体自制力的强弱取决于个体的认识水平和情感体验。由于听不清或理解偏差,听觉障碍儿童获得的外界信息有时不太全面,导致听觉障碍儿童对人对事的理解产生偏差,容易产生不良的情绪体验。听觉障碍儿童由于认识水平的局限,加之其由于自卑表现得自尊心非常强,常常因为一点小事难以自控,不利于自制力的形成和发展。因此,听觉障碍儿童往往表现得不善于控制自己的情绪,情绪行为反应过激。听觉障碍儿童如自认为受到不公正的对待或曲解其原意时,就过分激动,态度生硬,乱发脾气,不听劝告,甚至大打出手。

听觉障碍儿童产生心理障碍的原因是多方面的,有听觉障碍儿童听觉器官功能缺陷的自身因素,也有父母的管教方式和教育态度等家庭因素以及来自社会环境的影响,包括听觉障碍儿童在社会生活中的地位和人们对他们的态度等。

另外,听觉障碍儿童的心理问题在性别和地域上也存在差异。蔡希美等人(1998)的研究还发现听力残疾男童的各项平均分都高于听力残疾女童,特别在躯体化、精神病性和偏执因子上显著高于听力残疾女童。此外城乡差别在听觉障碍儿童心理健康状况上也表现得十分显著，除抑郁和敌意两因子外，农村的听觉障碍儿童各因子得分和总分都显著高于城市的听觉障碍儿童，加强农村地区的听觉障碍儿童心理健康的教育以缩小城乡差别已成为迫在眉睫的事情。

二、听觉障碍儿童心理健康教育现状

经过几年实施融合教育的实践，部分听觉障碍儿童进入普通小学学习，迈向了进入主流社会的一步。但大部分听觉障碍儿童仍在聋校就读，所以本文在谈及听觉障碍儿童的心理健康教育时，仍以聋校作为实施听觉障碍儿童心理健康教育的主体，分析现状，提出建议。在本节的最后，还会专门提及随班就读的听觉障碍儿童的心理健康教育问题。

（一）聋校对心理健康教育的认识

有些聋校教师在对待听觉障碍儿童的心理健康教育问题时在认识和观念上还有些偏差，缺乏必要的听觉障碍儿童心理知识，常把一些心理问题误做品德问题来处理。还有的甚至把心理健康教育当成普通的身体健康教育来抓，仅传授一些身体的保健知识等。结果不但不能提高学生的心理素质，还有可能导致学生的逆反心理，形成各种心理障碍。

更为严重的是有些聋校教师的心理健康状况令人堪忧，这对听觉障碍儿童心理健康教育的成效具有十分直接的影响。唯有个性良好、心态健康的教师才能培养出心理健康的学生。因此开展聋校教师心理健康状况的研究，加强聋校教师心理健康教育知识的培训应该在聋校心理健康教育中先行。

（二）聋校心理健康教育的目标

目前提出的对听觉障碍儿童的教育只有一个总体的培养目标，在这个培养目标中关于心理健康教育只提出要"形成良好的心理素质"，缺乏具体的心理健康培养目标。聋校的教师在组织和实施心理健康教育时，缺少目标的指导，影响了心理健康教育的系统性和计划性。在制定聋校心理健康教育目标时应尊重听觉障碍儿童的主体地位，要根据学生的年龄特征及其学校所处的地理环境、自然条件、社会状况和人文特征等制定相应的具体目标。

（三）聋校心理健康教育的内容

由于没有明确而有针对性的心理健康教育目标，聋校的心理健康教育的内容也相对缺乏。我国绝大多数地区的聋校都没有开设专门的心理健康教育课。从目前仅有的开展心理健康教育的聋校的实施情况来看，他们所采用的都是普通学校的心理健康教育教材。听觉障碍儿童在心理发展的过程中会出现与正常儿童相同的心理健康问题，也有特殊的心理健康问题。如何选材和组织实施,是非常现实的问题。用普通学校的教材来教听觉障碍儿童显然不能满足听觉障碍儿童心理发展的特殊需要,需要进行专门的研究和开发。

(四)聋校心理健康教育的方法

目前已开展听觉障碍儿童心理健康教育的学校中,除了有几所聋校设有心理健康教育的课程,有专任老师任教外,其他的一些聋校仅以设置心理咨询信箱、开展热线服务、举办几次讲座、开主题班会等形式对学生进行心理健康教育。在校园物质和精神环境的氛围建设上,还比较薄弱,这也与聋校对心理健康教育重视不足有关。聋校在心理健康教育的方法上可以借鉴普教现有的模式,又要根据听觉障碍儿童的特点进行内容、组织形式、方法上的探索。对于听觉障碍儿童心理健康教育方法的研究存在两种不同的看法。

看法一,强调"差异性",认为听觉障碍儿童与健听儿童存在差异。他们认为"差异"与"异常"是同义词。逐渐地"异常"又被"缺陷"所取代。在过去的几十年里,这种观点已经成为"听力残疾者心理"理论得以存在与发展的基本指导思想。他们认为由于耳聋和由耳聋引起的言语障碍的消极影响是如此强大,以至于采用适合健听人的心理健康教育理论与方法来研究听力残疾者的心理问题,是根本行不通的。

看法二,健康、现实观点,聋教育方面的专业人士推崇采取更为健康、乐观的观点来看待听力残疾个体社会情感的发展,不要一味地去寻找听力残疾者与健听人的差异、异常,而应努力地去为听力残疾群体建立一个健康、和谐、有利于其与健听人良好融合的社会环境。他们认为听力残疾者只是听觉受损其心理发展的整体面貌应该与健听人相同,他们的需要从本质上说是类似的,心理健康的标准理应与大众一样。

第三节 聋校维护听觉障碍儿童心理健康的对策

重视和解决听觉障碍儿童的心理健康问题需要各个社会部门的配合和努力。通过在社会或学校建立听觉障碍儿童心理健康服务机构,来解决和预防现有的心理问题。听觉障碍儿童心理健康服务问题已经开始受到关注,如美国在纽约、芝加哥、华盛顿、洛杉矶专门为听力残疾者设立了心理健康服务机构,并以这四个城市为中心面向全国聋人开展服务。我国在这方面起步较晚,还存在以老师的日常教育和管理代替心理健康教育、以空洞的说教进行心理健康教育、以学生的学业成绩评价心理健康水平、以品德教育等同于心理健康教育的倾向。

从心理学角度来说儿童的心理健康教育应该是一项系统工程需要专业

人士的专业知识、敬业精神和爱心，需要对听觉障碍儿童在心理状态和人格特征几方面进行长期研究。而这些工作应该在学校中、在有关社会服务机构中开展最为适合，家庭、学校、社会服务机构的配合和协作非常重要。

一、提高聋校教师对心理健康的认识

教师要具有良好的心理素质。聋校教师的工作有其特殊性，烦琐复杂，每日与听觉障碍儿童接触时间较长。所以，要想让听觉障碍儿童身心得以健康和谐地发展，教师首先要保持心理健康。这样，教师所表现出来的情绪、情感、意志品质、自我意识等方面，才会适度健全，并以此潜移默化地影响听觉障碍儿童，才会有利于他们的心理健康。听觉障碍儿童的模仿性很强，随时随地用敏锐的眼睛注视老师的一言一行，而且会毫不怀疑地接受老师的一言一行，然后进行模仿，模仿得十分逼真。如果教师不注重榜样示范作用，表里不一等等，加上听觉障碍儿童分辨不清是与非，都将影响到其心理发展。

教师对心理健康教育有正确的认识，才能重视听觉障碍儿童的心理健康，才能选择和采用适当的方法，为促进听觉障碍儿童的心理发展，解决他们的心理问题提供及时保障。同时，了解心理健康知识对维护聋校教师自身的心理健康也有帮助，使他们懂得如何调节自己的情绪，通过什么方式或途径可以获得心理支持，及时解决来自生活和工作的心理问题，以健康的心态投入工作。

二、教给听觉障碍儿童保持心理健康的方法

由于听觉障碍儿童沟通渠道与健听儿童不同决定了对他们实施心理健康教育的方式方法应该适合他们的特点和需要。常用的方法包括积极参加学校集体活动，从中表现自己的才能获得集体的认可；珍视友谊有几个知心朋友，时常将自己的心事和共同关心的问题交换看法；学会利用保持心理平衡的宣泄方法，如可以记日记、写作文、给亲人或朋友写信；开展适当的体育活动，发展特殊的兴趣爱好等；适当的时候接受心理咨询。当然对于不同的个体应该考虑适当的方法满足不同的需要。

三、创建促进听觉障碍儿童心理健康的环境

（一）心理健康教育是一个系统工程，需要环境的系统支持

环境的支持包括物质环境和精神环境，包括家庭、学校、社会方方面面的协作和支持。物质环境方面应该创设听觉障碍儿童无障碍通道，应该向公众普及手势语，影视媒体应启动字幕工程，公众场合应该配手语翻译；精神

方面公正地对待听觉障碍儿童,在升学、就业等方面不刁难、不歧视,健听人群体应该热情帮助和支持听觉障碍儿童,使他们享受人类共同的物质文明和精神文明成果,使"平等、参与、共享"成为现实。

(二)加强学校教育环境建设

1.重视校园环境建设

优美、文明的校园环境可以陶冶美的心灵,这对听觉障碍儿童人格的完善起着潜移默化的影响。因此,对整个校园的布局都应精心设计安排,使之富有教育性。例如:布置语言环境,设置音响环境,开设生理补偿的特殊课程,张贴激励听觉障碍儿童自强奋发的名言……这些都能激励听觉障碍儿童克服听力残疾,刻苦学习,立志成才,形成奋发向上的健康心理,学会自治的能力。在绿化、美化校园的过程中受到教育和锻炼,体会获得成功的乐趣。增强听觉障碍儿童热爱集体、热爱学校的情感。

2.重视心理健康环境建设

心理健康环境主要指教育环境中的人际关系,即教师与听觉障碍儿童的关系、听觉障碍儿童间的关系、校风、班风等。心理健康环境建设还主要体现在教师的教育教学工作和学生学习、游戏等活动中。作为教师应根据听觉障碍儿童的个别差异制定合理的学习目标,实施分类教学,使具有不同学习能力和智力的听觉障碍儿童在学习的过程中消除畏惧、紧张情绪,建立信心,形成良好的学习心理。同时教师要善于创造活跃的教学环境,在教学过程中充分运用听觉障碍儿童心理补偿功能,采用观察法、比较法、演示法、讨论法等创设轻松愉快的教育环境,师生之间、学生之间共同讨论,互相启发,协作互助,在愉悦的气氛中交流情感,学习知识,增进友谊,构筑爱的桥梁,逐渐养成良好的心理习惯,促使听觉障碍儿童健康人格的发展。

3.努力创设开放式的教育环境

让听觉障碍儿童走出孤独世界,真正地与健听儿童共享蓝天。在特殊教育环境中学习的儿童,学校应该有计划地为他们创设社会交往的环境,如组织听觉障碍儿童参加各项有意义的社会活动——参观、访问、为社会服务,和健听儿童开展手拉手活动,参与书画、舞蹈、声乐、体育等各种竞赛,使听觉障碍儿童在交往参与中不断克服自卑心理,不断丰富听觉障碍儿童的精神生活和健康的思想情感。

(三)加强学校心理健康工作

1.建立心理档案,分类辅导

听觉障碍儿童由于接触面小、人际交往窄,多不善表达潜在的思想意识、心理感受等,不愿或不能向他人诉说。这就给学校实施心理健康教育带来了一定的困难,但办法还是有的。学生不善交流,我们可以用问卷调查的形式对他们进行心理测试,了解各人的成长环境、发展历程和特征倾向等。还可以通过活动测试,如小型运动会、文艺汇演、模拟辩论会等,来发现学生的兴趣、特长、习惯、性格、能力等。此外,还可以走访学生的家长、邻里,从侧面了解学生。最后把材料汇集,形成文字,建立心理档案。在此基础上,针对学生不同的心理状况找准突破口,进行分类辅导。

如对自负的学生进行谦虚教育,引导他们了解个人、集体、社会之间的关系;对自卑的学生进行自强教育,鼓励他们审视自身的优点,看到自己的能力;对心理封闭的学生,让他们积极参与交谊活动,使他们敞开心扉,融入集体。

2.开设心理健康活动区

针对听觉障碍儿童好动、好奇、爱表现等特征,学校可以开设健康活动区。区内的陈设要美观、活泼、温馨,适合听觉障碍儿童的特点。"健康活动区"可根据活动特点进行分类,设置成几个活动角,以供不同性格的学生活动,各活动角可同时开放。活动能有效地调动学生的主体参与性,改变学生的意识和情绪状态,使学生专注于心理健康教育主题的内容。活动中创设的特定情景氛围,也能使学生更准确地把握语境,从而深刻领悟道理。还有一位某老师在上"当我对异性有了好感的时候"这一辅导课的结尾时,组织学生吟诵了一首通俗的小诗——《冬天开花的果树》。使学生领悟到:情感之花是美丽的,但要到春天来临时开放,美丽才能持久,花儿才能结果。懂得作为一个学生,现阶段的主要任务是要打好生活的基础的道理。小诗简朴生动的语言,深刻的意境,在学生的心灵中留下了深刻的印象。活动在聋校班级心理辅导课教学中具有重要的沟通作用。在班级心理辅导过程中,教师精心设计一个个活动板块,采用演示、游戏、短剧表演、唱手语歌和诗歌吟诵等多种互动形式,能让每个学生通过表演、歌唱和吟诵等活动"动"起来,在动中感悟体验,敞开心扉,实现"零距离"的沟通。

聊天角。学生在"闲聊"中不经意地谈出自己的苦恼、忧伤、愤怒等,老师可从中了解学生内心深处的苦闷、焦虑等。在"聊天角",不分年级、师生、男女,大家都是朋友,彼此平等,真诚相待。学生在聊天角除了可以倾诉自己的烦恼外,还可以相互帮助、相互接纳、相互建议。这样就会营造出一种和谐、民主、宽松、自由的谈话环境,使学生自然而然地敞开心扉。

发泄角。发泄角里有沙袋、跑道、橡皮人、纸笔等发泄工具。学生在发泄角可以对发泄工具采取砸、摔、涂、打等方式,也可拼命运动、大喊大叫等。发泄是一种物理排解法,适合攻击性强、性格内向的学生。当学生在发泄角充分宣泄了自己的苦闷、愤怒、无助等情绪后,心理辅导教师再对他做咨询辅导。

表演角。心理辅导教师把从"悄悄话信箱"、日记、作文、家长会、家访等途径中得到的信息,编成简短的剧本让听觉障碍儿童在表演角即兴表演出来,让观众来评议或由心理辅导教师做点评,也可角色反串表演,让学生去体验别人的感受,从别人的立场想问题。

游戏活动角。由心理辅导教师根据听觉障碍儿童各阶段表现出的心理问题,设计一些有趣的游戏、活动,让学生从中得到教育、感受爱心。教师也可将活动主题交给学生,由学生自己设计一些游戏和活动,让他们在设计和组织活动的过程中锻炼能力。

3. 丰富心理健康教育活动的形式

将现代教育技术引入班级心理健康教育活动中,应用多媒体等现代教育技术手段打破时空限制,为学生提供丰富的信息表象,将抽象性、概念性的心理辅导内容形象化。多媒体有利于营造课堂气氛,引起学生注意,还能快速、简便、灵活地呈现书面语,为口语、手语提供依托,以集合多种语言形式,使学生认知充分、理解准确。例如,在主题为"感受幸福"的心理辅导课件中,以象征幸福的红色为基调,选用了许多学生在校园、在家庭生活中生动的照片和图片,伴以醒目的文字说明、有趣的动画效果和舒缓而愉悦的音乐,使学生沉浸在幸福的回忆和氛围之中,深切地感受到了生活中的种种幸福,从而激发起了对生活的更加热爱之情。课件的应用将抽象的"幸福"的概念转化为了形象,弥补了听觉障碍儿童因听觉功能丧失或损失造成的感知不完整、不全面的缺陷。如主题为"怎样使自己更受欢迎"的心理教育活动中时,老师按照"微笑""自信""善良"和'宽容"四个板块,组织了一系列的演示和角色表演活动。学生们通过参与表演,体验了当事人的情感,深刻领会了许多抽象的概念,发现了解决问题的办法,并使学生直观地筛选出令人满意的行为模仿标准,懂得了怎样做一个受欢迎的人。

四、通过团体心理咨询提高学生心理健康水平

(一)解决浅层次的认知、情感、行为障碍

团体心理辅导在解决羞怯、感情与社交孤独、社交回避与苦恼等问题上都有明显效果,能有效促进心理健康,对轻微的心理障碍也有治疗效果。如在初入学的新生中进行了团体心理辅导"微笑握手"活动(参加者要和班里每一个同学握手,对每一个同学微笑表示友好)后,大家分享感受时,一位同学说:"握着一双双充满友爱的手.看着一张张面带微笑的脸.我感觉到一种温馨和力量,刚来时的孤独和无助消失得无影无踪。取而代之的是脸上挂着的灿烂笑容。""滚雪球"活动后,同学们在分享中谈到:"他人认真地倾听自己说话,被别人叫出名字那一刻,感到很幸福。""同学们真诚地自

我开放、真诚地交流，使我打消了戒备心理，放飞了自卑心理，走出了个人的那个小圈子，体验到真诚交流带来的快乐。"聋生与正常学生相比，社交的渴望更加强烈，倾诉的欲望更加迫切。但由于语言障碍，他们在社交中遇到很多苦恼的经历。因此，如能在聋校的学生中开展这样的以身体语言为主要表达方式的活动，对于改变聋生在社交中的被动局面，缓解他们的情感异常和心理障碍具有明显效果。

（二）有助于形成积极的自我概念

形成积极的自我概念，可促进自我反思，形成自信等品质。团体心理辅导将具有不同背景、人格和经验的人组合在一起，为每个参与者提供了多角度的分析、观察他人的观念及情感反应的机会。可以使参加者更清楚地认识自己和他人、建立新的自我认同模式和对他人的接纳态度。比如一位同学说："我是一个外貌不太完美的、自卑的女孩，我一只眼睛大，一只眼睛小，来到新环境中我很紧张，不知道同学们怎么看我？但是今天在小组相识的活动中，我把我的担心说出来了，同学们不但没有因此而歧视我，还劝我不要因为这小小的缺陷而给自己施加太多的压力。得到他们的理解和支持我很感动，我终于敢把我的头抬起来了。"

可见，团体心理辅导对增强学生的自信心，重建他们的自我概念和自我认同感效果明显。在聋生中进行团体心理辅导特别适合他们在团体中比较分析、自我领悟、自我成长，在团体中重建理性的认识。

（三）改善情感体验

聋生焦虑、恐惧、孤独、情绪自控力差、不善表达情感等特点非常明显。团体辅导将具有类似共同特征和需要的人组织在一起，团体活动的特点和氛围使参加的学生容易找到共同性，找到被人接纳的感觉。从而充满希望和改善的力量。在团体活动中期阶段，团体凝聚力使成员进一步找到风雨同舟的感觉，使个体放松自己、减少心理防卫，互相帮助。团体对成员的支持，使成员感到踏实、温暖、有归属感。很多成员抱着改善的态度加入，加之被他人接受、关心，更进一步增强了信心，从而在团体中获得情感支持力量。

（四）发展适应行为，形成人际交往的技能、技巧

团体心理辅导与个别辅导相比，在使参加者学会倾听技术、接纳自我、赞美与欣赏他人、沟通的技巧等方面提供了更为典型的社会现实环境。团体就像一个社会生活实验室，成员可以自由地进行实验，去观察、分析。通过这个实验场所所表现的资料，去体会自己平常在社会环境中与人相处时容易出现的问题。成员还可以相互学习，交换经验，获得直接或间接的劝告。团体还是学习社交技巧的地方，在这里成员抱着改变的愿望，积极模仿适应行为，从而提高社交技能与技巧。

因此团体咨询活动能有效地提高聋生的社交能力和社交主动性，使聋生取得社交的成功，增强社交自信，促进他们健康心理品质的形成。

五、满足青春期听力残疾学生同伴交往的需要

（一）青春期听力残疾学生同伴交往的特点

1. 选择同伴具有一定的盲目性

在一次对聋校和普通学校初中生同伴关系的调查[①]中发现，90%的听力残疾学生都有健听的朋友，而他们认识朋友的渠道中48%的听力残疾学生是通过网络认识并结交健听人的，这从一个侧面反映出听力残疾学生上网的比率很大，但同时网络是个虚幻的东西，以这种方式结交的朋友的质量难以保证。听力残疾学生交朋友是盲目的，他们交朋友会很快全身心投入进去，但选择朋友的时候却很盲目，无论什么样人，他以前没有见过你，也不了解你是干什么的，但只要你愿意与他沟通，很快他就会把你当做他的朋友，与你亲密无间。这种选择朋友的盲目性会给听力残疾学生带来极大的危害。

2. 有迫切的与他人交往的需要

由于语言的障碍，听力残疾学生有很少的机会与健听人交朋友，但每当有一个健听人愿意与他们用笔交流时，他们总会表现出异常的热情。听力残疾学生渴望友谊，没有朋友的少数听力残疾学生，性格会更为孤僻，影响他们身心的发展。

3. 在同伴交往中感情投入大

由于逻辑思维发展迟缓，形象思维占优势，听力残疾学生的内心世界充满感性与感情。听力残疾学生对朋友更为亲切和在乎，但有的听力残疾学生容易走上极端。听力残疾学生交上朋友后会形影不离，有的听力残疾学生会因为朋友的一句"不理"而抑郁不欢，有的听力残疾学生因为自己的朋友与别人说话比自己说得多而产生嫉妒，以至于和朋友吵架，乃至互不理会……如此种种，皆证明听力残疾学生感情的热烈，却不会控制，容易使他们心灵受到伤害。

（二）创造能让听力残疾学生与各种人交往的机会

社会对听力残疾学生的关注更多的是以一个"给予者"的姿态出现的，他们关注听力残疾学生的方式多是提供物质帮助，而听力残疾学生自身需要的是一种交流，平等的交流，特别是进入青春期的听力残疾学生。他们不愿意一味地接受别人的帮助，他们也想用自己的能力去帮助别人。在现实的生活中，普通学校的初中生很少与聋校的初中生接触，聋校的初中生有一定程度上的与健听的学生接触，但这些学生大部分是大学生和志愿者，年龄上

---

① 北京联合大学特殊教育学院内部资料，2004年。

的差距使得聋校的初中生在双方的交流上更多扮演着"接收者"的角色。如果聋校的初中生能够与和他们年龄相近的普通学校的初中生交流，聋校的初中生不再是单一接受别人的知识和信息，他们也可以和年纪相仿的普通学校的初中生互换一些彼此都感兴趣的信息。同伴交往对儿童的身心成长起到非常重要的作用，也是促进听觉障碍儿童心理健康的重要途径。

通过同伴交往帮助听觉障碍学生建立社交的信任感。听觉障碍学生的自卑心理常会导致人际交往中的偏见、猜疑和误解，从而缺乏社交的信任感。应经常组织学生参加助残捐助、手拉手联谊活动，并要求全校教工要热情耐心地和聋生交往，让社会的真诚关爱感染他们。同时在组织听觉障碍学生走向社会进行交流前，总要求健全人要小心翼翼地保护听觉障碍学生难能可贵的仅剩的一点自尊心，防止有意或无意的伤害，让听觉障碍学生能获得交往的成功和愉悦，从而产生社交的信任感。

总之，心理健康教育关系到听觉障碍儿童心理成长。这方面的工作需要长期、细致、艰苦、富有创造性，需要家庭社会、学校的积极配合与协作，需要考虑个体差异和社会文化背景的特点，更需要理论与实践的互相促进。

第四节 随班就读的听觉障碍儿童的心理健康状况及维护

随着普通学校对特殊儿童的接纳程度越来越大，一些有听力残疾的儿童也选择具备随班就读条件的学校就读。这些儿童的父母也乐于让孩子融入健听儿童的生活和学习中，以便更好地适应社会。目前随班就读的特殊儿童也以听觉障碍儿童为多。听觉障碍儿童由于自身的感官障碍，容易形成一些不良心理，特别是随班就读听觉障碍儿童，知道自己与班里的健听同学存在着较大差异，往往更容易产生这样那样的问题。教师更应该加强对随班就读听觉障碍儿童的心理健康与缺陷补偿教育，促进他们的心理健康发展。

一、随班就读听觉障碍儿童的心理健康状况

（一）随班就读听觉障碍儿童知道自己的缺陷，加上在班级中他们人数比较少，因此性格容易孤僻，往往会造成自我封闭或者破罐子破摔的现象。

（二）随班就读听觉障碍儿童特别希望得到别人的注意。他们时常在教室里为一点小事大惊小怪，有时会莫名奇妙地发出怪叫声来吸引大家的注意，有的随班就读听觉障碍儿童表现为上课故意捣乱，课后欺负小同学等等。

（三）随班就读听觉障碍儿童由于自身的生理缺陷，以自我为中心的思

想往往特别严重,因而较易出现不善于与人交往、合作能力差、集体观念淡薄等现象。特别是刚入学的随班就读听觉障碍儿童,这些表现更为突出。

二、建议与对策

(一)教师给予听觉障碍儿童更多的关注

教师要时刻关注听觉障碍儿童的存在,使他们树立正确的自我认识,教师可以通过眼神的交流、亲切的态度给他们一份特别的关照,使随班就读听觉障碍儿童感受到教师对他们的重视,使他们在精神上受鼓舞,从而唤起他们积极的情感,建立良好的自我意识。

(二)在班级活动中发挥听觉障碍儿童的优点或作用

教师利用每一个随班就读听觉障碍儿童自尊心强、渴望表现自己、要求别人尊重自己的特点,给他们在同学和集体中展示自己才华和能力的机会,如招呼他们收发作业本、整理讲台、管理卫生工具等。另外还要看到他们的进步,及时肯定他们的成绩,认可他们的才能。往往一句口头的表扬,就能收到意想不到的效果。通过这些正确的途径和方法,让随班就读听觉障碍儿童体现自我价值,认识自我价值,满足他们被别人尊重的需求,帮助他们做出适当的自我评价,从而形成健康的性格。

(三)培养关心别人,关心班集体,主动与人交流,学会与人合作的意识和能力

教师可以动员他们帮助有困难的同学,也可以让有能力的随班就读听觉障碍儿童帮助同学纠正作业中的错误,或让班中学习好的同学帮助他们学习;还可以根据听觉障碍儿童的能力特点,让他们参加一些集体活动,让他们为集体获得荣誉,加强他们的集体观念……通过这些活动,增加他们与同学的交流、交往的机会,使他们认识到自我以外的集体和他人的存在,这样就能自然地参与到集体中并成为其中的一员。

(四)提供尽量多的口语实践机会

课堂教学是巩固随班就读听觉障碍儿童康复效果的最好阵地。教师在教学过程中,要利用各种机会对随班就读听觉障碍儿童进行有针对性的训练。例如:加强随班就读听觉障碍儿童的阅读能力,要让他们多读书,积累语言材料,从而提高口语表达和书面语言的能力。教师让随班就读听觉障碍儿童回答问题时,要尽量降低问题的难度,并帮助他们尽量用规范的语言说清楚。教师充分利用投影仪、电视机、多媒体、实物等媒体,创设良好的教学情景,让他们看一看、摸一摸、演一演,以增加更多的感性经验,调动他们口语表述的积极性和主动性,促进他们的思维发展,有效地发展他们的潜在能力,提高语言表达能力。通过认识能力和表达能力的提高,促进自我认识和

人际交往能力的提高。

(五)丰富随班就读听觉障碍儿童的课余生活

通过各种课外活动,培养他们的兴趣,扩大知识面。课外活动时,教师可以带领听觉障碍儿童做一些游戏,通过各种手脑并用的活动,使他们建立起较为鲜明、清晰的表象。课外活动也提供了语言实践的时机,帮助他们把所学到的语言知识在反复应用中转化为能力。教师还要善于发现和把握随班就读听觉障碍儿童的长处和"闪光点",让他们能在自己的特长上获得快而好的发展,形成特色,自我完善。同时也培养他们认识事物和自我的一种态度,即任何事物都有两面性,有长处也有短处,这些是对立统一的关系。通过以上方式培养和提高随班就读听觉障碍儿童对社会及人生的感悟力。

附录:听觉障碍儿童心理健康教育活动设计案例

活动主题:我能行

活动目标:

1.鼓励听觉障碍儿童在众人面前大胆表现,克服胆怯心理。

2.能在众人面前说出自己的、与他人不同的意见。

3.鼓励听觉障碍儿童人人参与活动,让听觉障碍儿童亲自感受"我能行"。

活动对象:学龄初期听觉障碍儿童

活动实施方法:鼓励法、游戏法、角色扮演法、讨论法等

活动前准备:

1.请学生每人准备一个节目。

2.老师准备表演游戏的头饰、音乐等。

3.老师准备小奖品及智慧卡——"我能行"若干。

活动过程:

(一)请学生自愿举手,给大家表演

1.教师:老师知道我们班的小朋友都会唱歌、跳舞、讲故事,谁来为大家表演。

2.请积极举手的学生来表演。表演后,教师马上用语言表扬,用小礼物给予奖励。以激发胆小学生产生表演的欲望。

(二)鼓励胆小的学生大胆表演

1.教师:刚才那么多的小朋友给大家表演了,他们勇敢吗?(勇敢)他们真棒。还有谁来为大家表演?

2.请平时胆小的学生给大家表演。(对于他们的表演适当降低要求,并对他们的表现给予及时的表扬和奖励。)

（三）能在众人面前大胆说出自己的意见

1.组织学生分组讨论：看电视好不好（可选择班级近期的某一现象作为讨论主题）

教师参与，鼓励学生积极讨论。

2.组织学生集中讨论，要求学生在别人讲话时，注意倾听，有不同意见等别人说完了再举手发言。

（四）人人参与活动，体验"我能行"

1.给学生提供分组活动的区域：

表演游戏：小蝌蚪找妈妈、怕羞的小黄莺等头饰；大舞台：音乐、服饰……

2.学生分组商量，选择角色。

3.请学生表演，教师给予适时的鼓励和适当的帮助。

最后，让学生为自己的成功欢呼，贴上智慧卡——我能行。

思考题

1.听觉障碍儿童的心理健康现状是什么？受哪些因素的影响？

2.请对听觉障碍儿童的心理健康维护提出自己的意见和建议。

第七章 智力障碍儿童心理咨询

本章论述了影响智力障碍儿童心理健康的主要因素，目前智力障碍儿童表现的主要心理问题和培智学校维护智力障碍儿童心理健康的现状。有针对性地提出了维护智力障碍儿童心理健康的建议。

第一节 影响智力障碍儿童心理健康的主要因素

一、社会因素

社会对智力障碍儿童的看法和态度消极。从20世纪80年代建立培智学校或辅读学校以来，经过多年的宣传，仍有为数不少的人提起智力障碍儿童常"傻子""白痴"的挂在嘴边，歧视或轻视的态度是显而易见的。

目前以特殊学校为主体的社会支持系统的建设工作还有待加强。有的培智学校学生毕业后无处安置，流落街头，得不到关心和支持，甚至有的学生出现了更严重的异常行为。义务教育阶段以后社会支持系统的缺失，使得多年的特殊教育和康复训练成果付诸东流。

相比于盲校和聋校，教育智力障碍儿童的培智学校或辅读学校设立较晚，教育观念的转变较慢，针对智力障碍儿童的教育理论方法还有待进一步的研究和完善。

二、家庭因素

智力障碍儿童的家长的心理状态很复杂，对比别的家长望子成龙的教育，自己的孩子却这样的特别，如果他们能自理就不错了，心里自然有很深的挫折感，同时也不愿在他人面前提及孩子的情况，甚至不愿带孩子到公共场合去。有的父母能够正视智力障碍儿童的智力、生理及心理的缺陷，冷静考虑教育方法，研究他们的生理、心理特点，采取有效的缺陷补偿措施。并配合教师的工作，在家里配合教师的教学，帮助孩子完成教师交给的任务。

有的父母无力教养子女，对他们态度冷漠，甚至视为累赘。智力障碍儿童在家里得不到父母的抚爱和家庭温暖，容易产生沟通障碍或孤僻的心理等不良后果。

三、智力障碍儿童的心理特征

（一）智力障碍儿童的心理发展水平

智力障碍儿童感知觉的速度缓慢，记忆能力差，思维水平低。在生活能力或适应能力上发展水平较低，有的智力障碍儿童五六岁了还不会用筷子。言语上，成年后即使受过教育也不会使用书面语言，四五岁还不能像普通孩子一样讲流利的母语等等。情感的深刻性、可控性水平较低，说哭就哭，说笑就笑。

由于心理发展水平较低，智力障碍儿童会出现身体发展和心理发展脱节的现象，这也是智力障碍儿童的重要心理特点。心理过程的活动异常，导致智力障碍儿童不能像普通儿童一样认识外界事物，认识自己，更容易出现各种心理问题。加之有些智力障碍儿童还伴有其他身体或精神方面的疾病，使得他们在适应社会、与人交往的过程中出现更严重的心理问题。

（二）智力障碍儿童的人格特征

1996年一项研究[1]采用日本学者桥本重治等研制的《缺陷儿童人格诊断量表》(PIH)的修订版（上海常模），对智力障碍儿童的人格特质进行测量。将其中涉及的14种人格特质归为三种因子，即适应性因子、分化性因子和自我发展因子。研究表明智力障碍儿童在适应性因子上的得分较低。个人适应性和社会适应性都较差，特别是社会适应性的得分更低。在一定程度上反映了他们缺乏团结自己的集体一起行动的能力以及在处理人际关系上存在的严重不足；智力障碍儿童对社会顺应能力较差。他们对学习积极性不高，兴趣不广泛，缺乏参与活动的主动精神。对学习缺乏恒心和毅力，不会克服，哪怕是最小的困难。在独立性方面，智力障碍儿童表现为独立性较小，而依赖性较大；受他人影响较多，而主动性较少。部分智力障碍儿童脾气比较固执，具有行为习惯固定难以改变的个性特点。

在自我发展因子情况好于前两项，但仍暴露了智力障碍儿童缺乏自信、低估自己的倾向。

轻度与中度智力障碍儿童除了生活习惯、忍耐性、自我炫耀、神经质和自卑感以外，在其他人格特质上都有明显差异，异常个性特征在中度智力障碍儿童中表现较多。

智力障碍儿童与普遍儿童的人格特质有比较明显的差异。和普通儿童相比，智力障碍儿童大多表现出一般活动欠佳，情绪不安定，自我中心大，比较固执。活动过多或不足，容易自卑，神经质较为明显等等。

造成两类儿童个性差异的原因是多方面的。首先，智力障碍儿童由于脑

---

[1] 张福娟等：《智力落后儿童人格特性的研究》，《心理科学》，第20~22页，1996年第19卷。

功能受损，使其个性发展失去了良好的物质前提，个性的形成和发展受到一定限制。第二，由于特殊社会环境因素的不良影响，智力障碍儿童经历挫折、失败较多，容易产生焦虑、退缩、自卑等不良的个性特征。第三，认知能力的局限性也会影响良好个性的发展。

第二节 智力障碍儿童心理健康现状分析

一、智力障碍儿童常见的心理问题

（一）一般的心理问题

由于认知水平低，对事物的理解较慢，不深刻，加之有的智力障碍儿童还兼有精神障碍、躯体疾病，导致他们在生活和学习中常常出现认知偏差、情绪不稳定、不良行为等问题。具体表现在以下几个方面。

1.容易产生自责倾向

他们由于在生活和学习上长期遭受挫折，常常出现为难情绪和消极的自我观念，年幼时他们会过多地依赖父母，造成对爱的欲求过强，很少考虑自身的问题。进入青春期的轻度智力障碍学生身心方面逐渐走向成熟，他们想摆脱家长的包办代替，独立处理所遇到的问题，但由于能力有限往往束手无策，于是常常会责备自己。当受到批评、做错事，就会怪自己不好；学习有困难、成绩差也怪自己笨、不争气，常常产生明显的自责倾向容易形成恐怖心理。智力障碍学生从小可能由于种种客观原因而很少与外界接触，但是随着年龄的增长，各种各样的压力会迫使他们不得不面对社会甚至是不得不独自面对社会，这时就容易产生胆怯和不安全感，造成智力障碍学生的恐怖心理倾向。

2.自控能力差

轻度智力障碍学生具有先天不足，他们较少有高级精神需要，自我控制能力差，往往会受到激情的支配，不经过是非判断和思考，也不会顾及到后果。到了青春期，他们虽然生理上处于生长发育的高峰期，但心理发展水平远远低于普通学生，仍然表现出对外界诱惑的分辨能力不强，遇事容易冲动，与其他残疾儿童相比，他们缺乏接受外部控制和积极的自我控制能力，在这方面男生表现得更为明显。

（二）青春期的心理问题[①]

智力障碍学生的青春期心理问题是培智学校的教师时常遇到又非常头

---

① 张福娟：《青春期轻度智障学生与普通学生心理健康特点比较研究》，《中国特殊教育》，第32~35页，2006年第6期。

疼的问题,常有教师反映不知如何解决才好。这个阶段的心理问题大致可归为两类:一类是一般的心理健康问题,另一类是性心理的问题。

1.青春期的一般心理健康问题

处于青春期轻度智力障碍学生与普通学生相比有其共性之处,两类学生在学习焦虑、对人焦虑、过敏倾向和身体症状等方面没有显著性差异,说明他们在这4个方面的表现比较接近。但前者由于受到智力水平低的影响,在心理健康方面又有其独特的特点主要表现在:有明显的孤独感,轻度智力障碍学生一般都愿意与同伴交往,特别是同一类的伙伴,但知心朋友很少。在与普通学生交往时,会感到与众不同,常常不被别人所接纳。进入青春期后,他们在身心方面发生了较大变化,所遇到的困惑、疑虑不知向谁倾诉,特别是当父母也不理解他们时,孤独无助感油然而生。

2.性心理方面的问题

不同智力障碍程度的儿童性心理的特点是有差异的,解决起来也应该区别对待。

轻度智力障碍儿童的性心理特点:在社会中能够获得接近正常和平均的心理—社会性行为;能够表现出与社会中大多数个体相似的对性的探究、对性冲动及性欲望的调整和控制等行为;能够对性教育、性咨询、性治疗中的言语指导做出相应反应。轻度智力障碍儿童在适当的性教育、性咨询和性治疗的条件下,可以形成良好的适应性行为。轻度智力障碍学生进入青春期,面对生理和心理的巨大变化,会有强烈的困惑、不解等情绪表现,如果不及时引导就容易产生恐惧、紧张、害怕、孤独等心理问题;有的在结交异性朋友时常常会出现脸红、出汗、呼吸困难等身体症状。

中度智力障碍儿童的性心理特点:这类儿童的第二性征出现较晚,个体尚不具备适应性的或符合社会心理的性行为,往往需要通过给予原级强化物的方式来诱发适当的反应。在性教育和性咨询中,可以对语言指导做出一定的反应,并形成较为良好的适应性行为,同时也需要采用一定的行为矫正技术使之更有效。

重度智力障碍儿童的性心理特点:这类儿童无法控制其性冲动,很难形成适应性的符合社会心理的性行为;缺乏对性行为后果的预见性;在理解社会规则方面存在困难;特别是对于如何区分隐私和可公开的信息方面存在许多问题。对这类儿童而言,行为矫正策略也许是最有效的治疗和训练措施。

极重度智力障碍儿童的性心理特点:只有当基本需要得到满足时器官才能正常发挥功能;极度缺乏适应性行为;性冲动是其最主要的反应;缺乏对性行为后果的预见性;只能形成很少的可接受的适应性行为,经常通过过度的或以有害的方式自慰来寻求快感，必须应用行为矫正的方法来帮助他们。

二、智力障碍儿童心理健康教育现状

（一）现状及存在问题

2004~2006年有研究分别调查了北京和上海的培智学校或辅读学校心理健康教育的现状，这些学校的情况也在一定程度上反映了国内大多数同类学校的心理健康教育现状。北京和上海的培智学校和辅读学校的心理健康教育工作情况如下。

1. 教师对心理健康教育的重视程度

在教师对智力障碍儿童的心理健康教育问题持何种态度上，绝大多数教师都比较关注这一问题。在提及是否想过要把智力障碍儿童的心理健康教育问题提上日程时，多数教师表示很想这样做，但往往是面对智力障碍学生的心理问题时才想到实施心理健康教育。

教师认识到智力障碍儿童存在着心理上的问题，有些教师对一般的心理问题也有了一定的了解，但多数教师对智力障碍儿童的心理问题还是没有深入了解。甚至一些老师自己就不了解心理健康的问题，对智力障碍学生的生理、心理的发展水平也不是很了解，这就更不要说让他们运用心理健康教育的方法去帮助学生们解决心理问题了。很多教师不是不想用而是自己本身对心理教育的方法不是很了解，不知道怎样来运用。一些在培智学校或辅读学校工作的教师不是学特殊教育专业的，也没有学过多少心理学，而是从普小调来的，对智力障碍学生不是很了解，很多教育教学的知识、方法都是通过多年在教学经验中自己揣摩、积累下来的，很少参加专门的培训。但教师自身有很强的参与这方面学习和培训的愿望。

2. 学校对心理健康教育的重视程度不均衡

虽然教师们大多数认为有必要给智力障碍学生开展心理健康教育课程或一些活动，但实际上，通过对一些培智学校教师的访谈得知，有些学校本身就对这一项目不重视，或者说这一城区对本区中各所学校都不重视，那自然下放到培智学校中也重视不起来了。有的城区对心理健康教育的问题还是比较重视的，这就使一些培智学校对这一问题也逐渐重视起来，做了不少的工作。有少数的培智学校已经开始对教师进行培训。比如在班主任会上，校长或者教学主任会引导教师们开展一些活动，以自我保护、社会交往等为主题开展一些班会、校会活动等以及活动方式、方法、结果的讨论。

在2004年对北京市城区培智学校的心理健康教育开展情况的调查中发现，多数培智学校还没有心理健康教育课程，心理健康教育的活动开展得也不多。各学校开展活动的内容侧重点各不相同,但是存在着共同的问题——内容很不全面。有的学校只侧重生理卫生常识方面的教育而忽视了情绪情感的教育,有的只注重了教育学生在学校中发现的一些心理问题,而忽视了与家长配合共同解决问题会取得更好的效果等等。

3.培智学校目前心理健康教育的途径日趋多样化,但主要渠道和教育方法较单一

利用午间广播宣传心理和生理健康的知识较多,由于这种活动形式依赖于学生的认知活动,对于智力障碍的学生来说效果不大,没有专人负责组织活动和提供个别辅导,出现问题绝大部分由各班班主任随机处理。

有的学校开展心理健康教育的方式主要是中午对学生播放广播,而且时间很短,次数不多(每周1~2次),涉及到的内容也不多,只是一些简单的生活常识、生理卫生常识、还有一些像增强自我保护意识和安全知识等等。有的学校还常占用讲这些问题的时间(例如常识课)来上一些其他的课。像一些比较重视学生心理健康教育的学校会在每学期期末时给学生们开展一次关于情绪情感或者沟通等方面的讲座。有的学校还给部分学生建立了心理档案,但是是有名额限制的(每班2~3名),主要是选择那些相对于其他学生心理问题较大的学生。档案中记载了教师每个学期从学生身上发现的心理问题,并根据它提出一些准备解决的方法,有待在下一学期解决。此外,有的学校还开设了心理信箱,设有"找老师谈心"的活动,但效果并不理想,很少有学生光顾。

在课堂教学方法上,多注重教师的讲授,心理辅导课有时更像思品课。一些学校使用游戏活动法,但能真正引导学生在游戏中进行体验的不多,心理辅导课又变得像活动课。这既与教师的技能薄弱、缺乏专业指导以及课时较短有关,也与辅读学生本身的感受和表达能力差有关。对高年级的学生或职业培训班的学生采用学生参与讨论分析、角色表演等方法,效果较明显。

在个别辅导内容上,学校大都集中在情绪行为矫正。言语疏导是使用最普遍的方法,系统脱敏和正负强化等方法也较常用。学校能将个别心理辅导的时间纳入工作日程,有规律地来安排。有的学校根据实际需要来安排,即当学生出现反常举动时对其进行辅导。个别心理辅导中普遍存在学生主动性较差需要班主任推荐的现象。由于教师往往是根据学生的违规行为来进行举荐,辅导教师又大都兼任其他职务,如班主任,一方面辅导时间难以保证,另一方面容易使心理辅导变成思想教育。有的学校把心理辅导室当成进行不良行为批评教育的场所,无形中强化了学生不愿或去怕去心理辅导室的行为。

主题活动是智力障碍学生参与积极性最高的学习活动形式，也是学校进行心理健康教育的主要形式之一。主题活动内容多种多样、形式各异。如成果展示、体验成功、角色表演、游戏等方式的活动最受学生欢迎。学校根据学生的特点举办各种主题活动，效果都比较好。特别是对缺乏自信、自卑心理较强的学生效果尤为显著。这些学生初入校时普遍存在自卑、抑郁、害怕学习、不愿与人交往等问题。通过学校的各项体验成功的教育活动和学校关爱宽容的环境熏陶，每个学生都有进步，缓解了上述存在的心理问题。主题活动的成效明显，但现在的活动主题比较局限，随机性较强，缺乏系统性。

4.缺乏开展心理健康教育工作的依据

培智学校没有针对智力障碍儿童的心理健康教育指导用书，相对而言普通学校可用的心理健康教育指导用书较多。培智学校所选择的心理健康教育内容是比较丰富的，涉及学习辅导、人格辅导、职业辅导和生活辅导等4个方面。但由于缺少教学大纲和参考教材，教师自行决定教育内容，随意性大，缺少系统性和计划性。另外不少学校照搬普通学校的内容，仿照普校的做法，针对性不强。由于普校和特殊学校教育对象的不同，完全照搬普校的做法是不妥的，即使同为智障儿童学校，不同年龄、不同残障程度儿童的特点和需求也是有明显区别的。

5.智力障碍儿童的个体差异较大，给开展集体活动和提供个别辅导带来很多困难

目前培智学校的心理健康教育还是针对于那些心理上存在问题的学生以及轻度智力障碍学生开展的，或者是对高年级学生进行的青春期教育，很少注意到中重度的智力障碍学生。其实中重度的学生也存在心理问题，有的老师就说班里的中度学生有好几个都存在逆反心理，不让他做什么他就偏做，告诉他们这样做不对的时候，他们却格外高兴，而说他们做得对的时候却面无表情。

6.家校之间的沟通不足

教师反映多数学生家长很少向教师谈到学生的心理问题，甚至有些家长从来没有提到过。但老师们却很希望家长们参与到对学生们的心理教育中。这说明家长也不是很关心或者不了解智力障碍儿童的心理问题，另外，也可以看出教师没有和家长进行良好的沟通，没有把学生出现的心理问题向家长说明，因此得不到家长的支持与帮助。

这些问题集中反映在心理健康教育活动实施的具体内容和形式上，但实质上对于在培智学校如何开展心理健康教育活动，目前国内在理论和技术上还存在一些没有解决的问题。

（二）培智学校开展心理健康教育活动要解决的几个技术问题

1.针对智力障碍儿童的心理健康教育活动的方法和途径的选用问题

目前在普通学校组织心理健康教育活动方式多样，这些技术在心理健康教育活动中的应用需要一定的认知能力，鉴于智力障碍儿童的认知水平较低且个别差异较大，培智学校在组织心理健康教育活动时可借鉴他们的做法，并根据本校学生情况做一些调整。

普通学校心理健康教育活动的实践主要有以下3种方式。①

认知式，其中包括故事联想、讨论—澄清的方式；

情境式，包括氛围式、角色体验式；

行为训练式，包括示范、奖赏、惩罚、契约等。

这些实施活动的方式强调心理活动的不同方面，智力障碍儿童在认知领悟方面可能比较吃力，可适当多运用情绪体验、行为训练来弥补这方面的不足。从另一个角度来说，心理健康教育与学科教学、思想教育的一个重要区别在于重视情感唤起而不是认知过程，注重心理感受、体验。培智学校教师在对这些方法的加工、取舍过程中还要根据智力障碍儿童的具体情况，突出这一特点。

2.心理咨询技术的选用问题

目前针对智力正常人的心理咨询应用的主要技术是会谈，即咨询者与来访者通过言语实现信息沟通、情感交流。这种方法又常应用于以智力正常的成年人为咨询对象的心理咨询过程中，由于儿童的心理发展有其特殊性，因此当心理咨询对象是儿童，特别是年龄较小的儿童时，言语就不一定是合适的沟通媒介。于是很多儿童心理咨询工作者采用了具有象征意义的游戏、戏剧治疗的技术，由此解决儿童不善于言语表达或无法表达内心感受等问题。游戏治疗是借助游戏为沟通媒介，使来访儿童和咨询者在游戏中建立良好的咨访关系，在此过程中运用心理学的方法帮助儿童解决心理问题。游戏和戏剧治疗在情境中借游戏、戏剧中事物的象征意义梳理儿童心理矛盾，为他们提供一个安全的距离和角度来表达生活中的实践和内心世界的心理活动。

智力障碍儿童的言语表达能力较差，尤其是部分中、重度智力障碍儿童没有语言，动作能力也较差。在个别心理辅导时咨询者可以运用游戏中的房子游戏、沙盘游戏、绘画等方式引导儿童在轻松、尽量少限制的环境里表达自己的内心世界。但从智力障碍儿童心理发展水平来看，即便是采用以上方法也较难观察到儿童一边玩一边自言自语的情况。没有言语或在言语过程中不能自然流露内心感受，仍然给咨询员了解、分析来访者的心理现状带来

---

① 俞国良等主编：《小学心理健康教育教师指导手册》，第73~80页，开明出版社，2001年。

很大的困难。

3.智力障碍儿童心理状况的评估问题

目前评估智力障碍儿童的发展水平主要是参照正常儿童的各项发展指标，适用于智力障碍儿童的行为发展水平的标准化测验或相关的评估工具较多，但适用于评估其情绪、社会适应能力、人格的综合性测验较少。要鉴别智力障碍儿童的心理问题是否由器质性原因引起，往往要求助于专业的精神医疗机构，同时还需要家长的配合。现实中智力障碍儿童的家长有可能不愿面对孩子的精神残疾现状，隐瞒诊断的真实情况，甚至不带孩子去就诊。因此，缺乏适用于智力障碍儿童的心理诊断工具，而来自家庭的对智力障碍儿童心理活动状况的报告可信度较差，给确定智力障碍儿童的心理健康状况带来又一大难题。

第三节 培智学校维护智力障碍儿童心理健康的对策

从以上几个针对智力障碍儿童心理健康教育的基本问题的分析可知，培智学校开展心理健康教育活动还有许多有待进一步研究的课题，需要教师在工作中加强心理咨询理论的学习，不断积累实践经验，结合教育科研，探讨解决问题的途径和方法。

一、重视心理健康教育对智力障碍儿童心理发展的促进作用

心理健康教育对智力障碍儿童的心理发展具有重要的促进作用，表现为如下几方面。

（一）心理健康教育对智力障碍学生的智力发展有重要的促进作用

国外有些研究者用经过标准化的智力测验中的言语部分对智力障碍儿童进行了测试，结果表明进行过心理健康教育的学生的言语水平比没有进行过心理健康教育的学生言语发展要见效得多。尤其是对轻度智力障碍的学生。如果重视在教育中渗透心理健康教育，提高学生的情绪情感智慧，就可以使智力障碍学生从内部推动自己，并在面临挫败、无助等困难时坚持下去，可以使智力障碍学生调节心情，调整心理，并在智力活动过程中通过动用情绪情感智慧更好地将社会文化科学知识内化为个体自身发展的精神营养，更好地生活在这个社会中。

然而，情绪情感智慧并非完全是天生所得。更多的还是在后天的学习生活中习得的。而心理健康教育，正是我们可以采取的较直接的教育方式。智力障碍学生有没有健康的心理，有没有良好的心理素质，在很大程度上由其

情绪智慧习得的多少而决定。如果教育工作者们在各学科教学中能够渗透给智力障碍学生健康心理的养成教育的话，那么，这对智力障碍学生的学习、成长，乃至今后的工作、生活都会起到不言而喻的促进作用。

（二）心理健康教育有助于智力障碍学生形成良好的品德

思想品德教育并非可以解决学生所有心理障碍、情绪困扰等等问题，我们也不能够把学生的心理问题等同于思想品德问题。良好的思想品德的形成离不开学生健康的心理，而健康的心理反过来又可以促进学生良好的思想品德的养成。

（三）心理健康教育对智力障碍学生参加社会交往活动的激励作用

智力障碍儿童与普通儿童相比，他们的沟通能力较差。由于智力、动作、语言等缺陷使他们多数不喜欢与他人沟通或不会与他人沟通。这使他们比起普通儿童来说更需要接受心理健康教育。因为心理健康教育可以从多方面促进其身心发展，激发他们的社会交往能力。

二、认识到对智力障碍学生进行心理健康教育的可能性

对智力障碍学生进行心理健康教育不仅是必要的，也是可能的，这里的关键在于采取什么样的方式去对智力障碍学生进行教育。采取对中小学生、大学生那样的授课或讲座方式对智力障碍学生进行心理健康教育显然是不适宜的，那样不仅让智力障碍学生难以理解，而且会使教育流于形式。智力障碍学生的心理健康教育必须遵循各年龄段的不同生理及心理特点，以趣味性、活动性为基本特色，将心理健康教育的意义蕴含其中，使学生通过游戏和其他饶有兴趣的训练活动逐步领悟到心理健康教育的重要性及其自我心理保健的途径和方法，这应当成为智力障碍学生心理健康教育的基本指导思想和原则。

三、通过多种方式开展心理健康教育

（一）根据智力障碍儿童年龄及个性心理特点开展心理健康教育

义务教育阶段要考虑学生年龄小，身心发展尚未成熟的特点，职业教育阶段的心理健康教育要立足于智力障碍学生即将走向社会的实际情况来开展，不能完全照搬普教的内容和方式。在义务教育阶段要将促进心理成熟作为心理健康教育的主要内容，在职业教育阶段要将适应社会作为心理健康教育的核心内容。

（二）教育内容要有系统性和针对性

在心理健康教育首先要注重自我意识的发展教育，增强学生对生活事件的理解力、判断力、应对力。其次要进行情绪行为的正确感受和表达的训

练，减少不合理的情绪行为反应，使之尽可能常态化、可理解化。青春期教育要增加心理层面的内容，注重情绪调节和行为控制。主题活动宜将人际交往能力、独立性、进取心、责任感、意志力的培养等主题有机地串联起来，形成规模效应。

针对不同班级不同年龄学生的特点，有目的地选择或制定心理健康教育活动的主题。为一个学期的心理健康教育活动制定一个大的主题，每个月的单元活动选择大主题下的小主题来开展活动。

（三）教育形式、方法应多种多样

培智学校开展心理健康教育活动形式多样，主要有心理辅导课、个别心理辅导和主题活动等。心理辅导课是在近年推动我国现阶段中小学心理健康教育发挥了重要作用的一种心理健康教育的形式。这种形式也被特殊学校所采用，同样发挥了积极有效的作用。个别辅导是特殊学校心理辅导中的一项非常重要的工作，它可以帮助解决学生的个别心理困扰，具有很强的针对性。但是在辅导内容、具体方法、时间安排等方面仍有不少问题有待探讨。主题活动形式多样，人人可以参与，很受学生欢迎。除以上这些形式以外，心理广播、心理信箱与学科教育相结合等形式也常被采用。无论采用何种教育形式，都要针对不同智障儿童的特点进行，否则将会适得其反。

在低年级宜较多采用以游戏为主的团体活动，中、高年级可采用心理广播、心理辅导课等形式。对智力障碍比较严重且语言表达存在一定困难的学生，要应用行为矫正技术加强适应性行为的培养。

培智学校在智力障碍儿童的行为训练方面有较丰富的教育经验，适用于智力障碍儿童的行为矫正技术也较完善。在心理健康教育活动中不妨发挥工作中的长处，及时培养，纠正智力障碍儿童的不适应行为。

另外，心理辅导方法要简单易行。培智学校心理健康教育的对象主要是智力障碍儿童，选择心理疏导方法时要注意简单易行，便于学生理解和掌握。例如：

情绪晴雨表。用不同颜色表示不同的情绪，让学生每人记录、理解自己的情绪。

音乐放松法。在团体活动时引导学生有针对性地欣赏一些音乐，做一些放松训练，能有效安抚学生过激的情绪行为，使兴奋的学生感到镇静，焦虑的学生感到轻松，愤怒的学生感到怒火在逐渐熄灭。

美术心理健康课。学生自由绘画，教师通过作品分析了解学生的心态，及时发现问题进行疏导。

咨询信息广播。通过广播向全校学生介绍咨询室内发生的故事（隐去或改编部分内容，以保密为前提）。建立心理咨询的感性认识，强化主动前去接受心理咨询的行为。

心理形象大使选举。学生自我提名,张贴自我介绍,挂牌行为展示一周。学生、教师共同评选出各班的心理卫士和全校的心理形象大使。卫士和大使负责学校心理广播,关心班内的同学,协助教师工作等。

(四)加强青春期的性教育

特殊学校应加强对学生的青春期性教育,使他们能正确认识自己的身心变化特点。通过教育使他们能重新认识自己、审视自己、悦纳自己,最终拥有自信,克服这一时期的心理困扰。在培智学校,性教育是教师教起来较抽象、智力障碍儿童学起来较难掌握的内容。下面主要介绍人际圈理论在智力障碍学生性教育中的应用。[①]

国外的研究者根据智力障碍学生理解新事物慢,需要借助直观形象等特点,提出了人际圈理论,把有关社会人际距离、亲密程度、合适的社会行为等整合起来。人际圈理论的基本原则是:任何个人都是自己生活中最重要的人物,任何人都处于自己人际圈的中心位置。除非你自己愿意,任何其他人都不能随便接触你。

只有很少的人与你有亲密关系并拥抱你,如母亲或父亲,男友或女友。

还有一些人,你可以和他们进行有限度的拥抱,如在你最好的朋友过生日时。

你可以和熟人握手。

你可以向孩子们招手。

对于从事公共服务的人员,你只和他们谈公事。

你从不和陌生人发生接触,陌生人也不能随便碰你。

人际圈理论是以个体为中心,根据周围人与该个体的关系的亲密程度来确定其合适的行为。如果一个人能够把握这些最基本的原则,就可以了解在特定的社会场合下,别人希望他怎样做,而他又应该希望别人如何做。

人际圈模型。为了更直观地表现处于不同的人际关系下个体应该具备的合适行为,使涉世不深的青少年理解不同的社会情景下自己应该保持什么样的行为,从而既能学会以符合社会规范的行为与人交往,同时又防范不良分子对自己的可能伤害。研究者们将这些基本原则整合在一个模型中,这一模型是用6种不同颜色的圆环构成同心圆图案,每一圈都用一种不同的颜色来表示人际交往中特定的行为和亲密程度。紫色隐私圈是6个人际圈中的最中心的,只有一个人处于这一圈中,即每个人自己。它代表了个人的独特性和自主性,是建立其他关系的基本。这一圈的基本信念是:"你是你自己

---

① 兰继军等:《人际圈理论在智力落后儿童性心理健康教育中的应用》,《中国特殊教育》,第26~30页,2006年第6期。

生活中最重要的人物,除非你愿意,否则别人不能随便碰你,而只有当别人愿意时,你才可以碰触他人。"蓝色拥抱圈是围绕在紫色之外的第二层人际圈。它包括了几个从个人生理和情感上最亲近的人,通常包括处于紫色圈中个体最爱的母亲或父亲,男朋友或女朋友,或爱人。这一圈的象征性动作是拥抱的姿势。这一圈的基本信念是:"有很少的人物与你有亲密关系,是可以和你互相拥抱的。"绿色有限拥抱圈是在围绕蓝色之外的第三个人际圈,通常对处于这一圈中的人物比蓝色圈中的人物身体接触要少,而且接触的持续时间也不长。一般是建立在友谊基础或在特定情感场合才发生的,如在特定的节日或场合和朋友拥抱。这一圈中的象征性动作是有限度的拥抱。其基本信念是:"有一小部分人是可以和其进行有限度的拥抱的,仅仅是友好的而非亲密的拥抱。"黄色握手圈是围绕在绿色之外的第四个人际圈。对这一圈中的人物,通常没有情感的接触,而只是极其有限的身体接触。这一圈中的人物属于熟人,或者当别人给你介绍另一个人时,可以和他们握手。这一圈的象征性动作就是握手。橙色招手圈,与这一圈中的人物没有任何身体或情感上的接近。位于这一圈中的人物通常是小孩子和其他不太熟悉的人物,你可以向小孩子们招手,对认识的人点头打招呼,这一圈的象征性动作是招手。红色陌生人圈在最外层,这一圈包括两类个体:一类是社区公共服务人员,与社区公共服务人员的关系取决于他们所承担的工作。与他们的交往没有感情成分,而直接与其工作有关。任何接触、交谈和信任关系都是建立在工作基础上的。如果因为公事需要,可以和公共服务人员接触;第二类是陌生人,对陌生人没有必要进行任何形式的交往。你不可以碰陌生人,而陌生人也不能碰你,那么由你来决定谁可以接触你的身体,必要时要学会说"不",或者离开。

　　许多智力障碍儿童对自己的身体一无所知、不懂得特定行为的隐私性,常常在公众场合脱光衣服,露出性器官,或遭到他人性侵犯时,仍不当回事。开展青春期性教育要求从性生理、性心理和性道德三个方面展开,教育内容的安排与选择是以性生理知识为起点、性心理指导为特点、性道德教育为重点的。而运用人际圈模型图对智力障碍儿童进行性教育具有一定形象性和实用性,可以将上述三个方面的内容整合起来,帮助他们学习和正确认识自我性隐私、自我性保护、自我性规范、自我性约束等性教育内容。同时也符合智力障碍儿童性心理健康教育中正面教育原则的要求,重点放在明确地教导他们该怎么做上,使他们借助形象逐渐树立正确的友谊观、爱情观、价值观。

（五）开发、完善现有课程和物质设施具有的心理康复功能

　　对于在生活、学习中遇到困扰的儿童来说,压抑、投射、退行等心理预防

机制常常用于使个体达到暂时的心理平衡。但如果压抑的焦虑不能释放的话，心理问题会愈严重，提供给智力障碍儿童情绪宣泄的场所、器械，对于缓解心理压力大有裨益。培智学校现有的训练室、多样耐用的玩具器械无疑比普通学校有更多的物质优势。

学校中的校园广播系统仍可作为宣传心理健康知识的工具，但智力障碍学生的认知水平较低，还需要每个班的班主任引导学生分析、讨论，如果缺乏教师有针对性的指导，广播宣传的作用就很难发挥。

在学科教学中要注重对学生心理能力的训练和培养。将注意力、观察力、记忆力、感知能力等训练与所学学科的教学内容有机结合起来，使其各方面的潜在能力发展到尽可能高的水平，达到康复的最佳水平。同时结合一些课程的教学，干预智力障碍儿童的行为问题。如音乐课结合乐器的应用，让智力障碍儿童表达自己的情绪，并在音乐的交流中获得积极的感受；书法课[①]上注意书法练习过程的设计，直接或间接地改善和提高轻度智力障碍儿童的心理能力，改善和消除多种不良习惯，增强自信心。

（六）将心理健康教育工作渗透到日常教育教学工作中

无论是在普通学校还是在特殊学校，这都应该是心理教育工作应遵循的重要原则。课堂教学、班队活动、校园文化建设都是心理健康教育的阵地，尤其是占用在校时间最多的课堂教学活动，作为学校教育的中心环节，更要在培养智力障碍儿童的认知和适应能力的同时，注重维护心理健康，培养良好心理素质。培智学校的课程设置没有很强的学科界限，而是以生活中的实际问题作为教学活动的主题，例如人际交往、生活自理等等，也与心理健康教育的内容紧密相关，从这一点上来说，培智学校的课堂活动更应该具有在教学和行为训练中渗透心理健康教育的有利条件。而提高儿童的社会适应、生活适应能力也是心理健康教育的一个重要的内容，培智学校的师生一直都在围绕这些目标开展各种活动，也具备从心理学特别是心理咨询理论的角度深化活动的教育实践基础。

（七）加强教师和家长的示范作用

教师和家长是智力障碍儿童在生活和学习中接触最多的成年人，他们一方面代表了社会对儿童成长提出期望和要求，一方面又是社会适应性行为的最好示范者。教师既要作为心理问题的发现者、分析者，又要在教育教学活动中渗透积极健康的生活态度，适当的情绪、行为表现，做健康生活的示范。以心理健康教师为主体建构心理健康教育的教师网络。心理教师统管全校的心理健康教育，组织团体活动；班主任主管班级内的心理教育，负责日常的心理辅导课；学科教师对个训学生加强关心和疏导，及时与班主任和

[①] 胡斌：《书法练习对轻度智障儿童行为干预的分析》，《中国特殊教育》，2004年第5期。

心理教师沟通。在学校内建构心理教师—班主任—学科教师的分层教师网络，形成心理教育氛围，使工作系统化、全面化、深入化。

要教育好孩子，还需要教师与家长多沟通、配合。由于家中有智力障碍儿童，家长常会表现出明显的心理压力，这些压力在培养孩子的健康心理过程中无疑是一道障碍。从培智学校教师反映的学生青春期心理问题来看，有一些心理问题的产生正源于家长在生活中的不良言行，例如父母在孩子面前表现出过于亲昵，于是孩子便理所当然地认为异性交往是以这种方式进行的。针对实际情况，学校可通过向家长普及心理健康知识，解缓其心理压力，使家长明白如何克服自己的心理问题，将负面情绪转化为积极的态度，做好孩子的教育工作。还可以向家长普及和宣传生理发育和心理健康知识，尽可能多地让家长参与到学生心理健康教育计划的制定中，争取家长对学校心理健康教育的支持和配合，协调家庭和学校教育的力量，形成教育合力。如在签订行为干预合同时，教师在学期初家访，与家长、学生一起分析学生所存在的一些不良行为习惯，针对主要问题制定矫正方案，让学生自己选择可接受的奖惩方式，教师、学生、家长三方签订行为干预合同。这种做法可促进儿童不良行为的改善。

（八）将间接咨询作为个别心理的主要形式

儿童是特殊的心理咨询对象，他们在生活中往往体会不到心理痛苦，缺乏求助愿望，而家长或教师饱受儿童心理问题带来的困扰。因此家长和教师参与、配合心理咨询的积极性更高。通过家长或教师来教育和影响有心理问题的智力障碍儿童，还可以保证教育的连续性，在咨询时间之外能充分发挥和利用环境的有利因素促进智力障碍儿童的心理成长。

第四节　随班就读的智力障碍儿童的心理健康教育

一、随班就读智力障碍儿童的心理健康现状

轻度智力障碍的儿童通过随班就读的形式能否更好地促进其心理的发展？这个问题引起了特殊教育工作者的广泛关注。随班就读对特殊儿童的影响是否积极，关键在于学校能否在教育管理、教师、学生各个层面营造良好的社会支持系统，接纳和帮助这些有特殊需要的儿童。从一个阶段的轻度智力障碍儿童随班就读的情况来分析，随班就读的教育形式对这些儿童的影响各有利弊。

有关研究[1]表明：处于不同教育安置条件下的轻度智力障碍学生心理健

---

[1] 张福娟等：《轻度智力落后学生心理健康问题的研究》，《心理科学》，第824~827页，2004年第4期。

康水平有着显著的差异,随班就读生比培智学校学生表现出较为明显的心理问题。轻度智力障碍学生比普通学生存在更多的心理健康问题,尤其在学习焦虑、交往焦虑、孤独倾向、身体症状和恐怖倾向等5个方面更为突出。

随班就读的轻度智力障碍儿童与在特殊学校就读的轻度智力障碍儿童的人格特征比较[①]的研究表明:特殊学校与普通学校的轻度智力障碍学生在独立性、坚持性、显示性和学习兴趣4个方面不存在显著差异,而在怀疑性、焦虑性、社会接受性3方面存在显著性差异。特殊学校的轻度智力障碍学生在焦虑性、怀疑性、社会接受性方面的得分显著高于在普通学校的轻度智力障碍学生。这说明特殊学校的智力障碍学生比普通学校的智力障碍学生更多疑、更忧虑、心神不定,但是,特殊学校的轻度智力障碍学生人际关系更加良好,他们认为自己更被班集体和同学接受。特殊学校和普通学校的轻度智力障碍学生在自信心上存在显著差异。可见,特殊学校的智力障碍学生自信心比在普通学校的智力障碍学生高。也就是说,特殊学校的智力障碍学生对自己更多持肯定态度,对自己的情绪体验较好,自尊程度较高。

研究结果表明,特殊学校的智力障碍学生较之普通学校的智力障碍学生自信心更强、社会接受性自我评价更高,但焦虑性、怀疑性也更高。在归因方式方面,特殊学校的智力障碍学生比普通学校的智力障碍学生更倾向于将成功归结于内部因素,将失败归结于外部因素。

二、原因分析

(一)智力障碍儿童自身的原因

智力障碍儿童学业成绩差,导致其不被接纳。有研究表明"学习优秀儿童的同伴接纳水平最高,学习困难儿童的同伴接纳水平最低,同伴拒斥水平最高"。从当前我国学校教育和社会现实看,评价"最好""最差"学生的重要标准之一就是学习成绩的好坏,学习优秀儿童为同伴所尊重或羡慕,同伴也愿意与之交往,相反,学习成绩差的学生为同伴所轻视,不容易成为同伴喜欢交往的对象。

智力障碍儿童有较多不适当的社会行为。已有研究表明,智力障碍儿童往往自我控制能力低,容易出现一些不良的社会行为,如喜欢干扰别人、怪声喊叫、无理取闹、破坏、情绪不稳定等。[②] 这些行为可能使正常学生在与智力障碍儿童的长期交往中感到厌烦,因此会出现排斥或孤立智力障碍儿童的现象。

---

① 阮镜清等:《普通学校智力落后学生与特殊学校智力落后学生心理特征的比较研究》,《华南师大学报》(社科版),第34~39页,1992年第2期。

② 孙沛德:《智能不足儿童教育》,第29页,文景出版印行,1983年7月。

（二）随班就读学校普通学生自身的原因

1.性别因素

性别因素对普小学生接纳智力障碍儿童态度有显著影响，即女生对智力障碍儿童的接纳态度要明显比男生积极。社会心理学研究也表明："女性基于母爱的人性，较富有同情心""女性在情感、关心他人方面高于男性""在社会行为方面女孩更倾向于关照幼小、弱的儿童"。同时，社会文化、大众传媒的力量以及传统社会对女性的角色期待，影响了男女不同的行为模式，使得女性较具有社会情感取向的人格特质。这些使得女性较容易表现出接纳智力障碍儿童的态度。

2.年级因素

年级因素对普小学生接纳智力障碍儿童态度影响不大，仅在"行为倾向"方面呈现低年级学生的态度积极于高年级学生的趋向。这可能有两方面的原因：其一，按照皮亚杰道德认知发展的理论观点，儿童道德认知发展是由"他律道德阶段"向"自律道德阶段"过渡，低年级学生的道德发展水平处于他律阶段，易受外部权威的影响，愿意听老师、家长尤其是班主任的话，往往能在态度的外在成分上，即在"行为倾向"上能接纳智力障碍儿童。高年级学生的道德认知发展过渡到"自律阶段"，这一阶段儿童道德判断的特点是能认识到社会规则是不固定的契约，可以被怀疑和改变，对权威的遵从既非必要也不总是正确。儿童在判断他人行为时开始考虑到自己的情感和观点。因此，此时老师的话未必能起到正面的教育作用，有的甚至起反作用，从而会出现在"行为倾向"上不如低年级学生态度积极的趋向。其二，心理学研究表明，低年级的小学生自我控制能力较低，他们往往也会出现一些类似于社会不良行为的行为，如干扰别人、打闹、破坏等，这些与智力障碍儿童的行为有着很大的共性，因此，低年级小学生意识不到自己与智力障碍儿童这些行为上的差异，从而在"行为倾向"上呈积极趋向。高年级学生的自我控制能力增强，其行为愈来愈符合社会行为规范，而同龄的智力障碍儿童的自我控制能力依然停滞不前，这种差距就造成高年级学生在"行为倾向"上的消极反应。

3.接触程度

接触程度因素对普小学生接纳随班就读智力障碍儿童的态度有显著的影响。表现为：以前与智力障碍儿童"一起玩过或说过话"的正常小学生的态度要积极于"看见过"或"从未看见过"学生的态度。沟通增进了解，因此，和智力障碍儿童接触的程度愈深，必然愈能接纳智力障碍儿童。这里的"接触"更多指的是普通小学生与智力障碍儿童在一起游戏、玩耍。游戏、玩耍是一种特殊的交往活动，在玩耍的过程中最容易产生感情，再加上活动中智力障碍儿童"傻乎乎"的行为着实能让正常学生在教导、帮助他（她）的过程中获得成就感和自豪感，进一步提高正常学生接纳智力障碍儿童的热情。仅仅是"看见过"的正常学生则没有这种体会，"从未看见过"的正常学生则更难有这种体会，因而他们的热情往往没有那么高涨。[①]但是如果在学习中接触的频率较高，时间较长，也会影响普小学生接纳智力障碍儿童的积极态度。但也有相关研究表明：非随读班学生的态度明显积极于随读班学生的态度。具体到"认知"方面，两类班级学生的态度没有显著差异，对此原因的解释是：受我国传统文化和教育的影响，他们对残疾人的认识和评价往往能达成"共识"，在"情感"和"行为倾向"方面则两类班级学生的态度呈显著差异（非随读班学生比随读班学生积极）。其原因可能有以下两点：一是从人道主义思想出发，非随读班学生更多的是出于理念上的接纳，他们还不具备能力去设想当他们真正面对智力障碍儿童的现实时，会采取什么态度，这样就难免造成认知与情感、行为倾向方面的不一致，即表现为随读班学生在"情感"和"行为倾向"上的态度不如非随读班学生积极的现象；二是与智力障碍学生偶然的接触，大多数学生都可能怀着好奇心去对待，即在短时间内能从同情、关爱残疾人的角度出发，愿意做仁义之举，但时间一长，智力障碍儿童的一些"不良"习性和行为表露无疑，这反而在一定程度上降低了正常学生对他们的同情和关爱，在行为上也表现出不友好、不接纳的态度。

三、建议与对策

（一）从智力障碍学生刚进入校时开始重视并实施心理健康教育

要对学生建立个人的心理健康档案。不仅对学生进行心理健康知识的教育，而且要密切注意学生的心理发展变化，能够提前预防和及时干预，努力维护随班就读智力障碍学生的健康心理。

对随班就读智力障碍学生进行心理健康教育要考虑到不同年龄和年级学生的特点。面对不同年龄和年级的学生整体，必须采用有针对性的心理健康教育内容。特别是到了中学阶段，对随班就读智力障碍学生应加强青春期的教育，解决他们由生理成熟而带来的心理问题，帮助他们健康成长。

（二）通过学科教学推进对智力障碍儿童的心理健康教育

教学是学校工作的中心环节，将心理健康教育渗透进学校的全部课程里面，有时间和空间上的优势，使心理健康教育在学校里得以全方位的展开。结合教学内容教育学生要礼貌文明相处，互相体谅等等。同时，任课教师最熟悉学生和教学过程，能及时发现学生的反常情绪或行为，在许多关键

[①] 吴支奎：《普小学生对随班就读弱智生接纳态度的研究》，《中国特殊教育》，第16~22页，2003年第2期。

性问题上和细微之处将心理健康教育具体化和深化。因此，要对教师进行必要的培训，认识到心理健康教育的意义，主动把心理健康教育的原理、要求引入自己的教育教学过程。

（三）在学校的日常活动中贯穿心理健康教育

在班级的日常管理工作中重视智力障碍儿童并发挥他们的作用。如教育普通学生关心、帮助智力障碍儿童，开展爱心教育；让智力障碍儿童担任班干部或负责学校某一项举足轻重的工作，帮助他们增强自信心、重塑自我形象、赢得同学们的尊重和信赖。

在课外活动中提供智力障碍儿童参与和学习、提高的机会。课外活动是学生生动活泼地主动表现自我的场所，对培养学生的健康心理具有重大作用。鼓励智力障碍儿童积极参与课外的各项活动，展示自己积极的一面，在劳动、活动中培养其兴趣、特长、良好个性、主动精神、交往能力等相关的健康心理，使学生的心理发展有更广阔的空间。

将心理健康教育融入班、队活动中。随班就读智力障碍儿童在接受九年义务教育中主要加入的团体是少先队。少先队的活动占据了他们相当多的活动时间。心理健康教育与少先队工作的宗旨是并行不悖的。从某种意义上说，心理健康教育还拓宽和加深了少先队的活动领域，提高了少先队工作的科学性和有效性。事实上，少先队组织的许多活动都越来越突出心理健康教育的内容。对于随班就读智力障碍儿童而言，教师在组织这些活动时，要从心理健康教育的角度去认识，不断创造机会去训练和培养其健康的心理素质。在班、队会上选择有针对性的主题，以直观形象的方式帮助普通学生和智力障碍学生了解自己，学习与人交往的适当方式。

还可以用专门的心理健康教育活动课解决智力障碍学生的心理问题。心理健康教育重在情感唤起。它通过情感体验、情感调节、人际互动、理念认同等形式来完成对学生的健康情感的培育。心理健康教育有着丰富的内容和独自的体系，需要专门设置一个科目来完成它艰巨的任务。就目前心理健康教育的情况而言，在随班就读的学校中，应配置受过心理及特殊教育师资培训的专职心理健康教育教师，针对随班就读智力障碍学生的心理健康状况开展有效的心理咨询或心理辅导，使学生的心理得到健康的发展。

（四）充分发挥特殊教育资源教室的作用

在有随班就读智力障碍学生的学校，教育财政部门应加大投入，设置特殊教育资源教室。对随班就读的智力障碍学生进行心理健康教育，可以通过特殊教育资源教室中相应的设备，对其心理及行为进行评估，全面了解学生生理和心理特点、社会适应能力、学业成就以及心理健康水平等。认真分析其对心理健康教育特殊需要的内容及需求的程度，制定个别教育计划，并且在特殊教育资源教室中对其实施心理健康教育,使其心理健康发展得到保障。通过利用特殊教育资源教室的资源及场所对随班就读智力障碍学生进行相应的辅导,可以加强随班就读智力障碍学生的自我意识,增强其自信心,让其体会到教师的关心,从而保证了特殊教育资源教室的资源及场所的补偿缺陷和矫正行为的功能的发挥。

(五)引导随班就读智力障碍学生体验并掌握简单的自我心理调适方法

随班就读智力障碍学生的情绪变化往往比较激烈,很容易为一些小事情而怒火冲天。教师可以引导其通过放松身体、转移注意力、打球、散步、听音乐、向亲朋好友倾诉等方式来调节心理。随班就读智力障碍学生也容易产生自卑心理或在与人交往中容易出现障碍。教师可以引导其通过自我暗示、自我激励、心理换位等方式来改变消极的心理,重新鼓起自信心去面对生活中的不如意。同时,鼓励随班就读智力障碍学生参加集体活动,参加自己感兴趣的活动,并在活动中发挥自己的作用,接受同学的肯定和支持。

(六)调动智力障碍学生家长的积极性

随班就读智力障碍学生的心理健康教育除了学校所给予的以外,还需要整合家长的力量。学生的心理健康不仅教师要关注,而且也要引起家长的关心和支持。学校针对学生的心理健康问题所采取的一些辅导训练的方法,需要不间断地进行。因此,除了教师对学生进行辅导训练,还需要在学生的家庭中延续学校的辅导训练。必须调动家长的积极性,让他们共同参与,配合教师完成对学生的辅导训练,促进学生心理的健康发展。

附录1:智力障碍儿童情绪行为障碍心理辅导案例[①]

小李,八年级学生,男,15岁。从一年级开始一直在某培智学校就读,2003年用韦氏儿童智力量表测得智商为62分,社会适应行为测量结果属于轻度低常。

(一)问题行为表现

沉默寡言、厌食、对任何事情都缺乏热情甚至没有反应。近两个月自己在房间里玩电脑游戏直至半夜,精神恍惚,反应迟钝,食量大幅减少。暑假没有离开家门一步。主要表现有几方面。

厌学。开学以后,母亲经常在早上打电话来说小李不肯起床上学,厌学情况比较严重。母亲中午到校接他回家,下午小李通常不肯回校。每天早晨母亲又哄又劝其上学,小李不是说头疼就是干脆不搭理,赖在床上睡觉。遇到这种情况,就只好由老师到他家里接他回校。

---

① 案例改编自梁佩忠:《对情绪失调的智力障碍学生心理辅导的个案研究》,《中国特殊教育》,第42~46页,2006年第7期。

拒食。情绪失调后小李的食量大幅减少，拒食早餐，午餐和晚餐的用餐量合起来只有原来的一半。由于营养摄取不足，小李的体形明显消瘦，神情呆滞，身体的正常发育受到了严重的影响。

退缩。据小李的母亲反应，小李在这两个月以来，对所有的人和事都变得异常冷淡。不愿意到陌生的环境去，也不愿与家人外出游玩、访友，家中来客人时就借故到厕所里躲避。他在学校也表现出明显的退缩行为，不愿意参加任何集体活动，如晨会、艺能课。即使参加也在中途借故去上厕所逃避直至活动结束，在班里从不主动和其他同学交谈，老师同学和他说话也只回答"没什么"或"是"应付了事。

（二）家庭情况

家庭经济环境好，父亲长期在外地做生意，母亲在市内打理生意，家里有一个念初中的妹妹，兄妹关系很好。

（三）个人情况

平常学习很认真，与班里的同学关系很好，喜欢帮助别人，是老师的得力助手。对于家庭及学校以外的陌生人就怯于接触。六年级以前每逢心情不愉快时会用破坏学校公物的方式来发泄内心的不满。经过教育，他意识到破坏公物是一种不良行为以后就以沉默代之。

（四）原因分析

环境的影响。据家长反映导致他情绪失调的原因是内心对阿姨（妈妈的亲妹妹）及其儿子（表弟）长期积怨所至。一年前阿姨嫌小李养猫脏，趁他上学就偷偷把猫扔了，导致他的极大不满。妈妈后来买回来一只小狗作为补偿。不巧，阿姨今年暑假前夕来家里住，又悄悄地把他心爱的小狗给扔掉。表弟是小学四年级的学生，在小李家里吵闹不堪，还经常擅自闯进他的房间乱翻乱拿东西，他对此很反感。阿姨与表弟的作为使他愤怒到极点，他好几次和妈妈说，可妈妈只是应付几句。

个体心理发展的影响。小李正处于青春期，独立意识和成人感开始出现，但成人往往还把他们看成小孩，在教育观念和方法上不能适应他们的心理需要，就会引起青少年的严重心理冲突，导致亲子关系的危机。青春期的青少年有脱离成人独立等心理需要，小李的阿姨忽略了他三个方面的需要，其一是塑造自己的需要，想按照自己的个性去发展自己，小李想把自己塑造成一个热情、能干、有爱心的青年形象；其二闲暇时间发展兴趣的需要，在充裕的业余时间里发展自己的兴趣、爱好，做自己喜欢做的事，种花、养小动物是小李的爱好；其三，尊重和理解的需要，尊重他的人格，理解他的情感。阿姨一而再地不顾及小李的感受，母亲也未能及时洞察到孩子的内心世界，结果小李的正常心理需要得不到满足，内心的烦躁、苦闷、愤怒无法排解造成了情绪失调。

（五）咨询目标

通过认知调整、环境疏导、强化物刺激及家庭介入去除小李厌学、拒食及退缩等行为问题，使其情绪回复到正常状态。

每周上课33节为100%的出勤率；每周出席活动15次为100%的活动参加率；正常午餐和晚餐每餐进食量（包括固体及流质食物）大约为400克（两碗饭）。通过咨询使小李的出勤率、活动参加率和进食量在80%以上。

（六）咨询措施

以直接咨询和间接咨询结合的方式开展以下咨询活动。

1. 调整认知方式，引导理性思考

人的认知方式对一个人的心理和行为具有重要影响。智力正常的儿童通过正面的引导容易排解情绪上的困扰，但小李却因认知水平低下，需要帮助他调整认知方式。许多学生的心理问题是由于其错误的认知方式形成的，或者是由于错误的认知方式加剧的。小李一直比较固执，对自己拥有的东西有特殊的情感。正是由于他的这一特点，小李更是无法容忍阿姨以及表弟的所作所为。在失去小狗期间，他不时地看着小狗的照片发呆，怀念小狗。在11月份，母亲为他买来另一只和原来相似的小狗，可他还是不时地翻看以前那只小狗的照片。在他看来，阿姨和表弟就是和他过不去的人，要重新获得快乐，就得远离阿姨和表弟。小李的母亲曾经告诉我，他们家准备买新房，小李一直强调要买远一点的，越远越好。他的这个想法表明他不想让阿姨和表弟找到他家，只要搬远一点，别人就找不到他家。这正是受制于他的智力水平才会有这个幼稚的想法。采用了"积极关注"的咨询技术，即对小李的优点、长处给予有选择的关注，不轻易对其做出道德上的评价。运用一对一面谈的方法，积极主动地探讨小李的内心世界。小李在情绪失调后变得沉默寡言，与他谈心时他只听不答。于是首先采取让他回答"是"或"不是"的方法来达到双方沟通的目的。通过面谈，不但能较全面地掌握到小李情绪失调的症结，还能借势引导小李改变他不合理的认知方式让他从不良的情绪体验中走出来。在谈话中，明确表示阿姨及表弟的做法是不对的，同时引导小李思考阿姨为什么不喜欢自己养小猫小狗，喜欢养小动物不是件坏事，可既然要养就要负起责任来，保持小动物以及家居的清洁等。

2. 充分利用学校环境资源激发热情

一个人对任何事物都缺乏热情是很可怕的，长期持续下去其情绪失调的状况将更加难以改变。要重新激发小李的热情，可从发挥其特长和发放代币两方面入手。

小李在9月份多数只回校半天,中午母亲接他回家后就不愿上学。和家长协商后,决定从10月份开始让其在校吃午饭,一方面可以保证其用餐量,另一方面可以强制其下午在校上课过集体生活。

为发挥小李的特长,在教室创设名为"亲亲小生命"的生物角,开展种植太阳花、养小金鱼及巴西龟的教学主题。让小李担任小组长带领组员一起观察太阳花的生长过程,指导组员喂养小金鱼和巴西龟,一起完成观察记录表。小李原本就是班里的学习委员,与其他同学相比有一定的号召力和领导才能,同学也乐意听从他。心理学的研究表明,人有获得承认的需要。每一个人都不希望遭到别人的轻视,人人都需要别人的赞赏与肯定。与在家养宠物遭到阿姨的否定和排斥相比,小李在学校的学习生活受到了老师、同学的关心、支持及赞赏,在一定程度上弥补了其心理上的缺失。

每逢周四发放一次代币,小李可以把代币换成纸币后进行各种消费,如到学校小卖部购物或进行各种娱乐活动,如看电影、唱卡拉OK等。从缺课行为记录表中,观察到小李周四全天从不缺课,因此表明小李对代币相当重视。因此决定把代币作为强化物,刺激其主动参与集体活动,消除退缩的问题行为。在班里举办形式多样的小比赛,诸如课间唱歌比赛、作业封面设计比赛、最佳新闻播报比赛等。小李最初对这些活动置若罔闻,但看到发放代币时其他同学得到10多个,而自己因为缺课及不作为只得到6个,连钱也换不到(一个代币为一角,换钱的最小单位为一元),更别提去消费了。看到他沮丧的神色,教师借机劝说、鼓励他参与活动。小李与人沟通、交流的次数逐渐增多,上课借故躲避的次数日益减少,其退缩行为得到有效的改善。

3. 改变人为因素,重建和谐关系

俗话说,解铃还需系铃人。小李情绪失调的症结在于对阿姨及表弟的不满,要彻底解开小李心中的压抑,还需要阿姨的支持。因此必须做家庭介入的工作。最初,母亲感到这样做很难为情,不知如何对阿姨开口说这件事,担心影响了双方的关系。在心理辅导教师的努力下,母亲终于答应约见阿姨和心理辅导教师一起开会研究下一步对策。在寒假来临之际,让阿姨成为一个解决问题的契机,而不要再成为加剧矛盾的障碍。笔者与阿姨达成共识,当她再次与小李见面的时候,必须用诚恳真切的态度就扔掉小猫小狗的事向小李道歉。同时,利用与小李相处的时间与其一同照顾好新买回来的小狗,包括与小李一起给小狗洗澡,为小狗设计一个安乐窝,一起为小狗购买玩具、饰物等。通过照顾小狗达到两方面的目的:其一,让小李学习如何照顾好小动物,培养其责任心;其二,与小李重新建立起良好的关系,让其重获愉快的情绪体验。有专家指出,快乐的心情、积极的情感,往往会产生理解、接纳、合作的行为效果。反之,抑郁的心情、消极的情感则会带来排斥、拒绝的行为效果。通过寒假期间与阿姨的融洽相处，小李在不知不觉间减轻了内心对阿姨及表弟的怨恨，不再以沉默、退缩等消极的方式作为抵抗，回复昔日开朗、乐于助人、积极向上的健康情绪。

（七）咨询过程中的几个问题

1. 辅导介入的及时性

小李从7月开始出现情绪失调，母亲未及时向老师反映情况，只是把问题简单归咎于打电脑游戏，没有从根本上剖析小李的心理症结。当小李出现问题后，阿姨及表弟仍然一如既往地留在其家里，加剧小李内心对其的怨恨。如果老师能及时加以实施辅导，或许可减轻他拒食、退缩的问题行为，避免厌学问题行为的发生。

2. 学校环境的积极影响

学校的环境与家庭环境相比有较多的优势，学校人多，尤其是同龄人多，可促进小李与人交流，抒发内心的情感；学校空间广阔，行走的地方比在家里多，在一定程度上可防止小李在家里胡思乱想；活动丰富而有规律，不论小李从开始被强制留在学校还是后期在代币刺激下主动参与活动，这都比留在家里更好地帮助其消除问题行为；对老师的服从，母亲反映在家里对他拒食是毫无办法的，但在学校小李对老师的劝解、引导比较服从。随着小李出勤率的升高，其参与活动的次数与用餐量也随之增多。

3. 实施辅导方法

实施辅导必须做行为记录，教师从中找出规律，确定辅导策略及有效的强化物。

附录2：智力障碍学生性心理辅导案例[①]

玲玲，女，20岁，智商38，中度智力残疾。因被教师发现上男厕所、扒男生裤子、看男生隐私处，由班主任指定前来进行心理辅导。

（一）问题行为表现

班主任反映玲玲近一周来喜欢去男厕所看男生小便，被男生发现后不但不回避反而大笑，情绪亢奋，有时在教室里公然去扒男生的裤子看，在同学中造成很不良的影响。

（二）原因分析

个案处于青年期，对异性表现出好奇，愿意与之交往的表现，也有了性冲动，因此表现为对异性性器的好奇。

由于个案的智力水平较低，自控能力差，在出现性冲动时无法自控，也不懂得遵守道德行为规范。

---

① 案例改编自郑虹：《智障学生心理辅导的个案分析》，《中国特殊教育》，第29~30页，2006年第1期。

(三)心理辅导目标

玲玲为中度智力残疾,有一定的语言表达与理解能力,但平时不爱说话,合作性差,因此主要采用会谈法与奖励相结合的方法,尽快消除她的不良行为。计划每周约谈3次,每次60分钟。

(四)心理辅导的实施过程

心理辅导教师对玲玲的行为进行评判和分析,明确告诉她这种行为是错误的、不允许的,是违反社会道德规范的,很羞耻。然后进一步解释为什么不允许这种行为的发生,告知玲玲男女两性的区别,对她进行性健康教育。同时建议班主任平时看见玲玲此行为应立即干预,终止其不良行为;当她没有发生此类行为则给予表扬或奖励。在辅导过程中玲玲合作性较差,很少说话,也认识不到自己行为的错误。

(五)心理辅导效果

经过一周的面谈后,玲玲的性行为异常得到控制,但出现了明显的情绪问题,发脾气、无端哭闹、不愿上课,趴在地上不肯起来,教师越劝越严重,大声哭闹。晚上睡眠差,半夜起来活动,影响到其他同学的休息。在心理辅导室也无法安静下来,处于兴奋状态,或哭或笑。与家长取得联系,向家长说明玲玲的情况,建议去医院就诊,配合药物控制情绪。

通过观察,玲玲服药半月后情绪逐渐稳定,性行为异常也未再出现。

(六)建议与反思

面对智力障碍学生的心理问题时,要先分析问题产生的原因是什么,然后再制定心理辅导或咨询的方案,论证该方案的可行性如何。

本案例中的学生认知水平较低,不能理解或遵守行为规范,难以控制自我的不良行为。单靠面谈讲道理,教师及时制止不良行为,难以解决该生的心理问题。究其原因,在于其心理问题的产生是有一定的生理基础的。个体进入青春期后,性激素分泌较旺盛,有较强的性冲动。普通人在处理此类问题时常常通过参加文体活动,结交异性朋友,恋爱等方式调整和解决。对于智力障碍学生来说,解决性冲动带来的不良行为,靠讲道理,制止,确实难以奏效,正如大禹治水成功的经验不在堵,而在于疏导。这类问题的咨询或辅导应着重考虑如何用可替代的活动来转移该生的注意力,将积蓄的生理能量宣泄出来,必要时应用药物配合治疗会取得良好的效果。

思考题

1. 智力障碍儿童的心理健康现状是什么?受哪些因素的影响?
2. 培智学校开展心理健康教育活动需要思考和解决哪些问题?
3. 请对智力障碍儿童的心理健康维护提出自己的意见和建议。

第八章 情绪与行为障碍儿童的心理咨询

本章介绍了针对特殊儿童的一个组成部分，即情绪和行为障碍儿童的心理咨询。主要介绍了儿童情绪和行为障碍的主要类型、表现、成因、咨询对策，部分类型给出了实际案例分析，以供学习和参考。

第一节 情绪障碍儿童的主要类型及咨询

儿童情绪障碍是发生在儿童少年时期以焦虑、恐怖、抑郁为主要临床表现的一组心理疾病。

目前已经明确规定情绪障碍包括焦虑症、学校恐怖症、分离性焦虑、忧郁症、恐怖症、强迫症等。有时症状交叉，不能明确划分。另外儿童的情绪障碍还包括抑郁性神经症和癔症等神经症类型，统称情绪障碍。

近年儿童情绪障碍的发生率渐趋上升，这与遗传因素、生化代谢异常、社会家庭因素有密切关系，个体心理素质、环境因素也是影响儿童情绪障碍产生的重要因素。不良的家庭、学校环境，不正确的教育方式是儿童情绪障碍的重要影响因素；这类儿童往往具有特殊的心理素质，个性多为极端内向，情绪不稳定，如敏感、多疑、好强、暗示性和依赖性强。这些不良人格特征阻碍儿童健康发展并且可诱发多种心理和精神疾病。亲子关系不好、管教方法与情绪障碍发生有关，有关研究表明父母将孩子在童年时期交给他人照管、父母不良教养方式，易使孩子产生焦虑与恐惧因而发生情绪障碍。学业不良儿童也容易产生情绪障碍，因为儿童的学习成绩差往往会被他人歧视，使他们内心紧张、焦虑，对学校产生恐惧，甚至厌学、逃学。如儿童出生时为早产也可能会带来较大的出现情绪障碍的可能，可能早产本身影响脑功能发育；另外，儿童期疾病史、父亲不良嗜好可能作为有害因素导致儿童脑功能损害，影响儿童的情绪活动，而疾病也会使儿童体验不良情绪。

儿童情绪障碍的治疗目前仍以心理治疗为主，包括以下几个方面：支持性心理治疗、行为治疗、认知治疗对各种情绪障碍均有效；药物治疗，如苯二氮䓬类、三环类药物对不同类型的情绪障碍有确切疗效，但不良反应较为明显。

一、厌学症

（一）主要表现

厌学症儿童的主要表现是对学习不感兴趣，讨厌学习。

（二）成因

导致儿童厌学的成因有以下几点。

1. 学校教育中的失误

学校采用"填鸭式"教学，不考虑儿童的身心发展特点，强迫儿童学习；教师滥用惩罚；儿童的学习负担重，压力大；学习的难度与儿童能力不相符；忽视课外活动，特别是游戏对儿童的意义；教师对儿童缺少关爱等，都会造成儿童的厌学情绪。

2. 家庭教养方式不当

父母对孩子抱有很高的期望，重分数，不重视学习能力的培养，经常因为学习问题责骂或打孩子，使儿童对学习产生畏惧心理和厌烦情绪。

父母时常给孩子灌输"拜金主义"思想，经常要孩子利用上学时间去帮忙生意，并通过物质奖励的方式给予强化。

3. 社会不良风气的影响等

社会上的不良观念如"一切向钱看"的思想和某些农村的不良习俗，如"早定亲"习俗的影响。

（三）咨询对策

咨询中应注意儿童厌学症与学校恐怖症的区别。儿童厌学症应采用教育、家庭和社会三因素相配合的咨询方法予以矫正。

从学校教育方面来说，教师应对学生充满爱心和责任感，努力减轻学生的学习、考试负担，积极提高课堂教学的效果和艺术性，大力激发学生的学习兴趣和求知欲，搞好"第二课堂"活动，建立新型的师生关系，切实扭转滥用惩罚现象，这对于改善学生的厌学情绪，增进乐学、好学的情绪体验十分重要。

从家庭教育方面来说，关键在于端正父母对子女学习所持的态度。父母的期望水平不要过高，要求也不能过严，要与儿童的接受能力和心理发展水平相适合。父母还应以国家、民族的大局为重，深刻认识基础教育、义务教育的重大意义，切实纠正在教育子女问题上的不正确的认识，积极鼓励孩子树雄心、立壮志，为振兴中华而发奋学习，这对于激发子女的学习动机有重要作用。

从社会风气的影响方面来说，核心在于全社会形成尊知重教的强大舆论，大力培养热爱学习，以读书为荣的社会风尚，对拜金主义等不良倾向进行抵制，造成一种全社会都关心学习、重视教育的良好的社会心理气氛。

（四）厌学症儿童咨询案例

1. 基本情况

张某，男，9岁半，小学三年级学生。父母是工人。教师反映张某的智力水平属中上等,二年级时学习成绩在班里还属于中上等,但三年级以后,学习成绩明显下降。期中测验是两门主课不及格。张某性格比较外向,嘴很甜,人乖巧,有人缘,虽不是班干部,但在朋友圈里说话有人听。张某一家住在闹市区,后因住房拆迁,搬到城郊新建的开发小区,由于小区的建设不配套,小区内逐渐形成了一个农贸市场。有些小区的居民也加入到个体业余经商的队伍中,张某的父亲就是其中一员,他主要经营时鲜蔬菜,张某放学后常常帮助爸爸卖菜。如果张某表现好,生意也做得顺心,父亲就给儿子一些奖赏,给买点好吃的或者给些零花钱。久而久之,张某对帮助爸爸摆摊卖菜产生了兴趣,对学习的兴趣却逐渐下降。张某的母亲很少过问孩子的学习情况,晚上吃过饭后,为了让家里清静些,她常常催孩子出去玩。张某对同学说:"学什么习,真没劲,还不如我爸爸跑跑腿,要吃有吃,要钱有钱,那多够味儿。"

2. 表现与成因

表现:不喜欢学习,对学习没有兴趣。

成因:父母不重视孩子的学习,还经常让孩子利用学习时间帮忙做生意,潜移默化了"学习无用"的观点和态度;母亲不仅没有尽到督促孩子学习的责任,反而因为图清静,让孩子外出玩耍,进一步强化了学习不重要的态度;父亲经常在孩子帮忙后给予物质奖励,强化了做生意赚钱比学习好的态度;个案认知水平较低,自控力较差,容易受物质享受影响;张某自己接受并认同了父母的观点,认为学习没有意义。

3. 咨询建议

了解到个案厌学的成因后,建议通过直接咨询和间接咨询的方式进行咨询。

首先,要与张某的父母沟通,说明学习的重要性,并指出孩子打好文化基础,才有可能有更好的发展,即便是今后选择做生意也需要文化知识,转变父母对孩子学习的态度;

其次,建议教师利用课余时间与张某交谈,指出利用天气预报的知识、市场供求信息变化的知识等对经商的影响,这些知识的分析和利用都是建立在充分掌握现有所学知识的基础之上;

第三,利用数学课或社会课的时间,让张某发挥算账快,了解市场信息的特点,做专题发言,将生活经验与学习联系起来,激发他参与学习活动的兴趣;

第四,在张某和他的父母态度有所转变的基础上,通过家庭辅导,共同制定学习计划,并签署协议书,让父母承担起督促学习的责任,避免给他不适当的物质强化,让张某能控制自己物质享受的欲望,有计划地安排学习活动,并在协议中制定奖励和惩罚措施。奖励以带领外出活动、买喜欢的图书或玩具为主,过渡到精神奖励为主;如果不能完成任务,减少看电视或玩耍的时间。

第五,教师在计划制定后要经常了解计划实施的情况,及时给予鼓励。

问题解决的关键在于张某的父母能否转变思想,并参与学习计划的制定和实施,如果没有家长的支持和参与,咨询很难取得成效。随着大量农民进城务工,其子女也随父母在务工地区接受学校教育,由于父母忙于生计,常常出现部分农民工子女厌学的问题,这个问题在当今的义务教育领域具有相当的普遍性。

二、焦虑症

焦虑症是指持续的精神紧张或发作性惊恐状态,这些症状并非由实际威胁所引起,或者其紧张惊恐程度与现实事件不相称。按焦虑持续的时间可分为:急性焦虑发作、慢性焦虑。按焦虑症状的特征及诱因可分为:分离性焦虑、过度焦虑反应、处境性焦虑。

导致儿童焦虑症的诱因有遗传素质和环境因素。咨询时首先应确定该儿童的焦虑是否属于病态。另外,要注意与儿童精神分裂症的区别。儿童精神分裂症早期也常表现为紧张恐惧、烦躁、焦虑不安,但这些情绪变化是自发的,无缘无故的,患儿日益孤僻,对亲友冷淡疏远,行为退缩。

孩子产生焦虑的原因有很多:首先是个体因素,如孩子本身的神经气质类型、性格倾向。焦虑的儿童其神经类型多为弱型,表现为自卑,对别人的言行非常敏感,防卫心理强,意志薄弱,情绪易激惹等。其次是学校因素,现行的应试教育,学习压力过重,加上家长过高的期望值,加重了孩子的心理负担,不得不为考试分数焦虑。有的老师教育方式过于简单,比如斥责、体罚、挖苦等,使学生担心因犯错误而受罚。三是家庭因素,父母教育方式简单粗暴,使孩子缺乏自信,时刻担心被罚,整日提心吊胆;父母关系不和,家庭气氛紧张,使孩子缺乏安全感,比较自卑、多疑;家长的过分关注和过度保护及家长本身的焦虑情绪也都会对孩子产生消极的副作用。

制定咨询或治疗方案时,首先需寻找有关因素,如果是由环境因素引起的,应尽量予以改善。假如是由个体素质因素及教育方法等引起的,应采用心理治疗及教育引导相结合的方法,帮助和支持儿童解决或克服心理上的原因,并鼓励儿童多参加集体活动及锻炼,培养坚强开朗的性格。儿童焦虑症的预后大多是良好的,少数严重病例可持续数年,导致学习能力障碍和适应困难。

(一)分离性焦虑症

从发展心理学角度来讲,焦虑情绪是儿童早期社会性和情绪发展的核心。新生儿只有愉快和不愉快两种反应,都是与生理需要如饥饿、疼痛等密切相关。半岁前后就会出现对母体的依恋和对陌生人的怯生现象,当与相依恋的人在一起时,就会出现微笑、咿咿呀呀和安全感。遇到陌生人或和母亲分开时则会表现出明显的苦恼反应,即焦虑。依恋和焦虑是儿童早期情绪发展中的一对主要矛盾。安全的依恋有利于儿童正常发展,减轻焦虑反应是促使儿童心理正常发展的重要因素。所以,幼儿或学龄前期儿童与他们所依恋的对象(主要是母亲或其他亲近的照顾者告别时出现某种程度的焦虑情绪都应视为正常现象。只有当焦虑发生在儿童早期并且对与依恋对象离别的恐惧构成焦虑情绪的中心内容时,才成为儿童分离性焦虑障碍。

分离性焦虑在严重程度上、持续时间上远远超过正常儿童的离别情绪反应,社会功能也会受到明显影响。

1. 表现

分离性焦虑症多发生在6岁以前,当与所依恋的人离别时产生过度焦虑。主要表现在:

过分地忧虑主要依恋者可能会遭到伤害,或怕他们一去不回;

担心会与主要依恋者分离;

因害怕分离而不愿或拒绝上幼儿园、学校(不是由于幼儿园或学校的原因);

没有主要依恋者在,该儿童往往不愿或拒不就寝;

持久而不当地害怕独处,没有依恋者的陪伴就害怕待在家里;

反复出现与离别有关的噩梦;

当预料即将与依恋者分离时,马上会出现过度的、反复发作的苦恼,表现为哭叫、发脾气、痛苦、淡漠或社会退缩;

部分有分离性焦虑障碍的儿童分离后会反复出现躯体症状,如恶心、呕吐、头疼、胃疼、浑身不适等。

2. 成因

欲望得不到满足。按照弗洛伊德的精神分析理论,当个体潜意识中出现心理冲突时则会表现为焦虑,这种冲突是由一对矛盾构成,即个体的欲望和需要与现实生活对欲望的限制,是人格结构中"自我"与"本我"斗争的结果。

遗传因素。焦虑症患儿父母和同胞中约15%也有焦虑表现,单卵双生子的焦虑患病率可达50%。

亲子关系不良。正常情况下父母应给子女以安全而温暖的环境,但又不能使他们依赖这种环境。亲子关系不良,则表现为父母一方面对子女态度冷淡、要求苛刻,另一方面又让子女依附于自己,使子女处于一种无所适从的矛盾境地。

生活事件。在出现离别焦虑之前,往往会有生活事件作为诱因,常见的生活事件有:与父母突然分离、不幸事故、亲人重病或死亡、在幼儿园受到挫折等。

3.咨询对策

支持性心理治疗。对有分离性焦虑障碍的儿童,教师和家长要认真、耐心听他们诉说,对他们在焦虑时表现出的担心和痛苦要表示理解和同情,消除他们内心的顾虑,解释关于产生焦虑状态的原因,以他们可以理解的言语进行解释。教会他们遇到困难时如何去解决、克服,并去除原因。

分散该儿童注意力。分离性焦虑儿童往往会把注意力完全集中在要依恋的人身上,各种社会功能要受到影响,如与人交往效果下降、接受新事物的能力下降。对这类儿童要用活泼、生动的户外活动或游戏,将他们的注意力吸引过去,以新的注意对象取代对依恋者的过分注意。在活动中要考虑到儿童可能存在的适应困难问题,让他们有足够时间去适应环境,避免过快的环境或者活动内容的变化。

行为强化。当儿童出现期望行为时,要及时加以鼓励使已经出现的良好行为得以保持。

(二)过度焦虑反应

1.表现

常见于学龄儿童,以女孩为多见。患此障碍的儿童性格温顺、胆小、多虑、敏感,缺乏自信,但智力水平较高。这一类型的儿童对未来的情况产生过分的不切实际的烦恼,担心自己无能力完成学业,害怕考试成绩不好被嘲笑,担心与同学相处不好会遇到困难和耻辱等,因而出现紧张、窘迫感。对日常小事也过分焦虑,常伴有睡眠障碍、食欲不振、心跳等症状。

2.成因

家庭教育和学校教育的原因。表现为:父母对子女的管教过严,对子女抱有很高的期望;父母过度地估计某些事物的危险,对子女的告诫、威胁、禁令过多;父母对子女倾诉过多经济困扰和家庭纠纷的问题,在家庭的矛盾处境中,儿童易产生焦虑情绪;父母或教师经常的或强烈的惩罚,使儿童由害怕转为焦虑;父母或教师过度放纵,使儿童缺乏努力目标和具体要求,不知如何行动,因而产生焦虑;学校课程设置不够合理,缺少灵活性,使儿童获得成功的机会少,使儿童怀疑自己的能力;学校要求不断提高,儿童随年龄增长对自我的要求也不断提高,构成极大的精神压力。

儿童自身的原因。儿童在模仿教师或父母的过程中,将成人的焦虑引向自身;在少年期有较多的对生活的探索、人生目标的思考和追求,而自身躯体发育水平和社会生活适应能力的发展水平不协调,导致焦虑的情绪。

3.咨询对策

对于过度焦虑反应的儿童,应分析导致情绪障碍的原因,调整家庭教育或学校教育的方式,给他们提供宽松、自由的环境,减少外界带来的心理压力。

对于处于少年期的过多焦虑反应儿童,应耐心倾听他们的想法,引导他们制定适合自己的人生理想,认识自己的长处和不足,降低由于自我抱负水平过高导致的心理压力。

(三)处境性焦虑

主要有客观因素引起,如亲人亡故、父母不和、儿童生病住院等的,或由其父母及其他亲人的严重焦虑所"感染"导致。一般起病较急,病程较短,并且可发生于平时情绪较稳定的儿童。

这类问题的处理一般通过调整父母的情绪状态,由父母或教师和儿童一起诉说对某一事件的感受,倾听儿童的看法等,让儿童感觉到他人的支持和关爱。在短期内可解决。

(四)分离性焦虑儿童咨询案例

1.基本情况

个案,女孩,5岁,上幼儿园大班,3岁时入幼儿园,较内向敏感,表现一直较好。两周前,其母因阑尾炎住院,个案每天都要与妈妈在一起,帮妈妈服药等。当再次到幼儿园时,表现为拒绝,说"害怕妈妈再次住院,妈妈会因病而死的",经劝说后勉强到幼儿园,但精神紧张,不断问老师"妈妈会不会死去"。以后坚决拒绝与妈妈分开,不上幼儿园,则一切表现正常。

2.表现与成因

表现:害怕与母亲分离,害怕母亲会在自己不在时病死。

成因:两周前母亲生病的生活事件的刺激;在情感上较依赖母亲,没有与其他人形成亲密关系,交往活动的范围较小;可能与个案的个性特点有关。

3.咨询与治疗建议

支持性心理治疗。当个案出现焦虑情绪时,家长、老师要给予理解,耐心地听他们诉说,以他们可以理解的语言进行解释,找出发病原因,消除他们内心的顾虑。同时,要教会个案如何应对、处理所遇到的困难,树立克服困难的信心。

增加与同龄儿童的活动,提高适应能力。有分离性焦虑的个案通常过分关注和依赖所依恋的人,交往的范围狭小,接受新事物的能力下降,因此,幼儿园和学校要用活泼、生动的户外活动或同伴的游戏来吸引他们,使他们从中获得乐趣，以此来取代对依恋者的过分注意。同时，家长要针对个案可能存在的适应困难问题，在日常活动安排中，如遇到环境或内容变化过快的情况，要给孩子提供一个过渡的过程，让他们能逐步地去适应环境。

行为矫正。在个案出现期望的行为时，要及时加以鼓励，使已经出现的行为得以保持下来。家长在日常生活中，要积极培养孩子乐观向上的性格，锻炼耐挫力，不要对孩子的一举一动过于关注，以免给孩子不良的示范。

药物治疗。对有严重焦虑症状、影响饮食和睡眠、躯体症状明显的个案，应在医师的指导下使用抗焦虑药物进行治疗。药物治疗可以缓解躯体症状，为心理治疗打下良好的基础。而后者则会改变个案的认知状态和行为模式，从根本上改善个案的情绪状态，促进社会功能的提高，达到长期治愈的目的。

三、强迫症

（一）表现

强迫症包括强迫观念和强迫行为。强迫观念表现为反复出现多种毫无意义的想法或印象。强迫行为的表现包括：强迫性洗手，一天可达十几次，一次持续十几分钟；强迫性计数，如一遍又一遍地数课本或其他图书上人和物的数目，反复数自己走了多少级台阶等；强迫性自我检查，如反复检查自己的衣服鞋袜是否放整齐；有的强迫症儿童表现为刻板的仪式性动作或其他强迫行为。强迫症儿童的强迫观念与强迫行为可以同时出现，也可以分别出现。

（二）成因

1. 客观因素

突然的精神创伤，高度的精神紧张，严重的躯体疾病以及环境的重大变迁等生活事件是诱发强迫症的重要因素。

学校教育方法不当，如过于严格、苛求，作息制度过于刻板化等，也可能成为诱发因素。

2. 个体的素质

有些儿童先天素质不良，并且形成了谨慎、胆小、害羞、呆板、思考问题过多等性格特点，容易诱发此病。

（三）咨询对策

儿童强迫症的咨询与教育应注意以下几点。

第一，通过支持疗法帮助该儿童树立克服病态的信心，要鼓励他参加集体活动和体育锻炼，克服有关强迫性格，养成良好的性格特征；

第二，采用防止反应法减轻症状，即把引起儿童强迫行为的情境列出，

在家长或其他成人的监督下,强行阻止儿童强迫行为的出现。一般经两周左右治疗可见成效;

第三,指导父母正确对待该儿童症状,既不能过分焦躁,也不要施以体罚。同时,不应将该儿童的问题时时挂在嘴上,那样会加重儿童的烦恼和痛苦;

第四,对伴有焦虑情绪且较严重的儿童,可请专科医生配合进行药物治疗。

(四)强迫症儿童咨询案例

1. 基本情况

个案,女,8岁,三个月来反复考虑自己的亲人有一人将要死去。个案三个月前在电视上看到人死时的场面,感到很恐怖,随之想到自己的爸爸、妈妈、奶奶、爷爷将来有一人也会像这样地死去,心中顿时更害怕恐慌、痛哭不止。自此后,个案脑子里经常反复出现这一念头,反复考虑人为什么要死,时伴有烦躁、哭泣。因上课时也常常反复考虑,致使学习成绩明显下降。两个月后因反复考虑时焦躁不安,哭闹发脾气而辍学。来咨询前一周个案几乎整日哭闹,不能安静,主动要求到医院看病。

个案姊妹二人,她是老大,足月顺产,母乳喂养,自幼性格倔强、任性。入学后学习成绩一般。平素无重大疾病史。其舅父儿童时期曾有类似病史。父母关系和睦。体格检查及神经系统检查正常。

精神状态:衣饰整洁,言语清晰,对答切题。谈及其强迫症状时,自述:"脑子里老是想爸爸、妈妈、奶奶、爷爷有一人会死去及他们为什么要死。我也不愿意想,就是控制不住。一想这我就很害怕,心烦,所以就哭闹。"未见其他思维障碍。情绪焦虑。自知力完整,求治心切。

2. 表现与成因

表现:由害怕亲人死去的强迫性观念,明知不愿想,但不能自制,情绪焦虑不安,严重影响日常学习和生活。

成因:三个月前在电视上看到人死的场面,印象深刻,情绪体验强烈;是否与个案的个性特点有关,如喜欢思考。

3. 咨询与治疗建议

首先向家长讲明个案的病情,使他们对个案病情有正确的认识,让他们积极配合治疗,创造温馨、和谐的家庭环境,避免个案遭受强烈的精神刺激。多关心体贴个案,每天带着个案一起玩耍,多与她谈心,定期带个案到儿童游乐场所与其他小朋友一起玩耍、做游戏。

让个案每周来做一次支持性心理咨询。每次都耐心地与她交谈取得她的信任,与她一起讨论病情,对她的病情的每一点好转都给予充分的肯定,反复向她说明病情不像她自己想象得那么严重,使她对自己的问题能够解决始终充满信心。而且每次都举一些简单易懂的例子说明生老病死是自然规律,以便减轻该儿童对人死的恐惧。

四、恐怖症

(一)表现

恐怖症是指对某些物体或特殊情境产生异常恐惧,并以回避的方式解除症状。恐惧情绪是儿童期较常见的一种心理问题,几乎每个儿童在其心理发育的某一阶段都曾出现过恐惧反应。不同的年龄阶段有不同的恐惧对象,如黑暗、陌生人、刺激的声音、某些动物等。当儿童对恐惧对象表现出的情绪反应远远超过该恐惧对象实际带来的危险时,则称为恐怖症。

(二)成因

导致儿童恐怖症的发生主要与社会学习有关。许多儿童的恐怖反应是从父母的恐吓教育中习得的;

素质因素对儿童恐怖症的发生有一定影响;

亲子关系的失调也是引起儿童恐怖的原因之一;

儿童本身的焦虑情绪也可以导致恐怖,而且二者互相影响,易造成较严重的恶性循环。

咨询中应将正常儿童发育过程中出现的恐惧反应,如怕虫、怕火、怕黑暗、怕生人等,同儿童恐怖症加以区别。

(三)咨询对策

恐怖症可采取多种方法进行治疗,行为治疗宜采用系统脱敏、榜样示范、阳性强化等方法。帮助儿童松弛情绪,克服焦虑。

指导父母和教师培养儿童坚强的意志与性格,并讲述有关科学知识,对消除儿童的无端恐惧意识也有益处。家长应改进教育方式,不要对儿童进行鬼神类迷信教育,更不应对恐怖行为进行渲染,此外还应注意恐怖性影视节目对儿童的影响。

五、学校恐怖症

(一)表现

学校恐怖症是儿童对学校这一特定环境异常恐惧,强烈地拒绝上学的一种情绪障碍,是儿童恐怖症的一种特殊类型,是一种典型的心理适应不良综合症。除了情绪上的恐学、拒学状态之外,还与其他生理、心理上的缺陷有关。它的发生年龄有三个高峰:5~7岁为第一高峰,可能与分离性焦虑有关;11~12岁为第二高峰,可能与升中学、功课增多、压力加大或转学重新适应新环境和人际交往困难等因素有关;14岁为第三高峰,可能与少年的特征性发育,自觉身材长高,手足长大,显得不灵活,情绪抑郁等有关。

多数儿童在心理问题产生前均有诱因,如学习失败、在学校受批评、考试成绩不好等,一般女孩多于男孩。开始表现为上学很勉强,早晨拖延起床,向家长提要求,有的答应去学校,可是到了学校或在路上就逃走了,有的宁可自己待在家中做作业、复习功课,而不愿去学校。有时儿童头疼、头晕、乏力、腹痛,甚至出现恶心、呕吐等症状,企图得到父母的同情允许其暂不上学,一旦决定不必上学,则症状很快消失或症状明显减轻。一天之中,早晨较严重,下午少见。星期一较明显,双休日可基本无症状。如果强迫儿童去学校的话,多会出现强烈的情绪反应,即使在学校也表现较退缩,不敢直视老师,怕提问,课上心慌意乱、手心出汗,恐惧心理异常严重,放学后如释重负,不肯再去上学,个别儿童还有逃学现象。

当面对一个不想上学的儿童时,有一点很重要,就是要区分是学校恐怖症儿童还是逃学学生,造成这两者的原因和治疗方法均不相同,结果也会差别很大。学校恐怖症大多预后良好。

(二)成因

学校恐怖症的形成原因比较复杂。有阳性精神病家族史、病态人格或父母婚前、产前有酒精中毒史、性病史等先天原因的儿童,一般适应力相对较差,当环境突然变化及有重大应激性刺激时,可能使原来并不十分明显的症状暴露出来。除此之外,还可能有以下因素的影响。

亲子关系不良。儿童过多依附父母,害怕当自己上学时,父母会遭遇不幸,或担心自己在外受到伤害,没有安全感。这类儿童的母亲多为慢性焦虑患者,对于儿童安全过于关注,担心儿童上学会发生不幸事故。

学习中遇到挫折。大部分这类儿童学习成绩较好,自尊心强,当在学校受挫折或学习上出现失败时,会产生强烈的情绪反应和痛苦体验,不敢应对,而采取逃避的方式。此时父母不恰当的处理方式会强化儿童的这种退缩行为。例如,认同他的行为并采取附和、同情的态度,或对儿童的外出及上学过分担心,过于焦虑,均可使学校恐怖症越来越牢固。

家庭因素。娇惯、溺爱的养育方式可使孩子形成强烈依赖,不愿离开温暖的"安乐窝""保护伞"去上学吃苦;父母期望值过高,儿童达不到父母的要求,因而试图逃避上学;破裂家庭或父母关系紧张,可使孩子处于高度警觉状态,对环境缺乏安全感,以致造成退缩、拒学。

(三)咨询对策

学校恐怖症的咨询与治疗应注意以下几点。

1.治疗越早越好

问题积累时间长,易使问题慢性迁延,加重咨询和治疗的难度。

2.咨询或治疗前应进行全面体检,力求排除躯体疾患的附加影响。对于有头痛、腹痛症状者,更应仔细检查。

3.整个咨询或治疗过程应有父母和教师的参与

父母参与咨询过程,一方面有助于调整家庭教养方式,改善家庭气氛和环境,另一方面也有助于与学校的沟通,改善学校教育环境,创造良好的校园气氛。这对于学校恐怖症儿童的重返校园、重新适应非常重要。

4.暗示疗法对年龄较小的儿童有一定疗效

学校恐怖症儿童宜采用他人暗示治疗,即由咨询者对儿童施加暗示,使儿童沿着咨询者引导的方向去思考、去体验,以调节和改善儿童的心理状态和生理机能,进而达到治疗的目的。

(四)学校恐怖症儿童咨询案例

1.基本情况

个案,女,10岁,在学校一直表现很好,学习成绩也良好。但进入四年级以后,成绩有些下降,近几天竟然说不愿去上学。被家长拒绝后,开始说头疼、头晕,不起床,现在一起床后,就恶心、呕吐。带她到医院检查,有浅表性胃炎,服药治愈后,仍有这种现象,跑遍了数家医院,均未发现问题,一到要上学就表现出这种症状,其他活动都正常。

2.表现与成因

表现:不愿上学,上学前有恶心、呕吐、头晕等症状,一旦不要求个案上学,则症状消失。

成因:应了解其亲子关系情况,父母对个案的期望;个案的个性特点;是否在心理问题产生前有挫折体验;师生关系如何。以上因素都可能会导致个案不愿上学,了解了成因之后才能有针对性地采取咨询措施。

3.咨询或治疗建议

支持性心理干预。咨询者、家长和老师的充分合作是成功的关键。首先,咨询者要详细了解个案学校恐怖问题的产生经过、诱因及个案的个体因素和客观环境,分析有利于和不利于个案返校的各种因素,确定咨询方案。教师要和蔼可亲,与儿童及时沟通,建立相互信任,家长不可一味地同情、保护,或者武断地批评、责备。针对儿童在学习中所出现的问题,要帮助其合理调整学习方法、提高学习效率、减轻压力、建立自信。在干预过程中,不应使儿童脱离学校,可采取间断上学的方式,也可以由家长陪送到学校或由同学陪同上学等,逐渐过渡。

家庭环境的改变。在咨询者的指导下,改善不良的亲子关系。通常情况下,父母应给孩子以温暖的环境,但又不要使他们依赖这种环境。有的父母一方面在学习上要求严格、标准过高,另一方面又在生活上过于关注,造成儿童的适应能力差,不能面对挫折和困难。应培养孩子的独立意识和乐观向上的性格。

必要时配合药物治疗。如个案的情绪症状严重,可在医师的指导下选用抗焦虑和抗抑郁的药物治疗,以消除个案的紧张、焦虑、躯体不适症状,为各种心理治疗提供帮助。

六、癔症

(一)表现

癔症是指由心理因素或暗示等原因引起的一组疾病,表现为急性、短暂的精神障碍或躯体障碍,包括感觉、运动和植物神经系统功能紊乱。这些躯体症状均没有相应的器质性基础,采用暗示疗法使症状消失。判断时应注意排除器质性的疾病引起的类似症状,要详细了解儿童发病的情况,发作规律,并进行细致的身体检查。

其症状表现有这样一些共同特征:起病急骤,均与精神因素有直接关系;可出现任何疾病的症状表现;症状的形成是无意识的,但症状为儿童带来"附带获益",即周围人的关心和照顾,使其症状得到强化、巩固;症状因环境或自我暗示而变化,人多时或注意力集中时症状加重。

(二)成因

不正确的教育方式,如溺爱、过分关心等;

儿童本身的癔症性格,如高度情感性,受暗示性强,自我中心,幻想性高等;

遭受某些精神刺激,如委屈、气愤、窘迫等;

某些躯体疾病,如疼痛、发热、外伤等。

精神刺激、躯体疾病是发病诱因,但经初次发作后,儿童通过暗示影响(包括自我暗示)即可引起发作。

(三)咨询对策

癔症应及时治疗,否则其症状因"附带获益"而给治疗工作带来很大难度。要向儿童家长说明病情的本质,努力取得家长的理解和配合。此外,还应采取以下一些治疗措施。

消除诱发因素;

鼓励儿童谈出心中的问题(情感疏泄);

向儿童解释其症状并非疾病所致,而是心理因素所致,但解释需巧妙、机智;

运用暗示疗法进行治疗,痛觉刺激、热刺激、物理疗法等结合言语暗示,对减轻或消除症状有益,有时可取得迅速而显著的效果。

七、抑郁症

（一）表现

抑郁症是以情绪抑郁为主要特征的神经官能性障碍。情绪抑郁是抑郁症的最主要症状。儿童的认知水平有限，所以表现上常具有较多的隐匿症状、恐怖和行为异常，常被家长所忽视。主要表现为：儿童由于语言和认知能力尚未完全发展，对情绪体验的表述不完善，通常表现为心情低落，对喜欢的游戏没兴趣、退缩、活动减少、食欲下降，睡眠障碍也比较明显，学龄儿童还表现为注意力不能集中，思维能力下降，记忆力减退，自我评价低，自责自罪，甚至会出现自杀行为。一部分抑郁症儿童则以头疼、肚子疼、躯体不适等隐匿性症状为表现。

一般来讲，学龄前儿童抑郁症患病率很低，约为0.3%。青少年期抑郁症患病率约在2%~8%之间，随着年龄增大，患病率有增加趋势，而女性多于男性。

（二）成因

家族史、病前人格、精神刺激因素及神经内分泌因素等，对儿童抑郁症的发生均有一定影响。导致儿童抑郁症的原因主要有以下几点。

1. 遗传因素

虽然儿童抑郁症的遗传学研究没有成人那么多，但有研究报道，抑郁症儿童的父母患抑郁症的较多，成人抑郁症患者的子女患抑郁症的比例较预料的要高。研究结果还显示，在抑郁症儿童的亲属中，情感性障碍的比例较高，这些结果都提示儿童抑郁症和成人抑郁症之间存在着遗传性联系。

2. 心理及社会因素

从心理机制上讲，无助感是抑郁症的主要心理机制。无助感会使人产生消极的认知活动，对自己和自己的前途以及周围的世界产生消极的看法。儿童早期的生活事件，如失去父母，生活困难，处于逆境；特殊的生活经历，如父母离异、自然灾害、躯体或心理受虐待等，都是儿童抑郁症重要的诱发因素；而耐挫力差，性格懦弱，缺乏战胜困难的信心，又会促使儿童出现抑郁情绪。

（三）咨询对策

在咨询和教育过程中解除儿童的心理负荷，调整亲子关系及同伴关系、培养儿童乐观的情绪和坚强的性格，对于扭转儿童的抑郁状态有积极作用。有时可请专科医生配合进行药物治疗。对于那些有明显的悲观情绪甚至轻生念头的儿童，应加强监护，耐心疏导。对有自杀或攻击行为的儿童要密切地监护和防范，防止意外事件的发生，必要时进行住院治疗。

（四）抑郁症儿童咨询案例

1. 基本情况

个案，男，16岁，高中生。因近三月来情绪低落，做事没兴趣，学习成绩下降来访。

该个案系独子，从小表现良好，学习自制力较强，成绩名列前茅，但性格内向。家长对他的学习抱有很高的期望，双双下岗的父母经常以自己的亲身经历向他讲述成绩对今后生活、工作的重要性。一次摸底考试不理想，他自觉得对不起父母，回到家以后发呆或发脾气。以后逐渐出现入睡困难，食欲下降，对什么都不感兴趣，未发现有明显的幻觉和妄想。

2. 表现与成因

表现：对生活的兴趣减退，有睡眠障碍，食欲下降。

成因：父母对个案抱有较高的期望，并给以无形的压力；个案性格内向，自制，不善于宣泄和表达消极情绪；某次考试成绩不好，形成不良认知，自己无用，对不起父母等。

3. 咨询与治疗建议

药物治疗。药物治疗是治疗抑郁症的首选方法，尤其是对类似本个案那样抑郁症状明显、晨重晚轻规律突出、有轻生念头的个案效果较好。对有自伤、自杀倾向的个案，家长要做好监护和防范。要在医生的指导和监护下使用，以便能及时进行处理。

心理治疗。采用认知心理治疗的方法。主要是通过改变个案的错误认识来解决目前所面临的各种情绪和行为问题。首先要充分了解个案的表现及有关原因，如错误的认知"成绩不好，对不起父母""自己不是个好孩子"等。根据其面临的问题和认识上的错误与个案一起讨论正确的思维方式，分析对问题不正确的看法和认识，分析对自己造成的后果，有计划、分阶段、由易到难地合理安排治疗进程，使个案形成正确的认识。

配合放松训练和行为矫正技术，改善个案的不良情绪和行为。

营造良好的家庭环境。父母了解此心理疾病的性质应多给个案关心和爱护，创造一个温暖、安全的环境。

第二节　行为障碍儿童的主要类型及咨询

行为障碍是指在学校和家庭日常生活中，因适应不良、自我调节困难、缺乏适当的指导帮助以及在一定的外界诱因影响下所产生的行为问题。

一、不良行为习惯

（一）表现

儿童不良行为习惯主要表现为吸吮手指或衣物、咬指甲或其他物品、拔头发、习惯性擦腿等。通常采用心理咨询与治疗进行矫治。

（二）成因

发现儿童有以上不良行为习惯，应从以下几个方面寻找原因。

吸吮手指、咬衣物、咬指甲等行为，与不适当的口唇活动有关，应了解该儿童的婴儿期成长和喂养情况，以了解是否口唇期的需要未得到满足，形成以婴儿期行为为特点的行为固着；

有的儿童在紧张或不安时，会出现上述行为，应了解该儿童的个性特点，和导致其紧张的原因；

可能在儿童出现上述行为是获得了强化，所以此类行为成为习惯保持下来；

有的儿童会把这些行为当做对父母表示不满的途径，应了解父母是否过于严厉，高控制。

（三）咨询对策

咨询中应注意以下几个方面的问题。

1.通过家长了解不良习惯形成的原因，以消除有关影响因素。如导致儿童紧张的事物，改变家庭教育方式，加强亲子沟通等。

2.使儿童认识不良习惯的危害，唤起他们对自己不良习惯的羞耻感和厌恶心理，以激发他们主动克服的决心。

3.培养儿童广泛的兴趣爱好，鼓励他们多参加集体活动和游戏，家长也要更多地和儿童一起玩乐，以分散注意。

4.不良行为出现时切忌采用粗暴简单的方法加以"制止"。

对习惯性擦腿的矫治除遵循上述原则外，还应注意：父母不应过于紧张恐惧，不应严格控制，强行禁止，这样会有强化不良习惯的可能，并会引起儿童明显的焦虑不安、自责自弃等不良情绪。应细致地检查儿童生殖器局部有无不良刺激，有则尽早消除；制定恰当的生活作息时间，不应过早上床，早醒不宜迟起；对于难矫治的儿童，应向医生做进一步的咨询。

二、退缩行为

（一）表现

儿童的退缩行为是指胆小、畏缩、孤僻，不愿到陌生的环境中去，不愿与其他儿童交往，常独处，与玩具相伴，但无其他精神异常。

（二）成因

1.气质因素

儿童在最初表现出来的气质为适应性差、怯生严重、不善于探究等特点，具有这种气质特点的婴幼儿容易出现退缩行为。年龄大一些的儿童表现出内向、不善言辞的性格时，在与人接触中主动性差，自信心不足，也容易发生退缩行为。

2.过分照料

有些家长对儿童生活往往过分照料、溺爱，全部生活和活动均由父母包办代替，独立料理生活的能力差。一旦离开父母就不知所措。由于儿童在家中事事如意，很少遇到挫折，在外遇到困难和挫折后，不知如何应付，容易出现以退缩、回避为主要方式的心理防御。

3.忽视儿童的心理需要

通常情况下，婴幼儿在情感上依赖母亲，当儿童的这种正常的心理需求被家长忽视或拒绝时，儿童正常的从依赖向独立发展的过程就会受到影响。1.5~3岁是儿童产生过度依赖的危险时期，此时如果父母对儿童的依赖性有严重的心理忽视，或缺乏家庭温暖，父母教育观点不一致，则会形成儿童的过度依赖行为，也会导致退缩行为。

（三）咨询对策

在儿童退缩行为的咨询中，应注意与儿童精神分裂症的鉴别。儿童退缩行为的病情不会逐渐加重且随年龄增长、见识增多，退缩行为会逐渐好转，成年后完全正常。首先应让家长认识形成这种行为障碍的成因，检查其家庭中是否存在有关影响因素，积极改变教育方法，既不溺爱，也不粗暴，帮助孩子养成积极、热情、活泼开朗的性格。对儿童可进行游戏治疗，游戏的设计要视儿童的不同情况而定。

三、依赖行为

（一）表现

依赖对幼年儿童来说是正常现象，但成为学龄儿童后依然对父母或其他成人表现出过分依赖，便构成了一种行为障碍。随着独生子女在我国的日益增多，儿童的依赖行为有增长趋势。

（二）成因

1.家长忽视儿童的心理需要

通常情况下，婴幼儿在情感上依赖母亲，当儿童的这种正常的心理需求被家长忽视或拒绝时，儿童正常的从依赖向独立发展的过程就会受到影响。1.5~3岁是儿童产生过度依赖的危险时期，此时如果父母对儿童的依赖性有严重的心理忽视,或缺乏家庭温暖,父母教育观点不一致,则会形成儿童的过度依赖行为,也会导致退缩行为。

2. 社会文化背景对儿童依赖行为的影响。一般情况下,男孩子的依赖行为可随年龄增长而逐渐克服,部分女孩子的依赖行为则有可能长期存在,有的甚至到成年后仍依赖心很重。

咨询中应注意智力正常儿童的依赖行为与智力低下、精神分裂症儿童依赖行为的区别。

（三）咨询对策

依赖行为的矫治主要是行为治疗与教育治疗。父母、教师要改变对儿童的不良态度,如粗暴、冷淡、帮助过多等,对儿童克服依赖行为有显著效果。

对学生集体进行教育,形成良好的班级风气,扭转代抄作业等不良倾向,这种环境调整也有助于纠正依赖行为。

（四）依赖行为案例

1. 基本情况

小雪,4岁半,父母是公司职员。因为爷爷奶奶就这么一个孙女,舍不得把她送到幼儿园,就一直留在家里自己照看,因为怕小雪摔倒或磕伤,家长一般不让她玩户外攀爬的器械。每天妈妈要去上班或外出办事,小雪总要大哭大闹,不让妈妈走,为此常常害得妈妈迟到,有时有事也出不了门。

2. 表现与成因

表现:不愿离开妈妈,不让妈妈外出。

成因:家长给予个案过多的关注和照顾;不上幼儿园,交往的对象范围狭窄;个案的活动受限,对其他活动兴趣不大。

3. 咨询建议

调整家庭教育的方式。儿童的心理发展过程,是个不断尝试错误、总结经验,不断成熟的过程。2~3岁的幼儿已能在很多方面自我照料,如进食、入厕、穿脱衣服和鞋袜等,家长要尽可能在精神上给以及时鼓励并在技巧上进行帮助,培养其独立行事的能力,并树立自信心。培养活泼开朗的性格,增加与小朋友交往的机会。随着孩子年龄的增大,活动范围也要适度扩大,如适龄入托、入园,对孩子具有积极的意义。不溺爱、包办,更不要采取粗暴、忽视的态度。建议让孩子就近入园,开始时可先去半天,以后逐渐延长时间。并请教师配合,给以孩子及时的鼓励和适当的帮助。

每天妈妈外出上班,让孩子到门口道别,妈妈要微笑着说"再见",道别后切勿回头,或返回安抚孩子,以后慢慢要求孩子帮忙拿包,叫电梯等。父母回家后要保证与孩子交流和玩耍的时间,并提高与孩子相处的质量,在陪伴孩子的时候,要全身心地投入。

积极强化,适时引导。家长先从日常生活做起,让孩子完成某一事情后,及时给以言语鼓励,强化巩固已发生的行为,建立自信。鼓励孩子与小朋友之间建立良好的亲密关系,积极参加小朋友的集体活动,逐渐克服依赖性,培养独立行为。

四、多动症与多动行为

(一)表现

多动症又称注意缺陷多动障碍(ADHD, Attention-Deficit Hyperactivity Disorder),是学龄期儿童中常见的一种以注意力缺陷、活动过度和行为冲动为主要特征的综合性障碍。

儿童多动症具有以下一些明显特征:活动过度、注意力难以集中、情绪不稳、冲动任性、学习困难、品行不端、适应不良、神经系统存在某些功能性失调。咨询中应注意:多动症的主要表现是注意不集中、多动、行为冲动;一般开始于幼年期,到学龄期表现明显;如果多动的表现不足半年,不应立即下诊断。

注意鉴别以下情况。

一是看是否为正常的活泼好动的儿童。正常顽皮的儿童也常有好动等表现,但在严肃场合或看有兴趣的电影电视节目时则可控制;而多动症儿童却不能控制或仅能控制很短时间。正常儿童较易接受管教,即使有不良行为也较易改正;多动症儿童在态度上虽然能接受批评,但总是"明知故犯"。

二是看是否有较严重的品行障碍。品行障碍与环境、教育因素有明显关系,以持久的反常性格和与社会不相适应的行为障碍为主要特点。这类儿童在态度上往往与社会规范格格不入,对自己的问题缺乏认识。多动症儿童虽然也有品行障碍的表现,但程度较轻,并能意识到"不好",有克服的愿望。

三是看是否是精神发育迟滞。多动症儿童常有学习困难,可能被误认为精神发育迟滞(智力低下),因此,应通过了解病史、幼年发育史及智力测验等方式加以鉴别。

四是看是否为抽动症及多发性抽动—秽语综合症,此症的特点是不自主动作增多,行为刻板,表现为眼肌、面肌或手足不自主地、重复而快速地抽动,或伴秽语、爆发性喉音及损伤性动作。多动症儿童虽动作增多,但多为较协调的自主性动作,如翻弄东西、到处走动等。当然,有一些多动症儿童并发抽动症。

(二)成因

目前,国内外很多学者对ADHD的病因和发病原理进行了研究,因为这可能是一种复杂的疾病,至今尚无定论。

如果儿童仅具有多动行为，但不是多动症的话，应考虑以下因素的影响。

没有养成良好的学习习惯；

学习环境的干扰过多；

儿童个性特点的影响，是否易冲动、脾气急。

（三）咨询与治疗对策

1. 适当的药物治疗

如利他林、苯异妥因（匹莫林）等。用药后，随着注意力改善，可以减少多动，情绪稳定，行为改善。

2. 感觉统合治疗

特别是对于12岁之前的儿童经过40~60次的感统训练，即对儿童进行刺激前庭、整体感和触觉的运动项目，可使大多数儿童症状改善。

3. 脑生物反馈治疗

这是较先进的一种技术，临床上取得很好的效果，因此，受到了家长的关注。

4. 心理治疗

行为疗法和认知治疗效果较好，它需要在治疗前确定行为治疗的靶症状，如活动多、学习问题、与同学关系差、冲动或破坏行为、自尊心不足等。在实施过程，还要结合认知治疗技术，不断改变治疗计划和教会儿童掌握控制自己的技术。

家长和教师在教育和引导过程，应注意方式方法。多动症儿童大多意识到自己的"病态"，并因常受来自家长、教师及同伴的指责而深感痛苦。因此，咨询人员应以同情的态度对待他们，并帮助他们树立战胜"病态"的信心。要让家长认识到，多动症是一种心理障碍，责骂、惩罚不仅会加重病症，而且会加重儿童的自卑、忧虑、孤僻和反抗心理。首先要了解这些儿童是不是故意的，对其不伤大雅的一些小动作，不要一味地批评指责。其次，提供适当的心理支持，如"你的注意力比以前集中了""我相信你再坚持一下，会比前些天做得更好"，使孩子树立自信。在学习、交友及生活的其他方面，也应给他们以具体、反复的指导和帮助。当儿童出现适宜行为时，马上给以奖励，及时强化、巩固；当儿童出现不适当的行为时，加以漠视或给以某种"惩罚"。

5. 家庭教育和学校教育的配合

上课时需安排多动儿童坐在第一排，以利于督促和指导。鼓励儿童多参加有益的集体活动和文娱活动，在活动中改善他们动作的协调性，发泄他们过剩的精力。

培养良好的生活习惯,安排合理的作息时间,注意动静结合,既不放纵,也不过分限制其活动,对儿童的行为矫正有积极意义。在要求孩子学习之前,避免玩得过于兴奋,让他在平心静气的状态下进入学习状态。

帮助孩子养成专心致志学习的良好习惯。如在布置学习环境时,尽量排除干扰因素,使集中注意力变得容易;允许孩子分段完成作业或规定任务和应完成的时间,但要注意孩子完成后不要再加新的内容,否则会失信于孩子,造成故意拖延时间。

指导家长检查家庭中是否有不良刺激或引起精神紧张的因素,努力协调家庭关系,缓和家庭气氛,改善教育方法,以便取得家庭治疗的良好效果。

只要医生、家长、老师共同配合,帮助孩子从各个角度来挖掘自身"资源",随着注意力的改善,行为的改善,不仅可以提高学习成绩,并可以改善与教师、同学的关系;提高自信心,改善与父母的关系,提高家庭的生活质量。

(四)儿童多动行为案例

1.基本情况

李某,男,8岁,小学三年级学生。父亲是司机,母亲是工人。李某在幼儿园时就比其他孩子明显表现出多动行为。上小学后这种情况有增无减。他上课不遵守纪律,喜欢晃椅子,经常惹同桌同学,注意力不集中,东张西望,但老师批评或暗示后有一定效果。课余活动中不大合群,喜欢搞恶作剧,有时用头接连把几个同学撞倒,自己却满不在乎;在家里表现任性冲动,遇到想办的事情父母不能满足,便大喊大叫,甚至在地上打滚,此外,李某的精力显得特别充足,对看电视很感兴趣,遇到喜欢的电视节目,能连着看一两个小时,但做作业时却少不了边做边玩,注意力难以集中。据家长反映,李某的脑子并不笨,当他专心学习时,接受得比一般学生还快,因为好动分心,学习成绩在中下水平。家庭教养方式上,李父比较粗暴,看到孩子好动、不听话,烦了就骂,急了就打;李母对孩子比较溺爱,家里买的玩具比一般孩子的多好几倍,而且有不少是高级电动玩具。有时李某发脾气,拿起新买的玩具就摔,对此母亲只是叹息,舍不得管孩子,好在家里条件还算好,不在乎买玩具那几个钱。

2.表现与成因

表现:不能在课堂上长时间集中注意力;任性冲动,精力充沛;与同学相处不好;对自己喜欢的活动能长时间集中注意力。诊断时应排除多动症,为儿童多动行为。

成因:个案从小未能学会控制自己的愿望,任性冲动;家长没有得当的教育措施，责骂、痛打或不舍得管都不利于孩子的成长；个案缺少学习兴趣。

3.咨询建议

充分了解个案的爱好和学校教育的基本情况，争取家长和教师的配合。

教师在课堂教学中安排个案坐在前排，和纪律好的学生同桌，根据他注意维持时间短的特点，让他帮助教师做收发作业等可离开座位活动的工作；建议他参加活动量较大的，他较感兴趣的体育活动，宣泄多余的精力；设计教学活动，安排个案感兴趣的内容或活动环节。

教育家长采取科学的方式对待个案发脾气等行为，不要打骂，而是采取忽视、不理睬的处理方式，对良好行为及时奖励。

与个案、教师、家长一起签订行为改变协议，建立代币制的奖励措施，并在家中以直观图表表现代币的数量变化。

五、抽动症

（一）表现

在日常生活中，我们有时会发现孩子突然出现不自主的眨眼、挤眼、吸鼻、咧嘴等情况，这些症状时好时坏，交替出现，有时一段时间消失了，但又开始扭颈、点头、耸肩甚至鼓肚子，有的喉咙发声，如"哼哼"或"细小的喉音"，甚至大声叫一嗓子，家长不知是怎么回事，有的以为是坏毛病，就严厉地批评甚至打骂孩子，但越是制止越是频繁，或是这个症状消失了又出现另一症状。我们将这一症状称之为抽动症。

抽动症是一种神经精神障碍，主要表现为多部位、不自主、无目的的运动抽动和发声抽动，同时影响到几组肌群。它的病程一般是短暂的或是慢性的，有的甚至持续终生。其成因和病理机制现在尚不清楚，可能由于遗传因素、生化代谢失调或环境因素所致。一般多发生于儿童时期，男孩多于女孩。开始的时候症状较轻，是一过性的，而后症状逐渐加重，不仅次数增多而且累及部位多，如出现耸肩、歪颈、抖动肢体、喉咙发声等情况，有单一部位的重复抽动，也有多个部位的复合抽动，此消彼现，时重时轻，当遇到不愉快事件、精神过度紧张或学习负担过重时表现得更加明显。

（二）相关因素

抽动症的判断并不困难，除了排除相关的器质性疾病外，还要做心理测查，因它的起因可能与社会心理因素有关。

患有抽动症的孩子大多有胆怯、焦虑、脾气暴躁、情绪不稳等情况；有的孩子的课余时间全部被兴趣班或提高班占满，学习压力过重；有的家长对孩子过于关注，孩子的一举一动均处于家长的监护之下，使孩子的适应性极差；还有的家长对孩子放任，长时间打电脑游戏。这些都会成为抽动症诱因,加重症状。

(三)咨询与治疗对策

家长不要过度关注,以免给孩子造成心理负担,当孩子症状频繁时适当地转移注意力,有利于缓解症状;孩子患了抽动症,家长不要放任,也不要过分焦虑,抽动症一般预后良好,经治疗会逐步减轻或缓解,少数个案症状迁延,但对学习及社会适应一般无影响。

禁止长时间玩电脑、游戏机,看电视时间要适度。

培养孩子活泼开朗的性格,避免过度紧张。

早期诊断、早期治疗非常重要,有的家长盲目乐观,认为长大了就好了,结果延误了治疗和矫正的良好时机。

(四)儿童抽动症案例

1. 基本情况

个案,5岁,男孩,自幼聪慧,两岁半能讲很多大人话,但胆小、敏感,一人不敢在家。晚上必须妈妈陪在身边才可入睡。入幼儿园时全托,开始很不喜欢,强迫送进幼儿园一周后,发现患儿一人独处,不与小朋友一起玩耍,对老师有恐惧感。后来无奈,请保姆在家看管。

5岁时,为了将来入学有基础,送进学前班。开始阶段还好,老师教的课程内容均能学会,也有兴趣。一月前,因与另一小朋友争夺一块橡皮被老师大声训斥,当即因害怕而失声大哭,又被老师严厉制止不敢哭泣。回家后,发现不自主地挤眼、歪头,大人制止时可以控制,但过后仍改不掉,最近不单挤眼、歪头,而且喉咙里还同时发出一种怪声音。

2. 表现及成因

表现:不自主地挤眼、歪头,喉咙里还同时发出一种怪声音。表现为儿童抽动症症状。

成因:

个人心理原因,个案胆小、敏感,具有一定产生问题的心理基础;

社会原因,曾经有被强迫送幼儿园的经历,对老师有恐惧感,说明老师没有注意引导和处理个案当时的心理问题;和小朋友争执被老师训斥,大声哭泣但又被老师严厉制止。

3. 咨询与治疗建议

与老师沟通,给予该儿童积极关注,多用鼓励和表扬;

家长提高陪伴孩子的质量,在日常活动中满足孩子安全、爱的需要,在此基础上鼓励孩子自主、勇敢;

不过多关注怪异行为,当个案出现以上行为时不予理睬,以平常的交往态度和方式和个案交流;

必要时采用游戏治疗的方式对个案咨询，宣泄和表达其不良情绪和体验；

如无改善，请向专科医生咨询。

六、电脑成瘾行为

（一）表现

儿童使用电脑的时间越来越长，不用电脑就会出现躯体不适或情绪问题，这种现象被称为电脑依赖或电脑成瘾综合征。电脑的成瘾行为不是单纯的医学问题，更多的是属于社会行为问题，从这些人身上可以看到，成瘾症状和戒断症状同时存在。

儿童和青少年电脑成瘾者往往具有以下特点。

1. 使用电脑次数越来越多，从中获得某种程度的满足；
2. 实际使用电脑时间比计划的时间长；
3. 曾打算停止或减少使用时间，但未成功；
4. 不使用就会出现戒断症状，如抑郁、易激惹、情绪烦躁；
5. 在与电脑有关的活动中耗时过多；
6. 为了电脑，可以减少或放弃其他重要的活动、娱乐或学习；
7. 家长的劝阻、限制无效。

（二）成因

以下原因常见于电脑成瘾的案例报告中。

家庭关系不良，亲子沟通困难；

儿童的性格内向，不善于与人交往，没有朋友；

没有其他的兴趣爱好；

在实际生活中遭受挫折，但当时的心理问题没有得到及时的处理或帮助。

（三）咨询对策

对电脑成瘾行为的干预，作为父母要清楚地认识到，使用电脑不当会给孩子带来诸多问题和麻烦，预防比出现了再去处理更有效果。

1. 合理安排时间

根据孩子的年龄和自控能力的强弱来掌握玩电脑的时间，当影响学习时，要减少玩电脑的时间，增加学习时间，或在一周的某个时间段内安排学习电脑，用电脑做事情，多数时间内不允许使用。

2. 合理安排活动

让孩子从事一些内容丰富的社会活动、学校活动，鼓励他与伙伴进行交往，用丰富多彩的活动代替玩电脑。

3. 帮助孩子解决所面临的困难

如减轻学习压力,缓和家庭冲突,帮助他建立良好的伙伴关系等。

4. 认知行为治疗

对有电脑成瘾行为的儿童,要了解其内心想法,帮助他们认识到玩电脑的优缺点,提高对自己行为的自制力,培养责任心,促进其行为发生改变。

七、儿童品行障碍

(一)表现

品行障碍是指儿童在品德上反复出现、持续存在并构成对外界不良影响的行为障碍。说谎、外逃、偷窃、破坏公共设施和攻击行为是品行障碍中较常见的形态。

儿童的品行障碍违背与年龄适合的规范和准则,其程度比平常的调皮捣蛋或恶作剧要严重得多。咨询中应区分儿童的品德障碍有无反社会倾向,同时还要区分精神病或智能低下所导致的品行问题。品行障碍较轻的儿童,或主要因环境因素引起的品行障碍,如及早发现,及时教育,并对环境做有效的调整,有可能得到较好的纠正。年龄较大儿童的品行障碍则较难矫正。

(二)成因

受品行不良同伴的影响,儿童辨别是非的能力还较低,往往以表面现象、物质的标准来判断行为的好坏、对错,容易受他人的影响和暗示;

个别儿童注重物质享受,受家长或不良社会风气的影响,片面追求物质生活;

偶尔的不良品行未被发现或受惩罚,感觉刺激好玩,形成不良行为习惯;

家庭教育不当,家长对子女的成长不关心,听之任之,或过多注意学习成绩,不注意子女品德的形成和发展;

教师等人的高控制教育或管理行为,导致儿童逆反心理,故意以不良行为来表示反抗。

(三)咨询对策

矫正和教育的方法有多种,如在学校对品行障碍儿童的正面行为进行有规律的奖励强化,在家庭则对儿童的破坏和攻击行为始终不做反应,采用这种方法可使儿童的品行问题获得戏剧般的消退。对品行障碍较严重的儿童进行集中教育训练,必要时送工读学校学习,也是一种有效的形式。

(四)品行障碍案例

1. 基本情况

小丽,女,小学三年级学生。父亲是一名工人,母亲是幼儿园教师。小丽的学习成绩一直比较稳定,家长挺放心的。但从二年级下学期开始,小丽结识了住在附近的一位比她高两级的女孩,这个女孩有偷摸的恶习,她不时用自己偷来的钱买好东西给小丽吃,小丽感到很开心,觉得新朋友真大方。后来,新朋友不再给小丽提供物质满足了,转而鼓励她自己想办法,从家里弄几个钱花。小丽一向喜欢吃零食,过去家里管得紧,总是不能满足。现在有了朋友的鼓励,不由得有些手里发痒。她开始想办法从家里"弄钱",从几元到几十元,后来发展到主动搜寻妈妈的钱包。小丽的行为被母亲发觉了并告诉了她父亲,父亲大发雷霆,狠狠地打了她一顿。满以为这样就解决问题了,没想到好景不长,她父亲发现自己的钱也"失踪"了。

2. 表现与成因

表现:从家长那里偷钱,经过教育不能改正。

成因:不良同伴的引诱和唆使;个案自己的物质需求较强,某些需要没有通过合理渠道得到适当满足;自制力差;辨别是非的能力较差,与行为不端的人交往。

3. 咨询建议

改变认知,通过谈话和举生活中的实例,使个案认识到偷钱是不对的,是可耻的,会受到社会舆论的谴责和法律的制裁;并学会判断他人的行为是否正确;

改变家庭教育方式,让家长每月或每周给适量的零花钱,并教个案记录和管理自己的零花钱,培养自我管理的能力;

签订行为契约,奖励良好行为,奖励从物质奖励逐步过渡为精神奖励。

附录:特殊儿童心理咨询案例[①]

一、基本情况

N,男,满10岁2个月,小学5年级。第一次面谈,母子同来心理咨询室。

问题主诉:母子依恋。母亲要出门去工作时,N会出现头痛、呕吐、无力感等症状,去医院检查,结果表明并无生理异常。早上要去上学时,有恍惚、全身无力的现象。种种迹象显示N有身心退化的发展问题。因此,心理咨询的目标就是使其恢复正常的身心发展,适应学校的生活。

心理诊断:学校不适应、情绪障碍儿童。由心因性原因而引起的小儿歇斯底里症状(儿童癔症)非常显著,与学校不适应问题形成恶性循环。

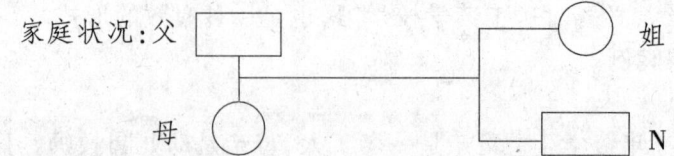

———
① 徐光兴:《学校心理学——心理辅导与咨询》,第190-196页,上海:华东师范大学出版社,2000年。

家居南方沿海的一个小城市,父母的学历均为高中毕业。

父亲:人际关系不好,常与邻居或单位同事吵架,因而屡屡搬家、换单位。N出生半年后,搬至现在所居地方M城。

母亲:家庭主妇。不满其夫性格,经常与之吵架,有几次甚至想到与其离婚。但考虑到孩子还小,最终还是打消了离婚的念头。

生育与生活史:足月,分娩顺利,无遗传性疾病。N与其姐姐相比,在家庭中特受宠爱,娇生惯养,到5岁为止,洗澡、睡觉都和母亲在一起。由于父亲经常失业,家中经济比较困难,母亲经常要外出打工,很小的时候寄放在别人家里。3岁进入幼儿园学习。在幼儿园里,不与其他孩子玩耍,较独立,经常受孩子欺负;在小学1~2年级时,据班主任介绍,发生了一起令人难以相信的恶作剧,N在上课时突然尖叫,被称为问题儿童。

问题及症状的发生:N在小学四年级时开始自觉努力学习,然而成绩并不见上升,有时反而下跌。随着升学问题的日益逼近,为了升上好一点的中学,他更加投入地学习。这时问题出现了,出现了上面所述的无力感、失眠现象。此后,这种现象时有发生。

二、第一次咨询经过

母亲带他到小儿精神科检查后,医学诊断表明并无异常,因此建议进行心理治疗,于是就到了某大学心理咨询机构寻求帮助。

第一次走进心理咨询室时,是由其母半抱半拖带进来的。当时,N身材矮小,脸色苍白,眼睛大大的。在与心理咨询师眼光接触的一刹那,闪过一丝微笑(无奈的苦笑)。心理咨询师问道:"你为什么到这儿来?"他靠着他母亲说:"妈妈,你说吧!"当心理咨询师与其单独面谈,想让其母亲暂避片刻时,N表现出对母子分离强烈的抵抗意识和行为。为此,只好母子同室进行咨询。

三、心理测量情况

利用树木测定法和人物测定法诊断N的需要、愿望及人际关系等方面有无异常。

心理咨询过程中,在心理咨询师问及主诉问题时,N自我报告:"我要去上学,脚不能移动。"

梦的分析:

当心理咨询师问及最近一段时期有无做梦体验时,N报告了如下两个印象深刻的梦:

爸爸、妈妈和姐姐将我的脚用绳子绑住,然后把我一个人放在家里,出去了。

我正在家里做塑料玩具模型,突然有人不知道是怎么从锁着的门外进来,将我的脚绑了起来。

从这两个梦的潜意识中可以知道,N 对其家庭成员具有不信任感,且随时都在体验着一种被抛弃的感觉。脚是自立的象征,脚受束缚象征着缺乏自主性。在 N 的内心深处,一方面是在为自己不愿意离开母亲用梦来寻求解脱,使自我心安理得,他觉得脚受束缚是来自外界的、无法摆脱的约束。另一方面在潜意识中他也表现出对这种束缚的厌恶与恐惧。与母亲的亲密满足了 N 的依存欲求,或者说由于得到了母爱的照顾,由此而带来的安全感、愉悦感就像强化物一样不断驱使 N 去维护这种现状。另一方面,由于母子关系过分亲密,使孩子不能与母亲分离,孩子缺乏独立生活能力,不能自立活动,在梦中转化为脚被绑住的情景。在心理方面,由于母子关系过分亲密,N 对母亲依存欲求没有得到满足,心理的依存和自立之间的心理矛盾在潜意识中以梦的形式出现,特别是当 N 双重人格(自立—被抛弃的体验)进入到潜意识当中,便形成情绪性的、行为方面的障碍。

四、咨询方法

对 N 不适应问题行为,从其内心世界的自我感受出发,使其能充分自由地表现自我内在的情感,并积极地引导他认识自我。在心理治疗过程中注意从 N 的人格统合入手。

咨询、治疗的方法:采用绘画表现(作品自由描写法)和游戏疗法。全部咨询过程 21 次,第 21 次案例终结(因 N 一家又要搬到一个新的城市去居住)。

五、作品描画法的咨询过程

共 6 幅作品,其主要内容列表如下:

绘画作品	名称	描画时间	说明
第一幅画	开战前夜	第 2 次咨询中	火山喷火预示大战马上开始,"依存"与"自立"矛盾即将"开战"。
第二幅画	原始怪兽世界	第 4 次咨询中	力量和魅力的象征
第三幅画	"猛将沙克"	第 5 次咨询中	沙克与地球联邦军激战,地球是"母亲",沙克是"自我"的体现。
第四幅画	火山爆发	第 14 次咨询中	内心的能源爆发,危险性强,但能起到净化作用。
第五幅画	避风港风景图	第 16 次咨询中	故乡樱岛,船只出航,避风港象征母亲的怀抱,起保护作用,不束缚孩子。
第六幅画	走向未来的沙克	第 19 次咨询中	象征心理的成长,自我探索的开始。

心理治疗过程中 N 的作品描画法的内容分析：

图 1　开战前夜

图的正中主体是一座像富士山似的火山，正冒着浓浓的黑烟，看来即将火山爆发。山的两边有坦克、火箭发射台、钻井、飞机、导弹、飞碟、汽艇、轮船，一派纷繁忙碌的景象，战争一触即发。图中陆地、海洋、天空没有明显的界限，表现出 N 心理的混乱和冲突。

图 2　原始怪兽世界

远处火山仍在冒烟，看不出它将对这个原始世界的生物有多大的威胁，怪兽与恐龙在原始世界里阔步前行，悠然自得。表现出 N 的内心渴望成为有力量、有魄力的怪兽、恐龙，在自由的世界里不受侵害、不受约束地生活。这是一种心理渴望的象征表现。

图 3　"猛将沙克"

战斗开始了，来自外星球的战士沙克从太空飞来，与地球上的联邦军展开搏斗，力图摆脱地球（母亲）对他的控制。表明了 N 内心希望自立。

第 11 次治疗后，N 的歇斯底里症状有所消失，脚能走路了，还报告了一个梦，梦见飞到学校与同学踢足球，并上了 6 小时的课。

第 13 次治疗后，学校里老师报告，在学校里不适应的问题行为开始逐步减少。

图 4　火山爆发

地下的岩浆上下翻滚，终于冲开了一条狭长的缝隙，强有力地喷射出来，再坚固的防护层也抵挡不住。表明 N 的内心被压抑的欲求马上就要爆发出来了，预示着治疗关键期（警戒期）的到来，治疗过程稍有不妥，可能朝着相反的方向发展。

图 5　避风港风景图

火山已经熄灭，狂风暴雨已经过去，船只正在陆续出海。图上的避风港代表母亲的怀抱，既保护船只，又不束缚船只。

从图 2 到图 5 作品内容，表明随着心理治疗的进展，N 已逐渐回到现实世界中，内心处于平静的状态。

图 6　"走向未来的沙克"

猛将沙克成长得更加强大，更加健壮，他走在大地上，向着未来。象征着 N 自身的成长及自我探索的开始。

第 19 次心理治疗后，N 的歇斯底里症状逐渐消失。

第 20 次咨询后，其父因与人吵架，又一次搬家。于是心理咨询因当事人居住地搬迁也不得不终结。

半年后，其母亲又一次出现在心理咨询室，但 N 并没有随同前来，母亲要孩子一起来时,N回答说:"我要与小朋友一起踢球,不能去。"母亲告诉咨询人员,N转学后也曾被欺侮,也有学校不适应现象,最初一段时间学习成绩提不高,但问题行为出现后很快就消失了。因为经过心理咨询和治疗,N比以前较能自我调控了,并能与同学们一起奔跑踢球,总的发展情况良好。

六、对案例的分析和思考

N的学校不适应行为和小儿歇斯底里症的临床表现:感情难以控制,失去意识,失去步行能力,行走困难,意识朦胧,出现冲动性、攻击性意识,人格上缺乏自主性,有严重的母子分离不安情绪。产生问题行为的原因:

首先,从孩子本身的发展来分析。①从养育史上看,父亲与邻居、同事关系不和,反复搬家造成家庭生活的不安定;②引起N对母亲过分依恋的原因在于,由于父母经常吵架,N幼小的心灵中朦胧意识到家庭中父母关系不佳,担心父母离婚,会失去母亲,因此在潜意识中认为必须紧紧跟着母亲;③由于父亲失业,母亲担任养育家庭的责任,把N寄放到亲戚家,母子关系中基本的情感没有得到满足,孩子无安全感,于是潜藏在内心深处,一直到在学校生活中表现为尖叫的形式,这实质上是N的一种情感发泄。

第二,从母亲方面的问题来看。主要是母亲对父亲产生不信任感、无依靠感,夫妻之间缺乏信赖感。妻子对丈夫的失望和不满转而成为对儿子的担心,从小对独生子严格管教,采取过度支配和控制的方式,使孩子基本上受母亲操纵,无自立性,N的独立生活能力得不到很好发展。男孩到了10岁,正处在第一反抗期,但母亲处处支配他,使N自理能力退化,于是在梦中出现"脚"被父母绑起来的情景,N依存与自立的心理矛盾是其产生歇斯底里症的心因性因素。

心理咨询和治疗的过程,采用母子同时并进的咨询方式。在对母亲进行家庭教育咨询指导的同时,利用游戏疗法和作品描写疗法对N的内心世界和感情进行整理,使N得到自我表现、自我探索的机会,并在游戏治疗中形成新的认知、学习行为。最后尽管因N一家迁居而中止了心理咨询,但在以前学校生活中,没有小朋友能与之交流,处于孤立状态的N,现在能和许多小朋友一起踢球,从歇斯底里症到能奔跑踢球,这意味着梦中"绑在N脚上的绳索"正在解除,N克服了自我发展课题中的一个障碍,这是本例心理治疗取得成功的意义所在。

思考题

1. 情绪障碍儿童的主要类型有哪些?
2. 儿童焦虑症可分为几种类型,有哪些表现?如何进行咨询?

3. 学校恐怖症的表现和成因是什么？如何进行咨询？
4. 儿童抑郁症的表现和成因是什么？如何进行咨询？
5. 行为障碍儿童的主要类型有哪些？
6. 如何帮助有依赖行为的儿童？
7. 儿童电脑成瘾的原因即咨询对策有哪些？
8. 如何帮助多动症儿童？
9. 如何解决儿童的品行障碍问题？

第九章 孤独症儿童的心理咨询

心理咨询在孤独症儿童的康复和教育训练中具有重要的意义,但目前在特殊教育的实践领域还未得到应有的重视。本章介绍了影响孤独症儿童心理健康的主要因素,心理健康现状,并提出应用心理咨询理论,有效地促进孤独症儿童的心理成长,巩固和提高康复和教育的成效。

第一节 影响孤独症儿童心理健康的主要因素

儿童孤独症,起病年龄在30个月之前,以精神和心理发育的广泛性障碍为特征的一种疾病。美国儿童及成人孤独症学会顾问委员会认为孤独症儿童行为有以下4个特征:发育速度和顺序异常;对任何一种感觉刺激的反应异常;言语、语言认知及非言语性认知异常;与人、物和事的联系异常。自婴儿期起病,极度孤独,不能交往,对某些物体特殊依恋,预后欠佳。

一、社会环境

（一）社会上对孤独症的认识不足

孤独症作为一种特殊的精神对心理发育障碍,并未引起社会的重视,从介绍、宣传到帮扶的措施都较少。即便在特殊教育领域,对孤独症儿童的研究和教育也是起步较晚的。这给孤独症儿童参与社会生活带来了很大的困难。有时他们在公交车上的刻板行为会引起他人的厌弃和责骂,在公众场合露面对家长和儿童来说都是比较困难的,极少得到他人的同情和支持。

（二）缺乏高质量的康复和教育机构

由于孤独症儿童的康复和教育起步较晚,国内的有关机构也较少。医院的康复科可以提供给他们物理治疗和作业治疗的帮助,但康复在医院中属于较少受到重视的科室。社会上较少有专门的孤独症儿童教育机构,多数入学的孤独症儿童在培智学校就读。私立的孤独症儿童教育及康复机构人员的专业素养参差不齐,难以保证教育的质量。

（三）缺乏对孤独症儿童康复及教育的有效措施

孤独症儿童的康复及教育是特殊教育领域的一个研究难点,目前还没有明确有效的康复或教育措施,孤独症儿童的预后欠佳。难以为孤独症儿童的心理康复提供理论指导。

二、家庭环境

（一）家长的态度

孤独症儿童家长对孩子的问题态度不一。有的家长认为这是件丢人的事，禁止孩子外出露面，剥夺了孩子接触外界的机会；有的家长虽然接受事实，但是认为可以通过强硬的教育手段使孩子改变现状，缺乏对孤独症教育过程的基本了解；有的家长认为自己在孩子幼小时没有照顾好，心怀歉疚，辞去工作专职照顾孩子，奔波于各个机构，急于看到孩子的改变。这些态度都不利于孤独症儿童的康复和教育。能理智地看待孩子问题的家长较少。

（二）家长的教育心态

多数家长对于孤独症儿童教育的心态是急于求成，希望通过几个月或一个学期的教育，看到孩子的进步，从不说话到能开口说话，如果不能实现，就换教育机构。或是不了解孤独症儿童的心理特点，盲目地要求孩子能康复到与普通孩子相近的水平，排斥其他帮助孤独症儿童进行社会沟通的方式。这些心态使得孤独症儿童被动地跟随家长奔波于不同的城市，不同的教育或康复机构，适应时常变化的老师、教育或康复方案，给他们的心理健康带来更多的负面作用。

三、孤独症儿童心理特点

（一）难于与他人沟通

社会交往障碍是孤独症的核心症状。有的孤独症儿童早期就表现避免与他人目光接触，缺少面部表情。有的孤独症儿童拒绝别人拥抱，对父母离开无明显依恋，对回来也无愉快表示。对亲人的呼唤常常无反应，与人接触极少采取主动，对人态度冷淡，遇到痛苦或烦恼也不会向亲人流露寻求帮助。社交障碍2岁前不明显，5岁以后则有所改善，孤独症儿童与家庭成员的接触可能得到较大的发展，变得对他们有些感情，但孤独症儿童仍极少主动进行接触，在与伙伴的活动中常充当被动角色，缺乏主动兴趣。有追踪研究报道他们青春期后仍缺乏社交技能，不能建立恋爱关系或结婚。

（二）言语发育障碍言语发育迟缓导致无法表达内心世界

一部分孤独症儿童终生默然不语，从不说话；一部分则开始说话比别人晚，而且所讲内容少，倾向以手势或其他形式来表达他们的愿望和要求。言语运用功能损害，不主动与人交谈，不能维持话题，或自顾自说话，出现"自我中心语言"，或有时表现出无原因的尖叫、大喊等。对语言缺乏理解，有时会刻板地鹦鹉学舌，重复或延迟他人的言语或广告词。孤独症儿童不能像普通人那样表达内心的想法，但不代表他们没有自己的内心世界，由于表达上的障碍，使得这些儿童难以被他人理解和接受。

（三）智力缺陷

约四分之一的孤独症儿童存在智力缺陷。有的想象力缺乏，在游戏中不能与伙伴们共同遵守一种规则，不能在游戏的每一步骤中去揣度别人的想法和做法。有的孤独症儿童扮演困难，不会扮演，不懂伪装。接近正常智力的孤独症儿童预后较好。而存在智力缺陷的少数孤独症儿童可能具有某些特殊能力，如对路线、对数字、地名等非同寻常的记忆力，对日期推算和速算的能力。

第二节　孤独症儿童心理健康现状分析

一、孤独症儿童常见的心理问题

（一）缺少有意义的社会交往行为

缺少有意义的社会交往行为是孤独症的核心病理征象。有的孤独症儿童在婴儿时期就回避与他人的目光接触，不关注周围人的面容和声音。成人与婴儿玩耍，或逗惹、拥抱婴儿时，婴儿均无相应的行为反应。在智力较好的孤独症儿童，2~3岁以内的症状往往不明显。幼儿期对人态度冷淡，对别人的呼唤不理不睬；当父母离开时，没有任何的依恋，对人或对参与其他儿童的游戏缺乏兴趣，也没有能力建立伙伴关系。当自己想要某一物品或食品时，会拉着父母的手前往放物品的地方，拿到后不再理人，当他害怕时也不会寻求保护。

缺少有意义的社会交往行为也与孤独症儿童语言发育障碍有关。他们不能用语言表达自己的想法，也对他人的言语不感兴趣。人称代词"你、我、他"常用错，有时所讲内容与环境和当时进行的活动不相吻合，甚至毫无关系，只是词或短语的重复，缺乏相应的有来有往的聊天式谈话。言语缺乏音调，没有抑扬顿挫，不会使用手势、点头、摇头、面部表情等肢体语言来表达自己的需要、要求和喜怒哀乐。

（二）兴趣范围狭窄，行为刻板

孤独症儿童喜欢重复不变的内容，家庭环境、日常生活规律或习惯的微小变化，都会引起他们的不安，有时会尖叫或拒绝执行。孤独症儿童对一般儿童所喜欢的玩具、游戏、衣物不感兴趣，而对一般儿童不作为玩具的物品非常感兴趣。由于孤独症儿童的兴趣与平常儿童不一样，且语言和想象力缺乏，因此很难参加到别的孩子的游戏中去。

(三)感觉和运动异常

存在感觉过敏和感觉迟钝现象。如喜欢闻东西;反复触摸光滑的物品表面;听见突然的声音会吓一跳或捂上耳朵;对寒冷和疼痛不敏感或过于敏感。许多孤独症儿童存在着过度活动。

二、孤独症儿童康复与教育现状

目前对孤独症儿童康复和教育的措施有以下几方面。

(一)药物治疗

虽然药物治疗不能改变孤独症的自然病程,但对某些病例用于控制严重的行为和语言障碍还是必须的,为进一步实施心理治疗和教育训练提供了稳定的生理基础。

对有行为紊乱、刻板行为、模仿语言、情绪不稳定、尖叫等症状者,可使用抗精神病药物。对有严重攻击行为、冲动、自伤行为的,可使用卡马西平等治疗。对存在注意力不集中,多动的,可试用中枢兴奋剂。由于存在副作用,所以对药物的使用一定要慎重,遵从医嘱。但药物治疗对严重的精神症状的控制作用,是不可替代的。

(二)行为治疗和教育训练

行为治疗是目前治疗孤独症儿童最常用的方法。治疗和训练的目的是帮助孤独症儿童发展社交兴趣和交往技能,阻止种种令人不快的行为,帮助他们发展适应性的行为和语言的理解及表达能力,以提高社会适应能力。目前常用行为分析疗法,对孤独症儿童有较好的疗效。它采用行为塑造原理,以正强化为主,促进孤独症儿童各项能力发展其核心部分是任务分解技术(discrete trial therapy,DTT),典型DTT包括4个步骤:训练者发出指令、儿童的反应、对儿童反应的应答、停顿。

由于孤独症儿童的症状和发展水平各不相同,行为表现各异,行为治疗的最好方法是"一对一",即为孤独症儿童提供个体化和结构化的教育。即:根据每个孤独症儿童的具体情况设计特定的教具、教材、目标,制定出详细的训练计划;把学的技能分成若干个细小的步骤,按固定的程序分步教会儿童,边教边做边鼓励。对孤独症儿童出现的烦躁情绪如尖叫、攻击等行为尽量理解,在这个行为出现前或即将发生时给以制止。当孤独症儿童出现"期望行为"时给以"及时强化",包括物质奖励(孩子平时喜欢的食物、玩具)或鼓励。通过不断的反复训练来增强孩子适当的行为举止能力。

治疗的成功与否,取决于训练者(包括专业人员,家长或老师)要有爱心、耐心和热心,使孤独症儿童对训练者感兴趣,有利于相互沟通。据报道,通过这种方法的训练,能使孤独症儿童语言运用能力、行为症状和社会适应能力有明显改善。

第三节 孤独症儿童心理健康维护的对策

一、重视心理咨询或治疗对孤独症儿童康复和教育的促进作用

目前孤独症儿童的康复和教育过程中以药物治疗和行为治疗为主,以医生为主要代表的生物—医学模式具有较强的影响力。不可否认,药物为孤独症儿童的康复和教育提供了一定的、较为稳定的生理基础,但是仅仅靠药物是无法实现孤独症儿童的康复目标的。

行为治疗通过对孤独症儿童的对症治疗,使之学会社会适应、认知及运动方面的特殊技能,改善其适应不良的行为。行为治疗的重点应放在促进孤独症儿童的社会化和语言发育上,尽量减少那些不良刺激,采取行为矫正能减少刻板、自伤和侵犯行为。但行为治疗的应用突出和强调教育者的控制作用,将孤独症儿童置于消极被动的地位,忽视了儿童的主动性,虽然实现了行为的改变,但对培养儿童的自主性方面作用不大,因此这种治疗的方式也受到了质疑。

以其他心理咨询或治疗理论为指导,促进孤独症儿童心理康复的方法和技术正在实践和探索中。但一些国内外的研究案例表明,对于孤独症儿童的心理康复来说家庭治疗、游戏治疗等方式具有积极的促进作用。这些心理咨询理论的应用,也把孤独症儿童放到一个"人"的地位上尊重、关注,这些心理上的支持对于培养他们的社会交往能力,关注环境的能力有重要作用。

二、发挥心理咨询理论对孤独症儿童康复和教育的指导作用

(一)家庭治疗有助于营造良好的康复和教育环境

通过家庭心理治疗,帮助家庭满足孤独症儿童的心理需要,掌握正确科学教育方法。及时配合医生或学校给予孤独症儿童鼓励、解释、纠正异常行为,耐心配合语言训练,支持人际交往。建立正常的亲子感情,避免对孤独症儿童的冷淡、打骂责罚或厌弃。与心理咨询者一起,帮助孤独症儿童避免各种令人不快的行为,促进建设性行为。

(二)游戏治疗为孤独症儿童创设了自由、自主的环境

游戏治疗是以游戏活动为媒介,精心为孤独症儿童创设一个充分自由、充分尊重及没有任何压力的良好环境。特别是人本主义心理学派的来访者中心游戏疗法,因为它强调的是为儿童创设一个宽松、自然、平等、尊重的

环境,儿童在游戏中的感觉是安全的、自由的,在情绪上是松弛的,获得了良好的、愉快的心境;游戏治疗中的关系是平等的,而非传统心理治疗中的医患关系;游戏治疗在儿童看来是一种自由、愉快的活动,通过游戏能使儿童充分地发现自我、认识自我价值,树立自信心,促进健全人格的发展。

游戏治疗将孤独症儿童当做一个自主、完整的人来尊重,改变了传统的康复和教育模式中将孤独症儿童摆在被动、受控制的地位。帮助孤独症儿童通过自由游戏,自然地表达情感,将内心存在的问题通过"玩"暴露出来,使紧张、焦虑、恐怖及不满等消极情绪体验得到充分的表达和发泄,使健康的情绪在身心放松的状态下发展起来。

游戏治疗还能帮助儿童打破自我封闭的外壳,建立起新的情感交往模式,有效提高儿童与周围环境交互作用的兴趣和愿望。游戏治疗弥补了孤独症儿童语言表达能力的限制,为他们提供了充分活动和自由练习的机会,是成人了解孤独症儿童发展水平的有效途径,能帮助教师洞悉孤独症儿童行为障碍的深层心理机制,以进一步制定矫治措施,适时地引导孤独症儿童向着有利的方向发展。

附录:孤独症儿童游戏治疗案例[①]

一、基本情况

H,男,1995年9月22日出生。于1998年4月来访。主要表现如下:对周围事物反应淡漠,兴趣狭窄,不与别人玩耍,不喜欢玩玩具;对家庭装修用的电动工具却很精通,能自己装、拆儿童三轮车;对成人的问话不能理解,只能简单重复;记忆力好,对电话号码、电视广告语等能熟练记忆;脾气暴躁,经常发脾气,用咬人、踢人等来伤害他人,不能适应日常的集体生活。

老师反映他行为刻板,在语言、交往等方面有问题,动作发展不协调;家长也意识到自己的孩子与别人的孩子不一样,经常对着旋转的东西发呆,喜欢坐固定的座位并要求家人坐固定的座位,穿固定的拖鞋,拒绝环境的变化及一切新东西;

母亲怀孕期间无特殊不良史,除对生活环境不熟悉、营养欠佳、被动吸烟严重外,一切正常;父亲年幼时性格内向、孤僻(现已改变),无家族性疾病史;个案系足月顺产,发育基本正常,一岁半走路、两岁开始说话,语言发育欠清晰;1~2岁期间几乎完全由祖父母抚养,缺乏母爱,身体素质差,经常感冒、发烧。

二、诊断检查

家长曾带个案去心理门诊测查,脑电图及头颅CT检查正常,智力测验

[①] 改编自邱学青:《孤独症儿童游戏治疗的个案研究》,《学前教育研究》,2001年第1期。

正常。1998年被诊断为孤独症倾向。孤独症行为评定量表（Autism Behavior Checklist）测试结果比我国的诊断标准得分均偏高。

三、游戏治疗阶段

根据对孤独症儿童基本情况的分析，采用人本主义心理学派的案主中心游戏治疗的方法，来帮助他将内心的问题及焦虑发泄出来，达到培养适应性行为，提高社会交往能力的目的。

准备阶段。在开始进行游戏治疗之前，对孤独症儿童进行家访，介绍游戏治疗的基本思想及基本做法，使他们打消顾虑，使他们明白游戏治疗是一个渐进的过程，儿童在治疗的过程中可能会出现一些与平时不同的行为表现，这是游戏治疗开始在儿童身上起作用的表现；游戏治疗的效果常常时起时伏。因此，家长在游戏治疗中要正视儿童的问题并接受儿童的行为表现；时常与治疗者保持联系，将儿童的问题及表现及时反馈给治疗者，使治疗者全面把握孤独症儿童的情况，收集到更多的资料，以便在游戏治疗中适时加以处理。

游戏治疗室为了便于儿童充分自由地玩耍，专门准备玩沙和玩水的区域。把游戏治疗室的使用权交给儿童，每次使用后都保持原样，不要求玩具摆放整洁，这样有利于孤独症儿童在游戏治疗中把自身的问题毫无顾忌地表现出来。

治疗阶段。在与个案建立良好关系的基础上，从1999年9月9日开始到1999年12月8日，共进行8次游戏治疗，每周1次，每次40分钟，孤独症儿童由老师带来。第一次对治疗室感到陌生、好奇，身体和眼神都不离开成人，对玩具表现出无所谓的态度，约5分钟后，开始放松并触摸玩具，对玻璃制的玩具给以注意。第二次开始在室内走动，把玩具柜的门打开，长时间玩门锁，对玻璃制的玩具仍感兴趣，特别喜欢一个形似葫芦的、内装紫色水、透明的玻璃小娃娃，并把所有玻璃瓶做的娃娃玩具都拿出来，放在桌上，将其身体（小玻璃瓶）与头（各种塑料头饰）分开；对用水浇沙、用网筛沙、漏沙等动作持续很长的时间。第三次出现用沙埋玻璃娃娃的动作，把玻璃娃娃捏在手里往沙砾中旋转，试图转得越深越好，直到用沙把玻璃娃娃埋得看不见为止。第四次能对玩具进行归类，出现简单的模仿行为及假想的游戏情节，对自己的行为有意识，能关心熟悉的人。第五次能长时间玩一件玩具，并主动与陌生人交往。第六次把埋在沙堆里的玻璃娃娃挖出来，再埋进去，说"变没了"，问他最喜欢什么玩具，回答"小人人"，即玻璃娃娃。第七次继续挖、埋玻璃娃娃，最后一次埋进去后，再也没有挖出来，问他，答"变没了"。他开始玩新玩具，离结束时间还有6分钟时，他关上所有玩具柜的门，表示不想玩了；但由于时间未到，他坚持在室内闲转至结束。第八次进来不到1分钟,就往外跑,10分钟后主动回来开始玩玩具,但时间都不长,问他,"小人人要不要挖出来?"他回答"变掉了,变成沙子了"。再问"是不是再也不想见到它了",他点头道:"是。"并把他第一次拿出来的玻璃片玩具扔在地上用脚狠狠地踩碎,问他为什么,他说"不要玩了"。最后,当治疗师说:"时间到了,下次再玩吧!"他说:"下次不玩了,不想来了。"

  治疗效果。通过三个多月的游戏治疗,教师及家长都反映个案有很大变化。他不仅对玩具发生浓厚的兴趣,而且能与同伴一起游戏;对老师提出的要求,能主动遵守并主动地向父母讲起,这是以前从来也没有过的;能主动与人交往,能意识到自己的言行所带来的后果;语言、动作发展都比以前好多了。教师及家长都反映个案在身体动作、语言发展、适应环境、社会交往等方面进步明显。用 ABC 量表进行后测,治疗前 ABC 量表测查 57 项有 48 项存在,治疗后只有 8 项存在;我国的诊断标准治疗前 16 项中有 10 项存在,治疗后只有 1 项存在。

  经过半年多的效果追踪及家访,个案各方面发展正常。

思考题

1. 试分析影响孤独症儿童心理健康的主要因素?
2. 孤独症儿童主要的心理问题有哪些?
3. 请谈谈自己对孤独症儿童心理咨询的想法。

第十章 特殊学校教师心理健康的维护

特殊学校教师是教师群体中的一个重要组成部分,由于特殊学校教师工作的特殊性,既会面临普通教师面对的心理压力,还会面临更多的其他问题。影响特殊学校教师心理健康的因素是多方面的,特别是青年教师会面临更大的压力。需要通过社会、学校和个人的努力,参照教师心理健康的标准,通过多种途径维护自身的心理健康。

第一节 教师心理健康及其影响因素

教师承担着教育和培养下一代的工作,教师的素质直接影响到学生身心的健康发展,由于教师工作的特殊性和重要意义,人们常常把教师称做"人类灵魂的工程师"。从促进学生心理健康的角度来说,教师的心理健康直接影响到学生的心理健康水平。同时,教师心理健康是教师心理素质的一个重要反映。在一项关于教师心理健康对中小学生心理健康发展影响的研究报告[①]中提及:对12所中小学教师与学生的心理健康水平进行对比检测,结果发现,心理健康水平高的班主任,他们的学生心理健康水平也高;心理健康水平低的班主任,他们的学生心理健康水平也低,心理有某种障碍的班主任,他们的学生心理障碍比率也较高,教师心理健康水平与学生心理健康水平成"正相关",相关系数为0.9。通过调查分析,一些问题儿童是因教师的坏脾气造成的。教师在幼小儿童的眼光中,是理想的目标、公正的代表,儿童的一切行动都以教师为榜样。所以,他们如果遇到疑难问题,就请求教师解答,如果遇到困难或遭到危害,就需要教师保护。在这种情况下,如果教师不能了解儿童的身心情况和需要,予以适当的指导和安慰,反而缺乏耐心,横加责难,那么,儿童对于学校的现实环境,自然感到失望,因而采取反抗或逃避的手段来对付或适应这种环境。问题儿童遇见这样的教师,问题更是有增无减。所以,教师的情绪、态度直接影响了儿童身心健康的成长。

一、教师心理健康的标准

教师心理健康的标准既有一般心理健康标准的共性,由于教师职业的特殊性,教师心理健康的标准也有其特殊性。对教师心理健康标准的理解,

---

① 王加绵:《关于教师心理健康对中小学生心理健康发展具有特殊意义的研究报告》,《辽宁教育》,第20~21页,2000年第11期。

有关专家提出了各自不同的看法。

（一）华东师范大学赵文华的观点

1.有较高的职业满意感，敬业乐教，热爱教育事业，教学中有强烈的探索精神并能取得良好的教学效果。爱生活，机智。

2.情绪安定，没有不必要的压迫感和不安感，面对偶发事件不失态并能表现出一定的教育机智。

3.意志坚强，对困难和挫折表现出坚强的毅力。

4.具有和谐的人际关系和集体生活的能力，乐于与学生和同事交往并建立良好的合作关系。

5.有较强的适应能力和组织能力，能妥善地处理班级生活中出现的问题。

6.有正确的自我意识，较客观准确地认识自己，对自己的能力及不足做一分为二的估计，积极主动地进行自我教育和自我完善。

7.知足常乐，当个人需要与客观现实不协调一致时，能克制和缓释个人欲望。

8.具有完整的人格，即动机高尚纯正，性格开朗豁达，深思慎独，诚实公正，有稳定的人生观和信念。

（二）贵州教育学院刘红的观点

1.广泛的活动兴趣。心理健康的教师大多能主动地、直接地从事各种活动，具有活动兴趣，能真正投入对自己有意义的某些事（工作、理想、目标等）。一个人投入的活动越多，他的心理健康水平越高。

2.融洽的人际关系。心理健康的教师对他人、对社会表现出同情、亲密和爱，而不是对立、对抗、敌视等。具体表现为他们能够维持和谐的社交、乐于与人交往，和别人相处时，正面的态度（尊重、信任、喜悦等）常多于反面的态度（仇恨、嫉妒、怀疑、畏惧、憎恶等）；归属于一定的集体中，有志同道合的朋友，能和集体及他人休戚相关、安危与共、同心协力地合作共事；乐于牺牲个人的私欲，为集体和他人谋求幸福。

3.健康的情绪体验。心理健康的教师在情绪体验有两方面的特点：一方面情绪乐观、稳定，这表明了个体的中枢神经系统处于相对平衡状态，反映了中枢神经系统活动的协调一致。另一方面具有安全感，对挫折、恐惧、不安全、意外等有相当高的忍耐力，不会因为某些不安全因素而担惊受怕，不受自己的情绪支配。

4.积极的进取精神。主要表现为有较高的自信心和勇于接受现实和未知世界的挑战，不仅能够证明自己的能力和价值，而且能够发挥自己的潜能，实现自己的理想。一个心理健康的人不仅是这样想的，也是这样做的。

5.稳定的工作热情。把自己的全部身心投入工作。心理健康的人,感觉生活有意义,做事有一定目标,对于工作有一番热忱;头脑清晰,意志坚强,按照计划去做,不达目的决不罢休。

(三)北京师范大学俞国良的观点①

1.对教师角色认同,勤于教育工作,热爱教育工作。能积极投入到工作中去,将自身的才能在教育工作中表现出来并由此获得成就感和满足感,免除不必要的忧虑。

2.有良好和谐的人际关系。具体表现在:①了解彼此的权利和义务,将关系建立在互惠的基础上。其个人思想、目标、行为能与社会要求相互协调;②能客观地了解和评价别人,不以貌取人,也不以偏概全;③与人相处时,尊重、信任、赞美、喜悦等正面态度多于仇恨、疑惧、妒忌、厌恶等反面态度;④积极与他人真诚沟通。教师良好的人际关系在师生互动中则表现为师生关系融洽,教师能建立自己的威信,善于领导学生,能够理解并乐于帮助学生,不满、惩戒、犹豫行为较少。

3.能正确地了解自我、体验自我和控制自我。对现实环境有正确的感知,能平衡自我与现实、理想与现实的关系。在教育活动中主要表现为:①能根据自身的实际情况确定工作目标和个人抱负;②具有较高的个人教育效能感;③能在教学活动中进行自我监控,并据此调整自己的教育观念,完善自己的知识结构,做出更适当的教学行为;④能通过他人认识自己,学生的评价与自我评价较为一致;⑤具有自我控制、自我调适的能力。

4.具有教育独创性。在教学活动中不断学习、不断进步、不断创造。能根据学生的生理、心理和社会性特点富有创造性地理解教材,选择教学方法,设计教学环节,使用语言,布置作业等。

5.在教育活动和日常生活中均能真实地感受情绪并恰如其分地控制情绪。由于教师劳动和服务的对象是人,因此情绪健康对于教师而言尤为重要。具体表现在:①保持乐观积极的心态;②不将生活中不愉快的情绪带入课堂,不迁怒于学生;③能冷静地处理课堂情境中的不良事件;④克制偏爱情绪,一视同仁地对待学生;⑤不将工作中的不良情绪带入家庭。

(四)几种观点的相通之处

从不同学者表述的教师心理健康标准来看,虽有提法上的区别,但大部分都注意到教书育人职业对教师心理健康的要求,标准中的共性可以归纳为以下几点。

---

① 俞国良、曾盼盼:《论教师心理健康及其促进》,《北京师范大学学报》(人文社会科学版),第20~27页,2001年第1期(总第163期)。

1. 教师应具有良好的社会角色意识

教师代表着一个人的职业身份,在校园里,课堂上,应尽教书育人的职责,爱自己的职业,投入地工作;在从事社会活动时,引导和激发他人对青少年教育的关注;在家庭中,教师需要转换社会角色,实现作为家庭成员的功能;在领导和同事面前,教师需要作为工作团队的成员,作为互助者、参与者等与他人交往。实现这些社会角色的顺利转换,才可能使教师生活环境中的社会角色功能相辅相成,相互促进。例如,一位青年教师在面对小学生讲课时声情并茂,运用儿童的语言与他们交流,受到了小学生的欢迎,但是在领导或朋友面前也用如此的言语交流方式,就会让对方很不舒服,影响了自己在他人中的形象。如果把在学校工作中遇到的不愉快带回家,把配偶或孩子当做出气筒,就会影响家庭生活的气氛,家庭成员之间出现误解等影响感情的现象,当这位教师重返工作岗位时不仅工作中的问题没有能得到解决,在家庭中积累的不良情绪还会影响工作质量。长此以往,形成恶性循环,不利于教师的身心健康。

2. 教师应具有良好的人际关系

教师每天的工作对象是活生生的人,具体来说学生是未定型的人,是身心不断成长的人,是与教师自身成长的社会背景不同的人,是具有鲜明时代特点的人,是需要特殊帮助的人。学生希望得到老师的关心和帮助,更希望和老师交朋友。面对这样的教育对象,教师首先要认识到学生是与自己一样享有生活权利的人,自己也经历过从儿童到青少年这样一个成长的过程,尊重学生的需求,尊重学生的人格,民主、平等地与学生交往。但学生毕竟是身心还未成熟的特殊个体,需要教师的引导和帮助,所以在民主平等的同时,也需要对他们及时教导。教师的工作需要与他人互助合作,教育目标需要一个团队的努力才能完成,所以教师与同事、领导、家长之间的人际关系状况不仅影响工作成效,也直接影响到教师的心理健康。

3. 教师应具有良好的自我认识

教师对自我的认识包括对自我能力、价值的认识和评价,对自我行为的了解和调控,并把这些和教师的职业活动联系在一起。如在教育教学工作中认识自我能力的长处与不足,发挥长处做好当前工作,明确今后努力的方向,克服短处或避免短处。在教育儿童的过程中看到儿童的发展与成长,获得良好的自我效能感,进而认识或提升自我价值感。通过教育教学的反思,了解自己的行为方式和特点,有意识地在生活和工作中调控自己的行为,不因为情绪的波动而影响正常的教学教育活动。

4. 教师应具有积极向上的人生态度

在具有良好的自我认识的基础上,教师明确和了解本职业的特点,树立人生理想和职业发展目标,适应社会的发展,乐于在自己选择的岗位上发挥作用,实现自我价值。对社会和个人生活中的困难和挫折能正确对待,不轻易放弃目标,能在信念的支持下保持坚强的意志。

二、影响教师心理健康状况的主要因素

(一)社会因素

1.社会观念的影响

我国的儒家理论非常重视教师的地位和社会教化的作用,曾提出"天地君亲师"这样的社会地位序列。但事实上,在"学而优则仕"的社会观念的影响下,书念得好的人选择仕途,只有没落、没出息的人才选择其他职业。因此,作为教师来说,只有有成就者之师才能获得如此的尊重。普通教师的社会地位和经济地位仍然是比较低的。在社会发展的过程中,人们对文化知识的要求越来越高,教育经历也对个人境遇的改变起了很大作用,教书育人的工作也逐渐获得了人们的肯定和重视。教师社会地位和经济地位得到了一定程度的提高,但相比于其他行业来说仍然偏低。目前在人们普遍看好的职业中,大学教师荣登榜首,但中小学教师的排行靠后,特殊学校教师的地位可想而知。

2.社会发展的影响

现代社会是信息的社会,知识、信息的普及化程度大大提高。教师早已不是学生唯一的信息来源了,这使得教师的权威受到了严峻的挑战。随着社会的发展,教育更注重人性化、人文化、创新性,基础教育课程改革、素质教育思想的贯彻实施,给教师完成本职工作提出了新的挑战。

(二)职业因素

1.社会对教师的殷切期望和工作成效评价的难度

社会对教师这一职业的要求是教好每个学生。但是学生作为具有主动性和差异性的发展中的个体,其学业成绩较易衡量,但兴趣、行为、态度和价值观等方面的变化不仅缓慢、难以评价,往往与教师的付出不成比例,大部分教师难以证明自己到底取得了什么成就。这很可能导致教师的角色模糊。

2.教师工作任务繁重

教师除了需要完成教学工作之外,还需承担许多繁杂的非教学任务(如班级管理、学生思想品德教育、完成来自各部门下达的任务、应付各种检查、开展科研等)。教师每天的工作时间有限,所以很多教师需要在工作时间之外来完成这些工作,如批改作业、钻研教材、学习进修、家访等等,付出的时间和精力是非常之多的。

请看以下片断：

数学老师怒气冲冲地对我说："那个Z，上课时竟把前面女生的辫子绑在一起，还在上面别了一支笔！"我顿时火冒三丈，这个学生平时旷课、迟到、作业拖拉，上课做小动作、搞恶作剧、课间打架等等，让我头痛不已。

想必这是多数教师在工作中常常会遇到的场面，班级中总会有这样几个学生，让教师头痛，教育起来效果不大。

目前在部分中小学，存在班级容量增加的现象，学生数量增加，必然加大了教师的工作量。学生之间存在个体差异，家长对学校对教师的要求提高，教师要尽可能地完成工作任务，满足学生、家长的需要，还要不表现自己的不良情绪体验。这些也给教师的工作增加了压力。不了解教师职业的人往往只看到每年教师有两个假期可以休息，殊不知教师除了休整身心之外，还要为新学期的教育教学工作做很多的准备工作。假期也并不能完全放松。

3. 教师社会交往的特殊性

与其他劳动者相比，教师属于一个比较孤立、比较封闭的群体，与社会的联系较少，社会交往的对象也较单一，参与各种社会决策的机会也很少。大部分教师生活在一个儿童的世界里，教师90%的工作时间与儿童在一起，他们进行反思和与亲朋好友交流的时间很少。因此，教师的合群需要和获得支持的需要经常得不到满足。国外有些研究曾发现教师职业倦怠与教师缺乏社会支持的知觉有很高的相关性。

（三）个人因素

在相近的生活和工作环境中，有些教师可能会出现心理问题，有些则能较好地调适自我的心理状态，维持健康的心理状态。造成这些差别的个人因素主要有三个方面：人格因素、生活事件、社会支持情况。

1. 人格因素

不能客观认识自我和现实的教师，往往给自己确定不切实际的目标，导致理想和现实差距太大，或具有过于强烈的自我实现和自尊需要的教师更容易出现心理问题。教师的分析挫折的原因过程中，外归因者，即认为事情的结果不是决定于自己的努力，而是由外界因素影响，及外归因的教师比内归因者更难应付外界的压力情境或事件，因而心理健康水平也较差。

2. 生活事件的影响

在人的一生中经常会有生活的变化，无论这些改变是积极的（如结婚、升迁）或是消极的（如亲人死亡、离婚），都需要个体做出种种心理调整以适应新的生活模式。在这种调整时期心理问题较容易发生。尤其是在一个人生阶段到另一个人生阶段的过渡时期,如艾里克森等提出的中年危机时期,个体需要对自己、家庭及职业生活做出再评价,这些很可能会显著地影响个体的自尊,婚姻关系以及对工作的忠诚和投入。

3. 教育观念和方法

教师具有的教育观念和采用的教育教学方法不适当,也会给自身的心理健康带来许多问题,可以这么说,教师有时体验的"怒火冲天"实际上是自身不良的教育观念和不当的教育方法造成的。请看以下案例:

H是四(2)班最令老师头疼的学生。数学课,大家都在认真听讲时,他来了一声鸡叫,教室里顿时炸了锅,调皮的男孩子们都跟着学起鸡叫来,数学老师气得眼珠子都快掉出来了,可H一本正经地坐在那儿,装得跟没事人似的。思品课上老师说一句"做人要诚实",他就跟一句"诚实要吃亏",老师讲一句"拾金要不昧",他就来一句"不拿白不拿"。年轻气盛的思品老师自然不会放过他,课也不上了,训了他整整大半堂课,可他像是挺受用似的,听训话听得嘴巴快咧到耳边去了。音乐课,他扯着嗓子边吼边扭;劳动课,他用剪刀把前面孩子的衣服剪了一个大洞,还美其名曰:"防空洞"……班主任老师和颜悦色语重心长地找他谈了好几次,可他就是不长记性,还把战火烧到班主任的身上。班主任老师在语文课上声情并茂地带着同学们朗读课文,边读边走,H冷不丁伸出一条腿,把班主任摔了个"五体投地"。班主任气急败坏地把H拖进了办公室,拍着桌子大声说:"你到底对老师们有什么不满?你说啊,你!""因为……因为你们都是女的。""岂有此理,难道女老师好欺负是不是?"班主任听到这话气得使劲拍了一下桌子。H也吓得一哆嗦,眼泪像断了线的珠子往下掉。他抽抽噎噎地说:"不是,自从爸爸和妈妈离婚以后,妈妈就不知上哪儿去了,看见你们骂我,就好像妈妈还在我身边一样。所以,所以我就经常捣乱,好看到你们生气的样子。对不起,老师……"

这个孩子父母离异,以这种方式寻找失去的母爱,恐怕是很多教师始料不及的。学生的家庭情况发生了那么大的变化,教师居然不知道!不了解学生的教师怎么能教育好学生呢?教师在看待问题学生时往往只看到了事情的表面,而没有了解事情的本质,没有走进孩子的内心世界。批评,发火,只是教师发泄消极情绪的方式,很难说能具有多少教育的意义。情绪化的、盲目的教育使教师的工作事倍功半,难怪教师们面对这样的学生怨气冲天,也难怪教师自己总是不高兴了。究其原因,是教师本人的素质有待于提高。

再看下一例：

外地转来的学生 G，在我上课提问的时候，总是第一个把手举起来，可每当我把他叫起来的时候，他却总是低着头，一句话也答不上来，引得同学们窃笑不已。课堂上举手回答问题，怎么能滥竽充数，不懂装懂呢？一丝不快闪过我的心头。我压下心头的不快，课后把他叫到办公室，和气地问他为什么这样做。他吞吞吐吐地说："我在原来学校上学的时候，老师提问时我总不会，就不好意思举手，可同学们在课下给我起绰号，叫我'傻瓜'。可我现在真的也想像其他同学一样高高地举手。我也希望老师能表扬我。"我听了这席话，很庆幸刚才没有发火，这孩子有一颗多么好强、上进的心啊！我对他说："这样吧，我们来个秘密约定，我提问时你尽管大胆举手。不过当你真会时就举起左手，不会时就举起右手。我呢，就根据你举的是左手还是右手来决定是否提问你，怎么样？"他微笑着，不好意思地点点头。于是在以后的课堂上，我们共同履行着这个秘密约定。渐渐地，他越来越多地举起他骄傲的左手。

在遇到学生的错误时三思而后行，不仅使教师的教育工作少犯很多错误，而且少生好多冤枉气，不但有利于工作，也有利于身心健康。

三、教师普遍存在的心理问题

（一）适应不良

适应与发展是人生的两大任务，适应良好的个体才能顺利成长与发展。适应不良即个人与环境之间不能协调一致。

教师是一种工作相对稳定的职业，但教师地位不高，待遇较低，工作辛苦。在物质生活丰富的现代社会，教师会体会到较强烈的内心冲突和不安。如：教师自身的理想与现实存在较大差距，由于外部原因导致教育教学工作违背规律进行，同事间人际关系不良，教师本身的专业素养不完善且缺乏进修机会，这些都会导致教师的适应不良。如果教师自身又带有错误的生活经验，指导自己生活的信念和行为准则有偏差，更会使问题加剧。

（二）职业行为问题

有的教师把从教当做不得已而为之的选择，常常抱怨各方面条件不好，对工作不能投入，人际关系紧张。有的教师凡事考虑自己的切身利益，自私自利，目中无人，虚荣心强。有的教师长期封闭自我，情绪不稳定，独来独往，性格反复无常，管教方式不一，令学生无所适从。有的教师脾气暴躁，稍不如意就争吵责骂，对学生惩罚。这些职业行为问题不仅极大地影响了教育教学工作，还影响了师生双方的身心健康。

（三）人际交往障碍

人际交往是建立良好人际关系的基础。良好的人际关系是个体心理发展，个性健康，生活具有幸福感的重要条件之一。在1996年的一项研究中发现，① 教师在校内除工作关系外，经常与他人交往的只有16.99%，在校外经常与他人交往的只有11.49%。缺少与他人交往给工作和丰富、提高自身生活质量带来不良影响。

（四）心理生理疾病

心理生理疾病指与心理社会因素关系密切的躯体疾病。生物—心理—社会医学模式认为，人体是心理和生理两大功能统一的完整的生命体。在外界刺激的作用下，机体的某一方面功能发生变化，会引起两方面的变化。心理因素和生理因素是相互作用的。健康的一层含义是身心的平衡，是机体与外界环境的和谐。心理生理疾病虽然表现为生物性的，但其发生与心理原因有很大相关。教师常见的心理生理疾病有以下几种。

冠心病。冠心病是多种因素综合作用的结果，社会心理应激、精神紧张、噪声等因素与吸烟、高血压、肥胖等因素一样，也是冠心病的重要诱因。在对人格对身体健康的影响的研究中，A型人格是冠心病重要的危险因子，与高胆固醇、吸烟、高血压病列为心脏病的四大危险因子。A型人格的主要特征为：进取心强，过分的抱负与雄心壮志，急躁易怒，行动匆忙，过分竞争与好胜，充满敌意。

原发性高血压，又称高血压病。这是最早确认的一种心理生理疾病。主要是由于高级神经中枢功能失调而致病，而心理问题、社会因素在此起到重要的影响。研究认为，高血压病与个体起病前性格有密切关系，三分之二的患者具有一定的性格特征，易冲动，求全责备，刻板主观者易患高血压病。这种性格有可能与遗传有关。心理治疗在高血压病的治疗中起重要作用，支持性心理治疗与抗高血压药物相结合的综合疗法能取得较为满意的效果。

消化性溃疡病，包括胃、十二指肠溃疡。大量的临床资料证明，心理社会性紧张刺激与溃疡病的发生有直接关系。强烈而持续的心身紧张状态以及由此产生的焦虑、愤怒、抑郁、沮丧、痛苦等情绪体验可以引起神经的兴奋，导致胃液分泌增加，胃酸和胃蛋白酶原水平升高。如果这种升高持续存在，就会损伤胃和十二指肠。消化性溃疡病的人格特征表现为顺从依赖，过分自我克制，情绪不稳，内心矛盾重重等。由于他们惯于自我克制，使得不良情绪不能及时宣泄，容易得消化性溃疡。

紧张性头痛和偏头痛。紧张性头痛和偏头痛是与心理因素关系密切的

---

① 许金更，许瑛国：《小学教师心理状况的调查研究》，《教育科学研究》，第23~24页，1996年第5期。

两个常见的神经系统症状。紧张性头痛主要是额颞部和枕部出现的肌肉紧缩性头痛,是临床上常见的头痛病之一。偏头痛是一种周期性发作的头痛,疼痛多偏于一侧,发作时,常可累及头、面、颈等部位。头痛的主要原因与长期不愉快的心情和情绪紧张有关。此类个体的个性特点表现为:好强、固执、孤独、刻板、敏感、嫉妒、内心冲突等心理特征。

第二节 特殊学校教师心理健康现状与对策

一、特殊学校教师心理健康现状

教师的心理健康状况对学生身心成长的影响是巨大的,但是教师自身对心理健康的重视程度如何呢?20世纪90年代末的一项研究表明,[①]在对75位特教教师的调查研究中,他们设计的特教教师的理想职业素质结构是这样的:

职业素质	特教专业知识、技能	教师教学基本功	特教专业思想素质	文化素质	社会活动能力	心理素质	科研能力
次数	67	58	33	20	16	12	7

从特教教师们的选择中不难看出,他们对心理健康的问题有了一定的重视,但是他们在职业活动中需要注意的心理健康的维护还不够重视。在设计理想的职业素质的过程中,各项因素都围绕完成本职工作这一中心任务进行。

当个体长时期地生活在一个固定的环境中面对固定的人,从事固定的工作时,心理上极易产生厌倦、烦躁的情绪体验。从个体发展的过程来看,个体的需要是丰富多样、发展变化的,一旦单调不变的现实环境不能满足人的需求时,便会产生此类消极的情绪体验,长期以往,会影响个体的身心健康。特教教师的工作环境的一个主要特点就是面对需要付出大量精力的特殊学生,单一不变的社会交往群体,他们自我发展的需要、交往的需要得不到满足,容易出现如自卑心理严重、人际关系敏感、焦虑水平偏高、强迫行为、情绪暴躁等表现,是心理不健康的外在表现。

二、特殊学校教师心理健康的影响因素

据了解,特殊学校教师产生职业倦怠的机率比普通中小学教师要高得多。由于特殊学校教师工作的特殊性,使得有多方面因素影响他们的心理

---

① 曾雅茹:《特教教师职业素质的调查与研究》,《泉州师专学报》,第71~74页,1999年第5期。

健康。

首先,从工作环境和教育对象上看,特殊学校教师长期在封闭的环境中,对着各方面存有缺陷和障碍的残疾学生,很容易产生一些不良的情绪,使得他们的性格变得暴躁、易怒,并时常在教育教学过程中表现出来。

其次,从工作强度上看,工作中持续的疲劳,对学生的倾力付出得不到预想的回报,特殊学校教师长期的工作价值不能像普通中小学教师那样,通过学生的成绩和从业情况得以展示和发挥。

第三,在履行特殊学校教师的职业角色过程中,与同事和他人的相处交往中所产生的各种矛盾和角色冲突,也会引起教师内心一种强烈的不满和失落感。

第四,从经济收入上看,特殊学校教师的工作量较大而待遇不高,也在无形之中给特殊学校教师带来了一种消极感受。

第五,从特殊学校的师资管理方式上看,一些特殊教育学校在师资管理方式上过于笼统、局限,使得一些教师在内心上产生一种压抑、郁闷感。

第六,从教师自身的条件看,教师自身的素质、修养欠佳,攀比心理随着社会的进步不断增长。

第七,现代社会的人际交往更为复杂,人与人之间的亲近、相互支持的氛围较淡薄。特殊学校教师家庭是否和睦、教师与家长的关系是否融洽等因素,也可能使教师产生不良体验,如:烦躁、厌倦、退缩、麻木不仁。上述的这些因素,如果长期地堆积,当周围环境有一点刺激的话都会使心理问题一触即发。

第八,特殊学校教师队伍的年轻化也给教师的心理健康维护提出新的问题。

特殊学校近年大量引进青年教师,由于青年教师的工作经验,人际交往方式,经济地位等方面的特殊性,更容易产生心理问题。具体表现在对自身的高期望带来的心理压力,生活压力,人际关系压力,人格发展的不健全几个方面。

青年教师对自身能力、水平认识不足,过高估计自己,会导致工作失误,容易引发心理压力。对自我期望越高,与现实的冲突越激烈,则产生的压力越大。生活压力表现在青年教师参加工作时间短,职称低,工资收入也较低,而面临的生活问题却不少,如组建家庭、孩子小、老人需要照顾等。另外住房改革、医疗改革等社会福利制度的改革对青年教师的影响较大,直接而长期地影响青年教师的具体利益。

人际关系的压力表现在青年教师往往需要处理新环境带来的挑战,与工作前的人际关系相比较,工作单位的人际关系较为复杂,要处理好与领导、同事、家人的关系,还要处理好与学生的关系。由于实际工作和生活中的种种问题,如教学中的竞争、同事间教育理念的不同、个性差异、领导不恰当的褒贬以及家庭成员的不理解等,易于导致心理问题。大多数青年教师独立性强,在事业上富有竞争性而不肯认输;在待人接物方面正义感强,对不合理现象深恶痛绝,不愿迁就和屈从,刻意追求自己的独立人格,喜欢标新立异。因而,易为他人所误解,这就造成许多青年教师交往的障碍。人际交往障碍所导致的心理压力会影响人的整个情绪,并波及工作、学习与身心健康等方面。

有的青年教师不能客观地认识自我和现实,制定目标不切实际,理想与现实差距太大。有过于强烈的自我实现和自尊需要的青年教师,更容易出现心理问题。性格内向孤僻、沉郁压抑、固执偏激和自卑感强的教师,也容易出现心理问题。

特殊学校教师的心理问题,不但极大地影响了教师工作的正常进行,还会危及到学生的身心健康,降低教师的自我效能感,削弱教师的工作热情,造成不良的身心反应,阻碍了教师自己的专业发展。甚至还会使接受教育的残疾学生在受到生理创伤之后再一次遭受到心理的伤害,也可能会引起学生的逆反心理和对抗情绪,使残疾学生对学校充满恐惧形成厌学心理。

三、维护特殊学校教师心理健康的对策

教师是一个特殊的职业。长期以来,教师职业压力导致心理问题一直是国外心理学界研究的重点。有学者将由于职业压力带来的情绪感受定义为"一种不愉快的、消极的情绪经历,如生气、焦虑、沮丧或失落,这些都是由教师职业这一工作引起的"。这实际就是说,教师职业已影响到了教师的健康。教师职业压力来源是多元化的,既与整个社会环境有关,也与学校文化与组织管理有关,还与教师自身方面存在的问题有关。所以,解决教师职业压力问题,需要从多角度加以考虑。大量研究表明,社会大环境与学校小环境所营造的积极、和谐的公共支持氛围,对于解除教师压力很重要,但最重要的还是教师自身的心理调节。

针对影响特殊学校教师心理健康的几个因素,可以从以下几个方面采取措施,维护特殊学校教师心理健康。

(一)社会和学校应采取的措施

1.缓解教师的生存和经济压力

教师面临巨大的生存压力,主要由于当前教师的工资待遇偏低,付出与回报不成比例。如果能提高教师的物质待遇,给他们提供较好的工作和生活条件,使他们不为一日三餐的事烦心、担忧,能够安心从事教书育人的工

作,教师的生存压力自然就会解除。学校尤其要在生活上为青年教师切实解决后顾之忧,深入到其生活和学习中了解具体困难。

2.创造民主的沟通氛围

建立民主的学校领导管理体制,鼓励教师参与学校的管理;组织教师学习科学的教育和管理理论,形成教师之间的合作文化,在对学生的领导和管理方面,鼓励教师之间进行交流、沟通、协作。注重情感投入,满足青年教师的参与需要和自尊需要。青年教师的自信心和民主意识较强,善于独立思考,学校领导者应在强化民主管理的同时增加教代会等民主管理机构中青年教师的人数,通过各种渠道倾听青年教师的建议并对合理的加以采纳。

学校或行政组织也要成为缓解教师角色冲突的支持系统,如给教师提供较为充足的备课时间,缩减班级规模,鼓励教师之间的沟通与交流,加强教师之间的合作,设计合理的教师专业发展活动,明确教师的职责等。教师自己更要努力进行角色的调适,要学会在不同的场合,表现不同的角色行为,要加强与家长、学生、社会的沟通,减少和平衡教师的角色差异,在多种角色难以调和的时候,选择最有价值的角色来承担。

学校要避免基于单一评价模式给教师带来的负面影响,学校应该切实改革评价机制,形成多样化的评价模式,形成性评价、诊断性评价和终结性评价相结合,教师自评和学生的评价、学校领导和专家的评价、上级主管部门的评价相结合。

3.学校管理者要充分了解每个教师的情况

学校管理者要了解教师的能力和工作情况,学校管理者要体恤下属,切实解决教师的实际困难;学校要实行民主管理、民主参与的制度,应广开言路,使教师有问题能及时向上反映,学校对教师的意见能够及时解决,对教师的建议能积极采纳,给教师一定的受重视感、安定感和舒适感,形成教师的主人翁意识。

学校还应制定心理卫生计划,对教师进行在职心理训练和培训,同时为教师配备相应的心理保健方面的书刊、杂志等资料。有条件的学校还可以配备专职的心理教师,为师生排忧解难,及时帮助教师消除心理阴影,扫除心理障碍。

4.提供教师专业学习和发展的机会,满足他们专业发展的需要

教师这个群体比较重视个人的专业学习和发展,特别是青年教师,希望能在学校找到发展的机会和空间。在现在的大学生择业意愿调查中,就业单位能提供发展的机会成为影响毕业生择业的几个重要因素之一。学校要根据青年教师的心理需要,制定有利于激发积极性的政策,如改革那种先来后到、论资排辈的有关措施和做法等。学校管理者应认识到进修学习对教师本

人和学校教学的重要性,开辟多层次和多渠道的进修途径,既重视知识的拓宽又重视教学法的研修。

5.建立社会支持系统

教师的交往范围有一定的局限性,人际交往过少也不利于争取社会对特殊学校教师工作的支持。针对青年教师的交往需求,适当开展一些文体活动。研究表明,教师的效能感与其感受到的社会支持有着显著的相关,尤其是其中的个人教学能效感。同时,社会支持水平会直接影响个体的心理健康水平,社会支持越高,其心理健康水平越高。教师虽然扮演着为人师表的角色,但他们也有着常人的喜怒哀乐,特别是特殊学校教师的工作特点使他们有更多的被关怀的需要。因此作为青年教师的家人、朋友,作为教师身边的每一个人应对他们的工作给予充分的理解和配合,让他们感受到精神上的支持和安慰。

要解决教师的角色冲突,并最终缓解教师的职业倦怠等心理健康的问题,需要建立社会支持系统,形成全社会关心、支持教育的局面。改善社会大环境,建立对教师合理的角色期待。

(二)特殊学校教师的自我心理调适

教师本人的主观努力是解决其心理问题的关键,因此要有意识地从以下方面改善自己的心理状态。

1.完善自我认识,树立合理信念

客观地认识自我,并根据现实环境调整自我认知。人是独立而特殊的个体,只有对自己的认识深刻,才能帮助自己有效地解除工作压力、生活挫折及内心冲突所带来的困扰。认识自我,包括认识自己的个性、兴趣、优缺点、工作能力及所负担的角色。不少教师在工作中产生压力,是对自己缺乏了解所致。他们在教学时不能从实际需要出发,目标定得太高或者过于理想化,最终难以避免挫败,导致付出与成就不相符,心理失去平衡。由此,教师要充分发挥自己的个性优势,在教育教学工作中,注意扬长避短,克服不足,而这一切的基础是源于对自我的认识。

有了正确的自我认识,才能更好地了解周围的环境和事物,确定心理问题产生的压力源。教师心理问题的压力源大都来自以下几个方面:即职业特点、教师本人的因素、社会环境。明确了心理压力源,教师就有了努力的方向。面对心理压力,教师不是一味地怨天尤人,而应该用自己的实际行动,积极寻求问题的解决。通过加强教育理论学习,加强对职业规律的认识,加强对学生的了解,加强文化科学知识的学习,全面充实和提高自己。要为自己设置合适的工作和奋斗目标,正确看待名利得失,完善人格。要不失时机地向社会宣传正确的人才观、科学的教育观及教师劳动的特点等,争取获得社会的理解和支持。

树立正确的人生观和世界观。坚定正确的教育观念和积极的教师信念有利于培养对学生无私的理智的爱与宽容的精神。正确的人生观和世界观不但可以使人有远大的理想和高深的追求，而且能使人把个人抱负的目标建立在实事求是的基础上。这样就能正确对待暂时的失败，不为一时的挫折丧失斗志。而教师的信念和职业理想是教师维持其心理健康的重要保证。

2.根据现实环境学会改变不合理的认知与理念

同一现实或情境，如果从一个角度看，可能引起消极的情绪体验，陷入心理困惑；从另一个角度看，有可能发现积极意义，正所谓"横看成岭侧成峰"。学会转换视角，确定合理的信念，常常会让人从痛苦难忍的心理困境中走出来，从而为自己营造了一个宽松的心理环境。理性情绪疗法的创始人埃利斯认为，有11种不合理的信念会使人产生困扰，甚至诱发神经症。这种不合理信念具有三个特征，即绝对化要求、过分概括化和糟糕至极。显然，要营造一个良好的心理环境，教师就必须以合理的思维代替不合理的思维，以合理的认知代替不合理的认知，使之成为心理健康之人。在工作中，有时应抛弃一些不合理的信念，这有利于心理健康水平的提高。

3.善于学习，提高自身的教育素养

对于教师来说每天要完成教书育人的任务，想尽各种办法让学生爱学习，会学习，然而教师自己呢，是个学习者吗？现在社会上有一种说法"医生越老越香，教师越老越臭"，对于医生这个职业，白发是权威和经验的象征，对于教师来说却恰好相反。为什么医生越老越香呢？因为医生凭的是专业技术，在工作中经验越丰富，研究越深，年龄不会磨损它的价值，因为那是一种智慧，知识是不容易随着体力的衰弱而减退的。为什么教师老了就不行了呢？因为很多教师在工作中很少研究，只是埋头苦干，专业水平停滞不前，一旦体力不支，不了解新的教育技术，不理解新的教育观念，不适应新的教育改革，当然谁都可以替代你。

其实医生也并不都是越老越值钱，庸医也是有的，教师也不是都越老越不值钱，晚霞满天的教师也大有人在，关键在于你是否善于学习，不断在工作和学习中吸取新的养分，做一个研究型的、反思型的教师，不断提高自己的教育教学水平。

特别是青年教师要主动通过各种渠道充实专业知识和教育科学知识，有意识地逐步提高教育教学能力。虽然个人教学效能感可以随着教学年限的增长而日益上升，但是如果教师本人有意识地做出努力，便可尽快地由新手型教师转变为合格教师，直至成为专家型教师。青年教师应本着谦虚好学的态度向有经验的老教师请教，参加各种教学观摩课。平时加强对教育学、心理学知识的学习,并在实践中有意识地将理论知识和教学实践联系起来。教师成长的公式是:成长=经验+反思。因此对青年教师来说,要一边获得经验,一边对所获得的经验进行反思。

4.教师要学会自我心理调适

教师要学会自我心理调适,即要学会正确认识自己、接纳自己;会工作,也要会休闲,有张有弛;建立良好的人际关系,形成畅通的人际沟通渠道;培养乐观的人生态度,微笑面对生活,将压力转变为动力;锻炼良好的意志品质。

心理压力一旦产生,必然伴随着情绪上的焦虑和过度紧张,而过度紧张的情绪又作为一种刺激反馈到人的身上,使人产生更强的压力感,情绪紧张和心理压力就是这样相互影响,逐步升级、逐步增强的。因此,放松情绪对于缓解压力非常有效。情绪的放松可以采用以下方法。

放松训练。这是国内外广泛应用的控制紧张情绪的常用方法,主要是通过肌肉、骨关节和呼吸的放松以及神经放松等基本动作来降低机体能量的消耗,从而达到控制情绪强度的目的。神经放松,尤其是人脑的放松一般需要进行专门训练,其中顶部的放松动作对于消除紧张情绪十分重要。顶部位于中枢神经系统的中间位置,是联系人脑和脊椎的桥梁,顶部肌肉和骨关节的放松可以导致来自内脏器官的兴奋冲击的降低或中断,从而使得紧张的情绪状态失去物质基础,进而降低情绪的紧张性。

转移注意。心理学研究发现,人们在很多情况下产生的紧张情绪是由于他们过分注意那些令人担心的事物或情境所造成的。由于他们的注意力锁定在这样的事物或情境上,因此注意和紧张就构成了一个互相强化的系统,越注意越紧张,越紧张越注意,恶性循环,使心理压力不断加强。当情绪处于过度紧张时,转移注意不失为消除紧张情绪的一种有效方法。所谓转移注意,就是指人有意识地变换活动方式,使意识离开引起人们紧张情绪的刺激情境,暂时脱离长期关注的事物。当人们变换活动方式时,人脑皮层的优势兴奋中心就从一个区域转移到另一个区域了,人的情绪也就从一种状态转化为另一种情绪状态了。转移注意的具体方法很多。如经常进行体育锻炼,适当从事家务劳动、丰富业余生活等。肌肉放松可以调节情绪紧张度,减轻压力感,肌肉紧张(运动)也能减轻情绪紧张,缓解心理压力。肌肉运动不仅可以转移注意,而且可以使体内的紧张情绪得到宣泄和释放,降低情绪紧张度。另外,肌肉运动还能够有效地增强人的信念,发现自身的潜能,履行自己的社会义务,从而使人感受到生活的美好。因此,教师在紧张的学习工作之余,利用学校体育场地、设施的便利条件,经常进行体育运动不仅必要,而且可能。开展丰富多彩的业余活动可以调节教师紧张的生活节奏,使情绪得到放松，减轻心理上的压力感。同时，又能陶冶性情，使人心胸开朗，增强心理承受能力。

另外在工作之余，教师还应有意识地培养自己的兴趣爱好，扩大交际范围。教师在参加社会实践活动中还能提高人际交往的技巧。如学会动静结合，培养一些有益于身心的业余爱好，珍惜与发展友谊等。正常的人际交往既是心理健康的标志之一，又是获得心理健康的重要途径。在处理与学生的关系时，青年教师应时常有一种作为教师的角色意识，在当学生的朋友的同时注意建立起教师的威信。针对教师的职业相对独立的特点，青年教师本人要主动与他人进行交流，体现自身的价值和长处，这既有助于认识自我，形成开放乐观的性格，还有助于提高教师效能感。

5. 善于利用各种资源

当教师在工作、生活中产生心理问题，自己无法解决，并为之苦恼的时候，需要通过各种手段，利用各种现有资源来帮助自己解决现存的心理问题。

建立并善用自己的社会支持系统。教师因为工作方式的相对独立性，容易造成人际交往范围狭小、人际协作有限和自我封闭。因此，当教师出现心理压力和紧张情绪时，他们常常感到孤独、无援、痛苦。与他人交谈不仅可以使教师内心的消极情绪得到一定程度的宣泄，把聚积在心里的能量及时释放出来，也可以使教师获得朋友、亲属及社会上其他人的理解和支持，从而帮助教师抵御沉重的心理压力，消除紧张情绪。

如果通过以上手段仍无法解决心理问题，教师应及时寻求心理咨询专业人员的帮助。通常在大城市的一些医院会设立心理门诊，还有一些私人的心理诊所或心理工作室，机构和组织设立的热线咨询等等。因为心理咨询在国内还是一个新兴的行业，虽然多数心理咨询师是严格自律的，但也有部分心理咨询师在理论培训后就上岗开业，缺乏实践经验和专业督导，咨询的质量不高。教师在寻求心理咨询专业人员的帮助时要了解他们的专业资质，不要盲目求医。

北京和上海地区主要的心理咨询机构和组织

心理咨询机构名称	联系电话	备注
北京地区	区号：010	
北京阳光华仁心理服务中心	64917458	
北京心灵之约心理咨询中心	64050098	
北京读你心意心理咨询公司	84926188	
北京红枫妇女心理服务中心	64033383	
北京心理危机干预热线	800-810-1117/ 010-8295-1332	24小时免费热线
北京回龙观医院	62716286	精神专科医院
中科院心理所	62559680	
上海地区	区号：021	
港华心理咨询中心	8009880209	
华东师范大学心理咨询中心	62233062	
上海黑溪咨询服务工作室	62850294	
上海精神卫生中心	64387250	

其他地区的心理咨询机构及其联系方式可通过中国心理咨询网 http://www.xlzx.com/114/查询。

思考题

1. 参照教师心理健康的标准，思考自己的心理健康状况是怎样的？
2. 在学习和工作中如何维护自身的心理健康。

主要参考文献

1. 马建青：《辅导人生——心理咨询学》，济南：山东教育出版社，1992年。
2. 林孟平：《辅导与心理治疗》，上海：上海教育出版社，2005年。
3. 《国家职业资格培训教程·心理咨询师》（三级），北京：民族出版社，2005年
4. 陈永胜编著：《小学生心理咨询》，济南：山东教育出版社，1994年。
5. 徐光兴：《学校心理学——心理辅导与咨询》，上海：华东师范大学出版社，2000年。
6. Charles E. Schaefer and Donna M. Cangelosi，何长珠译：《游戏治疗技巧》，台北：心理出版社，2001年。
7. Terry Kottman and Charles Schaefer，梁培勇总校阅：《游戏治疗务实指南》，台北：心理出版社，2001年。
8. Virginia M. Axline, *Play Therapy*, New York: The Random House Publishing Group. 1993.
9. 权朝鲁：《儿童和青少年问题行为的家庭治疗》，《山东师范大学学报》（人文社会利学版），第95~97页，2003年第48卷第6期，总第191期。
10. 陈保平等：《家庭治疗对儿童行为问题的影响》，《中国健康心理学杂志》，第304~305页，2005年第4期。
11. 郭效仪：《浅议心理咨询方法的整合性及其应用》，《武警学院学报》，第92~94页，2005年2月。
12. 雷五明：《心理咨询员的素质结构与个人成长》，《高教发展与评估》，第70~74页，2006年5月。
13. 徐连珍：《聋哑儿童身心健康状况调查》，《安徽预防医学杂志》，第57~58页，1997年第3卷第3期。
14. 杨坤芬：《浅谈聋哑学生的心理素质及相关问题》，《玉溪师范高等专科学校学报》，第9~10页，2000年第16卷第2期。
15. 张俐：《听障儿童常见的心理障碍及其教育疏导》，《江西教育科研》，第17~18页，2000年第9期。
16. 穆昕、袁茵：《听力残疾儿童心理健康教育解析》，《中国听力语言康复》，第38~40页，2005年第1期。
17. 徐美贞：《听力残疾儿童心理健康教育研究的现状与分析》，《中国特殊教育》，第83~86页，2004年第4期。
18. 马珍珍,张福娟：《上海市辅读学校开展心理健康教育状况的调查研

究》,《中国特殊教育》,2004年第7期。

19.毛颖梅:《培智学校开展心理健康教育的问题与建议》,《中国特殊教育》,2005年第1期。

20.毛颖梅:《游戏治疗的内涵及其对智障儿童心理发展的意义》,《中国特殊教育》,2006年第10期。

21.陆小彦等:《情绪障碍儿童人格特征的对照分析》,《中国临床康复》,2005年第7期。

22.石萍:《儿童心理咨询系列》,《求医问药》,2006年第2~8期。

23.全国中小学心理健康教育课题组:《小学心理健康教育教师手册》,北京:开明出版社,2000年。

24.昝飞,马红英:《自闭症儿童的干预内容与方法》,《中国临床康复》,第9卷第4期。

25.郝振君:《试析当前教师的生存状态及其调适策略》,《中小学教师培训》,2005年第9期。

26.黄喜珊、王永红:《青年教师心理问题剖析与解决对策》,《教育探索》,2005年第4期。